"十三五"国家重点图书 | 纺织前沿技术出版工程

基于视知觉的迷彩伪装技术

肖 红 张学民 著

中国纺织出版社有限公司

内 容 提 要

本书基于活动小目标特征及视觉认知理论，系统介绍视知觉认知在迷彩伪装设计中的重要性、侦视器材原理及特点、典型国家迷彩伪装图案发展历史、迷彩图案分类和特征、视觉认知理论基础及其在迷彩伪装设计与评价中的应用；阐述通过高光谱遥感技术结合地面反射光谱测试获得背景颜色、基于视知觉的活动小目标迷彩设计与迷彩伪装效果评价以及迷彩织物的性能要求和印染技术；并介绍多频谱迷彩伪装、可控变色迷彩及深度学习等新技术在迷彩设计中的应用。全书对活动小目标的视知觉迷彩设计的历史发展、特征、设计过程及基本原理、涉及的核心关键技术、未来发展及新技术的应用进行了系统的论述，对未来的迷彩设计、伪装评价及迷彩制备技术的研究，具有指导意义。

本书对从事迷彩伪装、视觉认知理论在现实环境中应用等相关领域的研发人员、工程技术人员及相关专业的学生具有一定的参考价值。

图书在版编目（CIP）数据

基于视知觉的迷彩伪装技术 / 肖红，张学民著. -- 北京：中国纺织出版社有限公司，2020.8
"十三五"国家重点图书　纺织前沿技术出版工程
ISBN 978-7-5180-7338-2

Ⅰ.①基… Ⅱ.①肖… ②张… Ⅲ.①迷彩伪装—纺织品—研究②迷彩伪装—军服—研究 Ⅳ.① TS941.733

中国版本图书馆 CIP 数据核字（2020）第 068302 号

责任编辑：符　芬　　责任校对：高　涵　　责任印制：何　建

中国纺织出版社有限公司出版发行
地址：北京市朝阳区百子湾东里A407号楼　邮政编码：100124
销售电话：010—67004422　传真：010—87155801
http://www.c-textilep.com
中国纺织出版社天猫旗舰店
官方微博 http://weibo.com/2119887771
北京云浩印刷有限责任公司印刷　各地新华书店经销
2020年8月第1版第1次印刷
开本：710×1000　1/16　印张：17.25　插页：12
字数：281千字　定价：128.00元

前　言

迷彩伪装是一个涉及多学科的专业且有趣的研究领域。迷彩伪装有着悠久的发展历史，从自然界生物为防御天敌与适应生存环境形成的伪装，原始部落的人们用动物皮毛、植物枝叶和各种颜色制作的伪装服饰狩猎，发展到人类专业设计的各类迷彩伪装装备，并应用于各种特殊环境。

在现代迷彩伪装设计中，无论是基于人眼视觉还是机器视觉，视觉认知原理在迷彩设计上有着十分重要的应用价值。本书作者基于多年对迷彩伪装的思考与研究，考虑到视觉认知加工过程在迷彩设计应用中的重要性，对视觉认知原理在迷彩设计中的应用做了系统的总结和阐述。

本书共分为11章，由军事科学院系统工程研究院军需工程技术研究所高级工程师肖红和北京师范大学心理学部教授张学民主笔撰写。第1章主要介绍了活动小目标、迷彩伪装的光学和生理学及心理学基础与视觉认知理论的重要性，由肖红和张学民主笔；第2章介绍现有侦视装备原理、特点及基于这些装备的伪装效果评价方法，由张学民、肖红、郭亚飞撰写，研究生肖龙珠负责部分文献和稿件的整理工作；第3、第4章，系统介绍典型国家的迷彩伪装及图案的发展历史、现有各类迷彩图案的类别及特征，由肖红、韩笑、杨辰辉、王焰撰写；第5章系统介绍和迷彩设计相关的视觉认知理论，包括颜色认知、视觉注意、知觉加工、错觉理论，由张学民主笔；第6章介绍通过高光谱遥感技术及地面反射光谱获得迷彩设计用背景主色调及色度学指标，由肖红主笔，其中，高光谱遥感部分由中国科学研究院遥感所教授官鹏提供资料及支持；第7章详细介绍了用于活动小目标迷彩设计的视知觉具体理论、要求及设计方法，其中7.1和7.4由肖红和张学民共同撰写，7.2和7.3由张学民撰写，7.5和7.6由肖红撰写，研究生李慧负责文献整理和部分稿件撰写工作，7.7由北京联合大学艺术学院滕雪梅撰写；第8章介绍迷彩图案在纺织品上的实现以及迷彩织物的制备、性能要求及印染技术，其中8.1和8.3由肖红撰写，8.2由东华大学纺织学院王妮撰写；第9章介绍采用新的评价指标进行基于视知觉的迷彩伪装效果评价，由王焰、肖红、张学民共同撰写；第10章介绍活动小目标用的防光学、热红外及雷达三个波段的多频谱迷彩伪装技术，由肖红、王焰撰写；第11章介绍变色迷彩的发展及电致变色高聚物、电子墨水微胶囊技术以及深度学习技术在迷彩上的应用，其中11.1～11.3由肖红撰写，11.4由东华大学纺织学院钟跃崎撰写。

在本书的撰写过程中，得到了军事科学院系统工程研究院军需工程技术研究所施楣梧、冯硕、中国科学院化学所博士后郝利才、北京师范大学研究生肖龙珠、李慧，东华大学研究生刘迪、陈剑英、张恒宇等的支持和帮助，在此一并表示衷心感谢！

本书为作者多年研究积累的成果，研究过程中得到了很多专家学者和研究生的支持和帮助；同时，在编写过程中也参考了很多研究者的论文和著作，在此一并表示衷心感谢！

由于本书内容涉及多个学科研究领域，加上编著者的专业背景和对跨学科领域的前沿研究和技术发展现状掌握的局限性，书中难免会有错误和不足之处，敬请各学科领域的专家学者和广大读者批评指正，以便在后续的修订版本中补充、修改和完善。

2020 年 3 月

目 录

第1章 活动小目标迷彩伪装与视知觉

伪装是用来隐蔽背景中的目标使观察者难以发现的一种行为手段。伪装包括三个必不可少的方面，即目标、背景和探测方。目标的隐藏手段及行为特征、观察方的探测手段及行为特征，都是实施伪装过程中不可或缺的考虑因素。知己知彼，百战不殆，对于目标伪装而言，明确观察者的探测手段及行为特征是实施伪装的前提；明确目标的行为特征更是至关重要。

1.1 活动小目标迷彩伪装概述

1.1.1 活动小目标

1.1.1.1 目标与背景的关系

以一个包括目标、背景及观察者在内的伪装场景为例，如图 1-1 所示。目标都是隐藏在背景中，对于同样的背景，不同目标具有不同的目标特性。目标和背景具有如下关系。

（1）从观察方而言，观察搜索时，需要从宽泛的大背景里搜索出特定的目标。因此，背景范围要远远大于目标尺寸。

（2）观察时间、地点及器材等固定时，背景特征也是固定的，包括背景各处的颜色、纹理、亮度及在各个电磁波段的波谱反射率等，都是固定不变的。

（3）目标特性需要接近或淹没于其周围的背景特性，或者被扭曲不能够体现真实的目标特性时，才具有良好的伪装效果。

图 1-1 含目标、观察者的伪装场景示意图

1.1.1.2 目标的分类

根据目标的运动属性，可以分为静止目标和活动目标。

（1）静止目标。当观察条件（包括器材、时间、地点等）不变时，静止目标特性和周围背景目标特征的匹配性能是不变的。比如，一棵静止不动的树，是一个静止目标，具有特定的尺寸、轮廓、纹理、亮度、颜色，这些目标特征与其周围的背景特征的匹配特性是固定的。实施伪装时，只需要对背景特征进行分析和模拟，或者扭曲目标特性，隐真示假。

（2）活动目标。由于活动目标可以在背景中活动，因此，即使观察条件（包括器材、时间、地点等）不变，其目标特征与其周围背景特征的匹配性能也会随着目标的活动而改变。比如，一只在森林背景中觅食的动物，是一个活动目标，虽然目标自身同样具有特定的尺寸、轮廓、纹理、亮度、颜色，但是，其周围背景会随时改变。当活动目标进入到茂密的树林时，其背景亮度较低、大部分为绿色调；当活动目标来到阳光照耀的林中空地时，其周围背景可能为亮度较高、裸露的沙土色。这样会导致活动目标在背景中的某一处具有好的伪装效果，而在另外一处则会暴露明显。

显然，对于静止目标的伪装是相对容易的；对于活动目标，由于其所处背景的多样性，伪装相对较为困难。根据活动目标与背景大小对比、目标活动能力情况，活动目标分类见表 1–1。

表 1–1　活动目标分类

分类依据	类别	特征及举例
根据与背景的相对大小来分	活动小目标	相对被搜索的背景而言，尺寸很小
	活动大目标	相对被搜索的背景而言，尺寸较大、明显
根据目标活动能力分类	主观能动型活动目标	具有主观知觉和能动性，可以根据背景及环境进行判断并作为响应反应，比如，动物和人
	被动活动型活动目标	不具有主观知觉和能动性，可以被人操作进行移动及反应，比如，各类带发动机的移动装备，通常和自然背景具有显著的热红外或雷达特征差异

1.1.1.3 活动小目标的特征

活动小目标具有如下特征。

（1）相对于背景和观察距离而言，目标很小。比如，森林中的老虎、草原上奔跑的斑马。

（2）目标是活动的，目标所在的背景是实时可变的。比如，在丛林中的小目标，一会儿可能在林间小路上行走，一会儿可能会出现在茂密的草丛，一会儿可能出现在小溪边等。

（3）根据活动能力，活动小目标又可以分为主观能动型和被动活动型两种。前者具有知觉和主观能动性，可以通过观察周围的背景环境，主观能动地选择最适合自己隐藏的背景及方式；后者需要被动地移动，而且会带有更加显著的其他特征，如带发动机的车辆等，发动机部分温度高，热红外特征会非常明显；表面全是金属的装甲坦克等，对雷达波的发射信号会比较明显。

从这个角度而言，人和动物都属于主观能动型的活动小目标。比如，奔跑在非洲大草原的羚羊、在崇山峻岭中作战的人员等。特点在于：相对背景而言，目标很小；目标可以到处活动；目标能够根据周围环境调整自己的行为方式，具有能动性。但是，人和动物也存在显著差异：人具有更加灵活的主观能动性；人可以选择的背景更加多样化，不可控制。通常来说，动物是在一个特定的区域或季节活动，其所处的大背景其实也是有非常明确的特征可以分析；但是，人却可以在各种背景下活动，今天在丛林，下周可能回到荒漠，特别是在如今的小分队、斩首作战等模式下，特种部队的士兵们，会面临着各种各样的作战环境。

1.1.2　迷彩伪装

迷彩伪装是一种伪装技术，是指利用涂料、染料和其他材料改变目标、遮障和背景颜色及斑点图案所实施的伪装。主要用于缩小目标与背景之间的颜色差别，达到降低目标的显著性和改变目标外形的目的。早期的伪装包括在坦克和各种舰艇上涂上各种颜色和图案，以伪装自己、欺骗敌人。随后扩展到利用纺织品和人工材料在各种环境中隐蔽战士。

迷彩伪装自第一次世界大战开始就用于各国军队，在第二次世界大战期间蓬勃发展，第二次世界大战后更是得到各个国家的大力创新，直到如今，广泛用于各类迷彩服、装备及工程伪装。

根据使用对象、迷彩设计方法、目标特性、图案类型、光谱特征差异等，用于伪装的迷彩多种多样。其分类及特征见表 1-2（表 1-2 所述的分类方法及迷彩类别，将在第 4 章中逐一介绍）。

1.1.3　活动小目标迷彩伪装的特点

广泛用于活动小目标的迷彩可归为人员用变形迷彩，涵盖从斑块到数码再到多色渐变的迷彩图案，包含光学、热红外光谱特征，可以更进一步拓宽至雷达伪装迷彩。从目标特性、背景特征、常用迷彩图案、设计方法等对活动小目标用迷彩伪装的特点进行阐述。

（1）从目标特性而言，以人员为例。具有主观能动性，导致背景复杂多变；具有恒温的特征，导致热红外辐射特征较为恒定；对雷达波具有吸波作用、热效应及累计的非热效应。这要求迷彩具有广泛的背景适应性、尽可能考虑到热红外伪装。

表 1-2　迷彩分类及特征

分类依据	类别	特征
根据设计方法分类	保护迷彩	具有背景主色调的单一色迷彩
	变形迷彩	由形状不规则的斑点组成的多色迷彩，适合活动目标
	仿造迷彩	仿制目标周围背景图案的多色迷彩，适合各类固定目标
根据使用对象分类	人员伪装迷彩	活动人员用迷彩
	装备伪装迷彩	各类装备包括战车、坦克等用迷彩，具有典型的热红外及雷达反射特征
	工程伪装迷彩	大型军事工程、营房、工地等固定目标用迷彩
根据目标特性分类	活动目标伪装迷彩	用于活动目标、背景多变的迷彩
	固定目标伪装迷彩	用于固定目标、背景固定的迷彩
根据迷彩图案类型分类	传统斑块迷彩	颜色斑块间界限分明的迷彩
	数码迷彩	由单个小的数码像素点构成的迷彩
	多色渐变迷彩	多达 2 种以上、颜色呈现渐变过渡色的迷彩
根据光谱特征分类	紫外伪装迷彩	具有雪地高紫外反射率特征的迷彩
	可见光 / 近红外伪装迷彩	具有背景可见光和近红外光谱反射特征的迷彩
	热红外伪装迷彩	具有显著热红外斑块的迷彩

（2）从背景特性而言。自然背景中，雪地的高紫外反射率、绿色植被的近红外反射特征都需要在迷彩颜色中得到体现；背景的复杂多变性，导致难以采用仿造迷彩和保护迷彩。

（3）从设计方法而言。从最早直接模拟自然界的树木、动物形态及特征，发展到通过计算机对背景特征进行提炼的数码迷彩设计以及基于视知觉的多色渐变迷彩设计，用于活动小目标的迷彩设计在不断创新和发展，并且越来越符合人眼的视觉知觉原理。需要进一步从视觉知觉原理出发，采用深度学习、自上而下的知觉加工原理等进行全新的迷彩设计。

（4）从迷彩图案自身而言。从最早的大斑块、采用笔刷制作的迷彩，发展到较为规整、斑块边界明显、采用滚筒印刷制作的迷彩，再到计算机像素类型的迷彩以及现在的多色渐变迷彩，迷彩图案日益凸显立体感、颜色日益丰富、斑块界限也日益模糊。

在人员迷彩伪装、装备迷彩伪装及工程迷彩伪装中，最困难的迷彩设计是针对人员这一活动小目标的迷彩设计。目前为止，尽管各国都希望开发一种通用性迷彩，或者能够在较为宽泛背景使用的迷彩，但是非常困难。即使目前根据典型背景特征划分的林地迷彩、荒漠迷彩等，也只能够适用于特定的、有限范围内的林地背景或荒漠背景，即特定林地迷彩并不是在所有类型的林地或某一林地内的具体背景下都具有较好的伪装效果；特定荒漠迷彩也同样不能够适应所有类型的荒漠或某一荒漠区域下随意、具体的背景。

1.2 迷彩伪装的视知觉基础

1.2.1 光学基础

1.2.1.1 光的特性

人们对于客观世界的认知，很大程度上取决于视觉（vision）的感知，而视觉是由光刺激作用于人眼后经过神经中枢处理产生的，没有光，一片漆黑，有了光，才能感受到外部世界的绚丽多彩。光是具有一定波长和频率的电磁辐射，在真空中传播最快，光速每秒可达 3×10^5 km。人们生活在波长不同的电磁辐射中，根据波长的差异，把电磁波分为红外线、可见光、紫外线，等等。其中，能引起视觉反应的区域称作可见光（visible light），频率范围为 $5 \times 10^{14} \sim 5 \times 10^{15}$ Hz，波长为 380 ~ 780 nm［图 1-2（a）］，处在太阳光谱能量曲线分布图的最高峰部分［图 1-2（b）］。

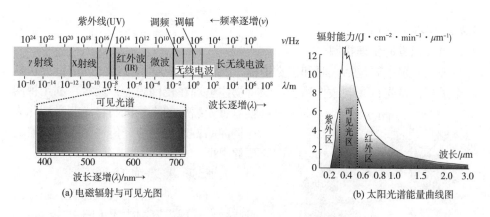

(a) 电磁辐射与可见光图　　　　(b) 太阳光谱能量曲线图

图 1-2　电磁辐射与可见光图和太阳光谱能量曲线分布图

人眼无法直接感受到可见光的颜色，因而，也称作"白光"。英国著名物理学家牛顿利用三棱镜发现了"白光"的奥秘："白光"是一种非均匀混合体，由折射度不同的各种单色光混合而成。在密闭的暗室里，他将太阳光通过窗板上的小孔引入房间，投射在三棱镜上，结果对面墙上呈现出了像彩虹一样的光谱色带，依次为红、橙、黄、绿、蓝、靛、紫七种色光。这种现象叫作光的色散现象（dispersion of light），这条彩色光带被称为光谱（spectrum）。如果把这些光通过第二个棱镜聚合起来，又能重组得到"白光"。这些单色光波长单一但各不相同，波长最长的是红光，橙光次之，紫光波长最短。

光源是能发出光线的物体，分为自然光源（如太阳）和人造光源（如开着的灯）。光源可以自行发光，在不同的光源下会看到不同的颜色，但是，周围大多数物体是不能自行发光的，人们却依然能看到它们呈现不同的颜色，其原因就在于这些不发光物体可以不同程度地吸收、反射来自太阳或人造光源的光线。仿生迷彩之所以具有良好的防侦视性能，是其反射的若干光波与周围环境反射的丰富光波近似相同的缘故。

1.2.1.2 颜色视觉的特性

颜色有三种特性，分别为色调、明度、饱和度。色调（hue）是色彩的相貌，由光的波长决定。可见光谱上，波长较长、频率较低的部分呈红色调；波长较短、频率较高的可见光呈蓝色调。明度（brightness）反映人眼对物体表面明暗程度的感觉，白色是最明亮的色彩，颜色越接近于白色，看起来就越亮；越接近于黑色，看起来就越暗。饱和度（saturation）反映颜色的鲜艳程度，波长越短，饱和度越高，颜色也就显得越鲜艳。

正是颜色的这些特性，决定了人类的视觉特性，为迷彩伪装的染料及织物材料筛选、染色浓度等因素的确定提供了理论指导，从而不断提高了仿生迷彩防可见光、近红外、中远红外、微光夜视等侦视的性能。

1.2.2 生理学基础

1.2.2.1 视觉的生理机制

视觉系统主要包括人眼和视觉中枢，人们通过视觉系统感知外部世界包括两个过程：首先，光刺激作用于人眼将物体呈现在视网膜上；然后，利用视网膜上感光细胞的换能机制将光刺激转化为神经冲动，通过视神经传递至大脑皮层的视觉中枢。

人眼形状近似球形，前后径为 24～25 mm，是人们的视觉器官。眼球由眼球壁和眼球内容物构成（图1-3）。

眼球壁由外到里主要由外层的角膜和巩膜，中层的虹膜、脉络膜和睫状肌，内层的视网膜等构成。视网膜上遍布着大量的视锥细胞和视杆细胞，功能各异、分布不同，两种感光细胞并行处理刺激输入且互相调节。视锥细胞（conecell）是昼视

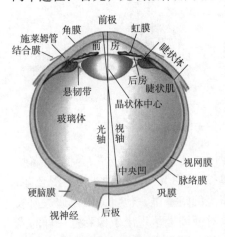

图1-3 人眼的构成

器官，多集中在视网膜中央凹，在光强度较高的明视觉状态中起作用，负责感知物体的色彩、辨认物体的细节；视杆细胞（rodcell）是夜视器官，分布在中央凹以外，在光强度较低的暗视觉状态中起作用，只能感知物体的光度。当环境光照度处于两种状态之间时称作中间视觉状态，此时，两种感光细胞共同起作用。视网膜上还有一个视觉盲区叫作"盲点"（blind spot），物体的投影落在这个区域不能产生视觉，但却是大量的视网膜神经纤维汇聚成视神经的场所。

眼球内容物包括房水、晶状体和玻璃体，其中晶状体有"聚焦"功能，其调节能力会随年龄的增长逐渐退化，出现"老花眼"。三者连同角膜一起，共同构成了人眼的屈光系统。如果以相机工作原理来看待人们的眼睛，将眼球比作相机，那么整个屈光系统就是镜头，通过晶状体的对焦调节相距与物距的位置，将视像映射在"底片"视网膜上。

在光刺激转化为电信号产生神经冲动的过程中，感光细胞的激活总是会受邻近细胞的影响，当某个神经细胞接收刺激后获得比较大的反应时，会抑制邻近细胞的反应，这些与它相邻的细胞再次接收刺激时的反应就会减弱，这种现象叫作视觉系统的侧抑制（lateral inhibition），是引起迷彩伪装中视错觉的重要原因之一。

当视网膜上的一个区域接收到刺激输入时，能够激活与之相关的各层神经元，这一区域被称为视觉感受野（receptive field of vision）[图1-4（a）]。视通路上，各层神经细胞的视觉感受野特性各异，其结构随着层级的提高而越来越复杂、所处理的视觉任务也更加高级。由视网膜发出的电信号通过神经纤维传递至丘脑中负责视觉信息中继传导的外侧膝状体（lateral geniculate body），经由外漆状体发出后终止于大脑皮层的视觉投射区——枕叶的纹状区（布鲁德曼第17区）[图1-4（b）]，形成视觉。

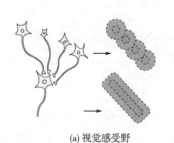

(a) 视觉感受野   (b) 大脑皮层视觉区

图1-4 视觉感受野和大脑皮层视觉区

1.2.2.2 人眼的视觉现象

正如前文所说，在不同亮度环境下，人们的视觉机制是不同的。当在不同光照条件中转换时，眼睛需要一定的时间来适应这种变化，这种感觉现象叫作视觉适应，包括暗适应和明适应。暗适应（dark adaptation）是人眼从亮处到暗处的适应过程，此时，人眼的视觉感受性逐渐提高，在适应初期，由视杆细胞和视锥细胞共同经历适应过程，在锥细胞暗适应完成后，杆细胞继续独自完成适应过程［图1-5（a）］；明适应（bright adaptation）是由暗处转向亮处时人眼的适应过程，是视觉感受性下降的过程。

同样，在不同的光照条件下，视觉感官细胞对可见光谱的敏感程度也是不同的［图1-5（b）］。明视觉状态下的视觉敏感峰值是处在可见光谱中央的黄绿波段（555 nm）；在暗视觉状态下，人眼对可见光谱的最大感受性位于波长较短的蓝绿波段（507 nm）。当光照条件由明视觉转向暗视觉时，人眼对可见光谱的最大敏感度将向短波段移动，这种变化叫作普肯耶（Purkinje）现象。

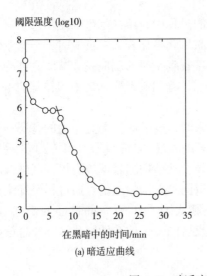

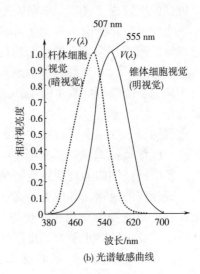

(a) 暗适应曲线　　　　　　　　　　(b) 光谱敏感曲线

图1-5　暗适应曲线和光谱敏感曲线

根据不同照明环境下视觉生理机制的不同，可以不断探索和发展单兵夜间伪装技术，更新夜视技术装备，提高伪装性能。

1.2.3　心理学基础

伪装是通过"隐真示假"等措施来隐蔽己方、迷惑敌方，能够有效降低敌方的侦察效果和武器命中率，干扰其指挥部署，是对抗敌方、实施作战保障及作战防御的重要手段。伪装包括视觉伪装及电子伪装，视觉伪装是使服装、体表覆盖物等融入周围环境来迷惑肉眼侦察，电子伪装是使用特殊材料技术降低、掩盖温度或热辐射来逃过仪器侦察。

迷彩伪装是视觉伪装的一种，通过涂料或染料等来改变遮障、目标、斑点图案和背景颜色。迷彩伪装的两大设计原则是以平淡色度减弱与自然环境的对比及以奇异图案分散物体的轮廓，从而达到减小目标与背景在颜色对比、亮度对比和所产生的阴影之间的差异的目的，这其中的原理，与视觉认知的心理学机制密不可分，了解相关心理学原理对更好地利用视觉信息进行迷彩伪装具有重要的指导意义。

1.3　迷彩伪装的视觉认知原理

心理学原理涵盖范围广泛，在迷彩伪装设计及评价中应用较多的有一般视知觉原理、视觉注意、视错觉效应等。

1.3.1　一般视知觉原理

人们的各种行为都会受到认知的支配，认知是最基本的心理过程，包括对信息感知、记忆和应用的过程。感知是认知活动的第一步，通过感官获得外部世界的信息，产生感觉（sensation）。这些信息经由大脑的综合、解释产生对事物整体的认识，基于已有的知识经验对客体属性进行综合反映，就是知觉（perception）。知觉有四种特性。

（1）知觉的选择性。在知觉客观事物时，总是选择把部分客体当作知觉对象，其他事物便成了知觉背景。知觉对象与背景间的对比越小，就越难以将二者相区分。军事伪装就是运用这一原理，将伪装目标的轮廓模糊化，并使伪装目标与背景环境之间的色彩和明暗度尽可能统一，以缩小伪装目标与环境之间的差异性。

（2）知觉的整体性。基于格式塔理论，在知觉过程中往往追求事物的整体性，这种特性称为知觉的整体性。仿生迷彩的设计中充分体现了格式塔知觉的组织原则，包括接近性、相似性、完整和闭合倾向、良好连续、共同命运等。在空间上彼此接近的部分容易被知觉成整体，称为接近性［图1-6（a）］。迷彩图案的斑点色块大小和形状与自然环境中的树叶、石块十分接近，因此，也更容易与周围的环境相融合。相似性是指相似的部分容易被知觉成整体［图1-6（b）］。基于这一组织原则，迷彩图案的颜色与周围背景的颜色要尽可能接近。完整和闭合倾向的存在会使人们将不连续的图形知觉成完整闭合的图形。在大环境中，属性相同的部分会被认为是来自一个整体，以凯尼泽三角形［图1-6（c）］为例，尽管没有边缘轮廓，但由于这种知觉倾向的存在，人们依然会把三个圆形缺口知觉成一个完整闭合的三角形。数码迷彩的设计就利用了这一原则，迷彩图案由方形数码迷彩单元构成，破碎、模糊的边缘不易形成完整的轮廓，不具有完整和封闭倾向，很难将其知觉为一个整体，因而具有良好的伪装性能。具有良好连续的部分以及按共同方向运动变化、具有共同命运的部分也更容易

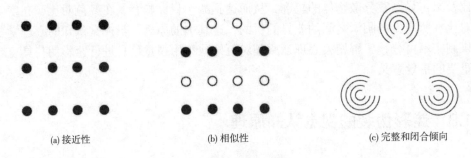

(a) 接近性　　　　　　　　　　(b) 相似性　　　　　　　　(c) 完整和闭合倾向

图 1-6　视知觉原理

被知觉成整体。这些组织原则对仿生迷彩的设计均具有重要的指导意义。

（3）知觉的理解性。是指人们在知觉客体时，往往会基于以往的知识经验，对其作出某种解释，赋予它一定的意义。隐匿图形（图 1-7）可以很好地说明这种"理解"，在观看这张图片时，知觉到的不是一个个独立的墨点白块，而是会根据线索试图解释这些斑点间的关系，经过一次次的"假设检验"，最后将图片理解为是一只摇尾巴的狗。在军事侦察过程中，伪装目标不易被知觉为独立整体，其原因就在于"不理解"会破坏知觉的整体性，这时就很难将伪装目标从周围环境中分离出来。

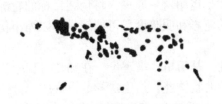

图 1-7　隐匿图形

（4）知觉的恒常性。利用视错觉伪装军事目标与知觉的恒常性有关，恒常性是指客观条件在一定范围内发生变化时，人们的知觉映像却能在相当程度上保持它的稳定性，包括形状恒常性、大小恒常性、明度恒常性和颜色恒常性。视觉线索是影响恒常性的重要因素，仿生伪装有助于消除周围环境中的视觉线索，破坏了知觉的恒常性，保护了伪装目标。

1.3.2　视觉注意机制

如上文所说，知觉系统具有选择性，能够从背景中分离出知觉对象。知觉的这种特性离不开注意（attention），当注意指向某种事物时，这种事物便成了知觉对象，其他事物便成为知觉背景。环境中的刺激千千万，由于认知资源的限制，人们只对一定刺激做出反应，选择哪些作为注意指向与集中的对象，依赖于注意的选择机制。

对信息进行选择是注意最基本的功能。在大量的环境信息面前，注意使人们在一瞬间选择关键的、感兴趣的、符合当前活动需要的特定刺激，同时避开或抑制干扰信息。注意选择的优先性由两方面决定：一个是自下而上、刺激驱动的机制；一个是自上而下、目标驱动的机制。通过自下而上（bottom-up）的注意，人们的视觉感知系统能快速提取环境中的显著性目标，同时过滤掉冗余的背景干扰信息。对显著性目标的判断、提取主要依赖于目标自身的物理特性，在运动、方向、颜色、亮度、大小、形状以及纹理等特征上具有显著性的客体更容易吸引注意，成为注意的焦点。自上而下（top-down）的注意使人们有意识地选择与当前任务目标相关的部分，抑制无关刺激的干扰，需要记忆等高级认知功能的信息反馈，受需要、期望、兴趣和过去的知识经验等因素的影响。自下而上和自上而下的注意机制相互协调，实现了对环境刺激信息的有效感知。

长时间的侦察作业离不开注意的保持功能。注意指向并集中在某个客体或活动上之后会稳定持续一段时间，只有在这种状态下，人们的大脑才能对客体特征进行精细加工并将其整合成完整的物体。

另外，注意还有调节和监控功能。在注意过程中，人们的意识处于高度觉醒水平，行为能够得到有效的监控，从而可以根据当前的需要对注意焦点进行控制、分配和转移。

基于视觉注意原理，伪装目标在军事侦察中被发现的实质就是通过肉眼侦察或仪器侦察，将目标从周围环境背景中剥离开来，在侦察过程中，只有"引起注意"的伪装目标才会被发现，仿生迷彩就是通过隐匿暴露征候来"躲过注意"，将目标伪装起来。

1.3.3 视错觉效应

现实生活中，许多时候"眼见"并不一定为"实"，视错觉（illusion）是常见的一种视觉现象，是在特定条件下产生的对客观事物的歪曲知觉（图1-8），与客观刺激的性质、生理因素和内在心理机制等多重因素有关。生理因素由感觉器官所决定，例如，上文中所讲的人眼的生理构造。心理因素与人们的过往经历、已有认知经验有关，受恒常

图1-8 是兔还是鸭

性驱使的当前知觉与过往经验的矛盾等都会造成一种被"欺骗"的感觉。迷彩图案由不规则条纹或斑点色块构成，极具迷惑和混淆的性质，是营造错觉的必要条件。

　　视错觉的种类有上百种，与迷彩伪装相关的主要有几何错觉、色彩错觉和运动错觉。

　　（1）几何错觉。是在某种原因下对几何图形的错误知觉，包括大小错觉、形状错觉和方向错觉。等长的线段在不同条件下，会有长短不一的错觉，如缪勒—莱耶错觉（Muller's illusion）[图1-9（a）]；等大的圆形在不同条件下，会有大小不一的错觉，如多尔波也夫错觉（Dolboef illusion）[图1-9（b）]，这些现象都属于大小错觉。在小型目标的军事伪装中，经常利用这一错觉原理来隐匿较大的伪装目标。在目标周围设置一些较为熟悉的物体，做大到正常体量的若干倍以作对比，当在一定距离外按照常识比例观察时，这些目标就会显得小很多，看起来便没那么明显了，从而更容易逃过敌方侦察。

　　在某些因素影响下，被知觉到的图形除了大小、长短特性会出现歪曲，形状和方向也会发生改变。比如，冯特错觉（Wundt illusion），两条平行线在其他线段影响下显得中间窄两头宽，看起来好像弯曲了[图1-9（c）]；在爱因斯坦错觉（Einstein illusion）中，正方形的四边在许多向外延伸的同心圆中显得向内弯曲[图1-9（d）]。一些形状较为规则的伪装目标很容易被暴露，利用这种错觉原理，结合色彩错觉，将目标伪装为形状和颜色无规则、不易辨认的物体，这时敌方就很难将其与目标原有的功能属性联系起来。

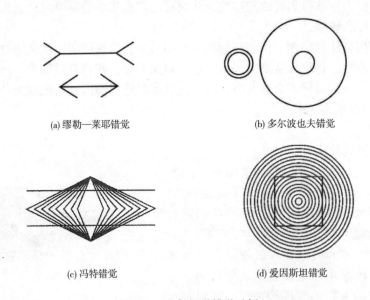

(a) 缪勒—莱耶错觉　　　　　　　　　　(b) 多尔波也夫错觉

(c) 冯特错觉　　　　　　　　　　(d) 爱因斯坦错觉

图1-9　几何视觉错觉示例

　　（2）色彩错觉。主要由色觉三特性的互相对比和影响形成，包括冷与暖对比、轻与重对比、扩与缩对比、硬与软对比等。迷彩伪装设计采用了空间混色原理，不同色块反射的光波在空间上彼此十分接近时，很难独立区分单个色块，从而达到了伪装目标的效果。

除此之外，明暗之间也会产生错觉，称为赫尔曼（Hermann）格栅［图1-10（a）］，这种错觉现象的产生与之前提到的视觉系统的"侧抑制"作用有关。在网格交叉处可以看到朦胧的灰点，但是仔细一看其实并不存在。

（3）运动错觉。如图1-10（b）所示是基于周围环境线索对物体的运动状态产生的错误判断。在观察存在动势的图形时会自主选择一个参照系以作对照，当背景参照物与目标的位置和顺序发生变动后，参照系会发生无意识改变，这时就会产生运动错觉。

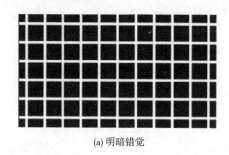 

(a) 明暗错觉　　　　　　　　　　　(b) 运动错觉

图1-10　视觉错觉示例

由不规则斑点或条纹构成的迷彩图案在不同的侦察距离下均能达到良好的伪装效果。就远距离侦察来看，迷彩图案利用混色原理，能够营造出一种"视错觉"，不同颜色斑点间穿插交错，使得斑点边界处发生了视觉上的混色效果，造成了边界模糊的错觉，这种效应促进了迷彩图案与背景的融合；就近距离侦察来看，这些不规则重叠图案也会产生视错觉效应，使对方很难从"背景"中提取出这些特异"目标"，这种视错觉效应增加了视觉加工的复杂性，从而加大了敌方的侦察难度，增强了伪装性能。

1.4　动物的视知觉伪装

迷彩伪装源于人类祖先的仿生意识，自然界中许多动植物都会模仿周围环境伪装自己以躲避天敌、猎取食物，人们从中得到启示并将其运用于迷彩设计。仿生迷彩是通过模仿环境背景、环境中生物体的色彩和形态来设计的迷彩，也即进行仿色和仿形设计，依据环境背景色彩、生物的形态及斑点纹理来生产具有特殊性能的军事迷彩伪装技术、材料及图案，美军的虎纹迷彩［图1-11（a）］和德军斑点迷彩［图1-11（b）］都是较为经典的仿生迷彩图案，都适用于鲜明的地域环境及气候特色。

(a) 美军虎纹迷彩　　　　　　　　　　　　　(b) 德军斑点迷彩

图 1-11　美军虎纹迷彩和德军斑点迷彩

　　生物界在亿万年的物竞天择、进化生存过程中，历经大自然的风霜雨雪，为了适应不断变化的环境，已经锤炼出了各式各样的隐蔽、可靠的机体结构，包括保护色、拟态和警戒色，为仿生迷彩设计贡献了丰富的灵感。

　　保护色是使体色与环境色彩保持一致，自然界中的保护色主要有三种形式。一种是固定纹理的保护色，比如，条纹状纹理的斑马［图 1-12（a）］和老虎［图 1-12（b）］、斑点状纹理的金钱豹［图 1-12（c）］，这是自然界中最普

(a) 斑马纹　　　　　　　　　　(b) 虎纹　　　　　　　　　　(c) 金钱豹纹

图 1-12　固定纹理的保护色

遍的保护色。还有一些动物保护色会随着季节交替发生节律性的变化，比如，寒带地区特有的雷鸟［图 1-13（a）］，冬羽是雪白色的，与大地的银装一致，夏羽又换上了褐色，羽毛上还有棕黄斑纹，与夏季苔原的斑驳色彩极为吻合。最高级的保护色是能随环境的变化做出生理色彩改变，迅速与周围环境保持一致，最广为人知的就是避役［图 1-13（b）］，能根据环境中的温度和光照的强度随时改变体表的颜色，既能隐藏自己避开了天敌，又便于捕捉猎物。

　　拟态也是动物通过模拟生物或非生物来与环境融为一体，但这种模拟不仅

(a) 雷鸟　　　　　　　　　　　　　　　　　(b) 避役

图 1-13　变化的保护色

限于色彩特征，还在形态、轮廓、行为等特征上加以模仿。比如，枯叶拟态界的伪装高手枯叶螳螂［图 1-14（a）］，以及同样擅长模拟枯叶的木叶蝶［图 1-14（b）］，安静地停留在树枝上如同枯叶一般，颜色形状和叶脉纹理与真正的枯树叶如出一辙，让人难辨真伪。

(a) 枯叶螳螂　　　　　　　　　　　　　　　(b) 木叶蝶

图 1-14　枯叶模仿高手

警戒色是一些身带剧毒的动、植物或昆虫所具有的与环境色彩对比鲜明的颜色和斑纹，这种艳丽色彩传递着一种警戒信号，使捕食者易于识别、不敢贸然进攻，从而保全自身免遭猎食。比如，具有鲜艳体色的毒蛾幼虫，毒性极大，鸟类一旦吞食，口腔黏膜就会被幼虫的毒毛刺伤，这种艳丽夺目的体色就成了警示鸟类的信号。

1.5　视知觉在迷彩伪装中的重要性

迷彩伪装是通过图案、斑块、颜色等形成的迷彩来实现伪装的技术手段，视知觉在伪装迷彩中至关重要。一方面，在之前的迷彩设计与评价中，人们有意无意地应用了各种视知觉原理；另一方面，充分理解并探索视知觉在各类迷彩设计及评价中的应用，将推动迷彩设计及评价的创新发展。将视知觉充分应用到迷彩设计中，具有重要的军事战略意义。

迷彩伪装设计中充分运用视觉认知原理中的视知觉、视错觉和视觉注意机制。通过视错觉原理设置假目标，有良好的迷惑作用，干扰敌方的侦察作业，从而造成敌方的指挥判断失误；通过弱化伪装目标与周围环境背景之间的颜色、轮廓差异性，有效降低各暴露征候系数，从而隐匿真实目标，达到理想的伪装效果。

迷彩伪装的实际有效性、评价也充分体现了视觉认知原理。采用认知心理学原理，对迷彩的伪装效果进行视知觉的正确率和反应时测试，可以快速有效地判断迷彩效果。

目前，伪装用迷彩均是针对静态目标进行，而对于活动小目标而言，如果能够应用运动视觉错觉，有效扭曲、改变其真实行动轨迹、行动状态，引起探测方的误判，也是非常有效的伪装，这在动物界比较常见。

将视觉认知原理应用到迷彩伪装的设计、实现及评价中，将大幅度提升迷彩设计的科学性、有效性，开发出完全不同的适合各类不同目标特性的全新迷彩。

参考文献

[1] 邢欣，曹义，唐耿平，等. 隐身伪装技术基础 [M]. 长沙：国防科技大学出版社，2012.

[2] GIBSON J J. The ecological approach to visual perception [M]. Boston：Houghton Mifflin，1979.

[3] 彭聃龄. 普通心理学 [M]. 北京：北京师范大学出版社，2012.

[4] 段殳. 色彩心理学与艺术设计 [D]. 南京：东南大学，2006.

[5] NONAKA T，MATSUDA M，HASE T. Color mixture model based on spatial frequency response of color vision [C]. Systems，Man and Cybernetics，IEEE International Conference，2006.

[6] YOUNG，MALCOLM P.Objective analysis of the topological organization of the primate cortical visual system [J]. Nature（London），1992，358（6382）：152–155.

[7] 胡钧皓. 视觉信息编码机制及其应用研究 [D]. 杭州：电子科技大学，2018.

[8] 葛婧菁. 视觉神经特性和视网膜造影研究 [D]. 天津：南开大学，2011.

[9] 李海华. 产品的视觉干扰设计研究 [D]. 南京：南京航空航天大学，2009.

[10] 张建春. 迷彩伪装技术 [M]. 北京：中国纺织出版社，2002.

［11］HETHERINGTON R. The perception of the visual world ［M］. Houghton Mifflin，1950.

［12］吴睿. 数码迷彩设计方法的研究［D］. 南京：南京航空航天大学，2016.

［13］DUNCAN，John. Selective attention and the organization of visual information［J］. Journal of Experimental Psychology：General，1984，113（4）：501–517.

［14］黄玲，李梦莎，王丽娟，等. 视觉选择性注意的神经机制［J］. 生理学报，2019，71（1）：15–25.

［15］ITTI L，KOCH C. Computational modelling of visual attention［J］. Nature Reviews Neuroscience，2001，2（3）：194–203.

［16］梁丹. 仿人眼光学系统与视觉注意机理研究［D］. 杭州：浙江大学，2017.

［17］初苗，田少辉，余隋怀. 基于视觉机制的伪装仿真效果评价方法研究［J］. 计算机仿真，2014，31（3）：60–64.

［18］黄希庭. 心理学导论［M］. 北京：人民教育出版社，2007.

［19］蒲欢，陈善静，康青. 基于视错觉的军事工程伪装研究与应用［J］. 自动化与仪器仪表，2016（12）.

［20］GLOVER S R，DIXON P. Dynamic illusion effects in a reaching task：Evidence for separate visual representations in the planning and control of reaching［J］. Journal of Experimental Psychology：Human Perception and Performance，2001，27（3）：560–572.

［21］李昕雨. 视错觉在视觉传达设计中的应用研究［D］. 开封：河南大学，2012.

［22］马先兵，孙水发，夏平，等. 视错觉及其应用［J］. 电脑与信息技术，2012（3）：5–7，15.

第2章 侦视器材原理及特征

现如今，随着科学技术的不断发展升级，越来越多不同种类、不同功能的侦视器材被运用在实际的观察环境中，帮助人们在复杂的环境中应对各种状况、侦察目标对象。不同的侦察器材起到不同的作用。本章将会从四个方向介绍各种侦视器材的基本原理、特征以及相关应用，以提供一定的参考。

2.1 光学侦视器材及特征

2.1.1 人眼

人眼是一个十分复杂的光学系统，由内到外的主要成分包括角膜、前房水状液、晶状体以及后房玻璃液。每一种不同的成分都在这个复杂的光学系统中起到不同的作用，如图 2-1 所示。

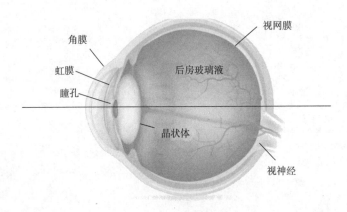

图 2-1 眼球结构

自然光线射入人眼后会进行一系列的光学调节活动。射入人眼的光线依次通过角膜、晶状体、玻璃体等各种成分，经过各种屈光折射后，焦点落在视网膜上，在视网膜上形成光的刺激。视网膜上的感光细胞受到光的刺激后，通过一系列的化学物理变化产生刺激电流，经由视网膜神经纤维最终传导至视神经。最后到达大脑皮层的视觉中枢，产生视觉。

人眼的光学系统解释了视觉图像产生的原理，各系统部分紧密联系。从整体角度来看，可以把人的眼睛比作一架简易的照相机，把瞳孔比作相机镜头的光圈，用来控制进入光量的多少。把眼球的晶状体比作相机的镜片，用来调节进入的光线角度，把视网膜比作相机的感光部件，用来聚焦并处理光信号的刺激。

眼球的各部分结构在光学调节中起重要作用，人们根据光学调节的基本原理设计了各种各样的侦视设备，还应用在其他科技领域。平日里说的瞳孔颜色指的是虹膜的颜色，每个人的虹膜都是独一无二的，具有明显的各人差异，人们利用这一特点发明了虹膜识别系统，结合红外和夜视的成像方式来识别和提取虹膜信息，现代的安防系统就是运用了虹膜识别技术。由于虹膜特征明显，而且不容易受到外界因素的影响，所以，虹膜识别的安全系数很高。

人眼是最天然、最便捷的光学侦察器材，侦察的视野广阔，在目标观察中应用最为广泛，但是容易受环境、天气、时间等各种因素的影响，无法稳定地在各种条件中发挥侦察作用，在遇到特殊情况时还需要借助其他侦视器材的帮助。

2.1.2　望远镜

望远镜应用十分广泛，特别是在天文观测、军事侦察等领域都发挥着重要的作用。望远镜的工作原理是：射入望远镜的平行光线通过物镜和目镜，仍然能够保持平行射出，以此来观察远距离的事物。望远镜由透镜以及其他的各种光学元件组成，能把远处物体的张角按照一定的倍数放大，可以看清原本无法观察到或用肉眼无法辨别的事物。

在日常生活中，人们一般了解到的望远镜包括天文望远镜、手持式双筒望远镜。目前，有很大一部分望远镜运用在天文观测活动中。一些主流的天文望远镜包括红外望远镜、射电望远镜以及伽马射线望远镜。第一架望远镜是由400 多年前的伽利略发明创造的，在这段时间里，光学望远镜得到了巨大的发展和飞跃，目前，已经创造了各式各样的望远镜。按照望远镜物镜的种类，可以把望远镜分为折射望远镜、反射望远镜、折反射望远镜三种。

2.1.2.1　折射望远镜

折射望远镜有两个基本元素，即物镜的凸透镜和目镜。物镜将光线折射到镜子的后端，平行光线可被折射最终在焦点汇聚，不平行的光线则在焦平面上汇聚。入射光通过望远镜最终被聚焦在焦点上，然后透过望远镜的目镜，产生最终清晰明亮的图像，如图 2-2 所示。

折射望远镜一般分为两种，分别是伽利略望远镜和开普勒望远镜。因为折射望远镜的口径比其他的望远镜更小，焦距更长，因此，底片比例尺更大，分辨率也更高，最初被设计用于一般的侦查和天文观测活动中，但也可以用于其他设备，如双筒望远镜。双筒望远镜由两个相同的望远镜组合而成，和一般的

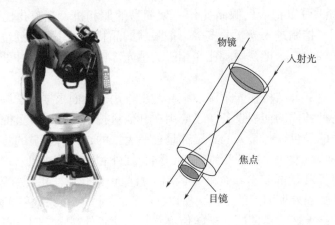

图 2-2　折射望远镜工作原理

单筒望远镜不同，能增加视野上的纵深感，又因为其携带方便，符合人双眼观察的特点，所以被广泛运用在军事侦察活动中。

　　折射望远镜具有使用方便、制作简单、成像生动锋利、移动方便等优点。适合远距离的室外观测。缺点是有色差，但是可以通过消色差设计，避免色差的出现。

2.1.2.2　反射望远镜

　　第一架反射望远镜是牛顿发明的。牛顿观察到这样的原理，当光线进入镜头后，将会通过一个凹型抛物面的反射镜，光线汇聚之后反射到一个位于镜筒前端的平面镜上，从平面镜反射的光线再汇聚到外筒目镜，以便观察到远距离的物象，如图 2-3 所示。

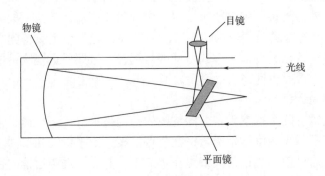

图 2-3　反射望远镜工作原理

　　反射望远镜使用的物镜为凹面镜，这种镜片分为球面和非球面两种。一般来说，球面透镜更容易被加工，但是在望远镜的焦比相对较小的情况下，容易产生比较严重的光学球面差，在这种情况下，就会导致由于平行光线不能准确地汇聚于一点，最终的物像将会变得模糊的后果。另外一种是非球面透镜，非球面透镜曲率半径更佳，可以维持良好的像差修正。最常见的非球面物镜是抛物面物镜。由于抛物面的几何特性，平行于物镜光轴的光线将被准确地汇聚在焦点上，所以，能更大程度上改善像质。比较常见的光学系统的反射式望远镜包括牛顿式反射望远镜和卡塞格林式反射望远镜。一般来说，反射望远镜的性能很大程度上取决于所使用的物镜。

反射望远镜有许多优点，能在相当大的程度下减少色差，在较为广泛的可见光范围内记录天体发出的信息，经常用于星体的观测，且反射望远镜相对于折射望远镜更容易制作。但它也存在固有的缺点：如口径越大，视场越小，物镜需要定期镀膜等。

2.1.2.3 折反射望远镜

1931 年，德国光学家施密特制作了一种施密特式折反射望远镜，能够消除球差和轴外像差，他使用一块非球面薄透镜作为改正镜，与球面反射镜配合。他制作的这种望远镜光力强、像差小，视场大、适合拍摄大面积的天体照片，在拍摄暗弱星云时，效果尤为突出。

折反射望远镜的优点包括：相对于折射望远镜，折反射望远镜能够利用相同成本获得较大的口径；相对于反射望远镜，折反射望远镜可以利用相同的口径和外形尺寸获得更长焦距；另外，因为可以用较短的镜筒获得更长的焦距，所以，容易配合一般焦段的目镜获得高的系统倍率；除此之外，折反射望远镜使用的是密封的镜筒，能够相对地减少空气对反射镀层的腐蚀，因此，能够增加使用时间，并且减少维护望远镜的步骤；又因为折反射望远镜的体积相对较小，更易于携带，在实地观测的环境中也能够发挥很好的作用。折反射望远镜的缺点包括：由于使用第二块镜片来反射光线，从而使得光的一部分被损失；与同等口径的反射望远镜相比，折反射望远镜的价格更高一些。

望远镜作为一种常用的光学侦视器材，不仅在天文观测上发挥着巨大的作用，更被经常运用于各种侦视活动中，随着科学技术的进步发展，望远镜的种类也会更加丰富，结合基本的原理，还会出现更多功能齐全、技术先进型望远镜，应用各种实际场景的观测中。

2.1.3 微光夜视仪

微光夜视仪是在夜间或极低照度下（$10^{-5} \sim 10^{-1}$ lx），利用微弱的光线，例如，星光、月光、大气辉光等，能够将物象放大后转变成人眼可清晰观察的图像，从而实现在夜间对目标进行观察的一种高科技仪器。微光夜视仪应用十分普遍，相较于其他的夜视侦察装备，夜视仪的重量更轻，体积也更小、成本低、可靠性高，具有许多优点，但在阴天或者光照条件差的环境中使用效果不佳，这种情况下就需要借助其他侦视器材进行观察。

微光夜视仪是应用广泛的光学侦视器材，可以将它看作带有像增强器的特殊望远镜，主要包括四个主要部件：强光力物镜、目镜、像增强器以及电源。微光夜视仪的工作原理是，目标物体的表面会放出微弱的光线，光线通过微光夜视仪，就会在强光力物镜的作用下聚焦于像增强器的光阴极面，激发出光电子；像增强器内部电子光学系统将光电子加速、聚焦、成像，并以极高的速度冲击像增强器的荧光屏，激发出足够强的可见光；最终，微弱光线照明下的目标物体通过微光夜视仪转换为人眼可见的光图像。以上过程包含了两次转换，分别由光学图像到电子图像，再由电子图像转换为光学图像。目标反射的微弱光线在经过物镜汇聚后，在像增强器的阴极面上成像并且被逐级放大增强，最后阶段会在荧光屏上形成有足够清晰度和亮度的图像，供观察者参考，如图2-4所示。

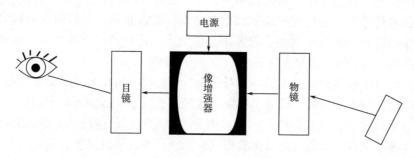

图2-4　单微通道电子倍增过程示意图

像增强器是微光夜视仪的核心器件，按照像增强器的类型，微光夜视仪可分为第一代、第二代、第三代、第四代。

（1）第一代微光夜视仪。20世纪60年代初，美国成功研制出第一代微光夜视仪，并正式装备部队。人们完善了光学纤维面板的发明、多碱光电阴极（Sb—Na—K—Cs）和同心球电子光学系统设计，并在此基础上，将这三种技术运用于工程发展，研制出第一代微光管。一代微光管由一个光纤面板荧光屏、光纤面板光电阴极和同心球静电聚集系统组成。一代单管通过三级级联，能够大大增强像增强器的性能，增幅可达 $5 \times 10^4 \sim 5 \times 10^5$ 倍，可把夜间微光光照（10^{-3}lx）下的景物亮度放大到 $10 \sim 100$ cd/m²，最终达到使人眼能够识别的标准。

第一代微光夜视仪主要型号有AN/TVS-2班组武器瞄准镜、AN/PVS-2星光镜和AN/TVS-4微光观察镜。其特点是体积小、重量轻，具有良好的隐蔽性，较高的成品率，便于器材大批量生产；但是也存在许多问题，在强光照度下，光电阴极比较容易损坏，成像质量不高，难以达到相关的要求。

（2）第二代微光夜视仪。20世纪70年代，随着材料研究取得重大突破，出现了微通道板像增强器（MCP），其单微通电子倍增过程如图 2-5 所示。

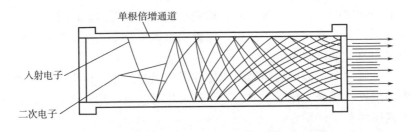

图 2-5 单微通电子倍增过程

在发明了微通道板像增强器（MCP）后，将这项技术引入了单级微光管，这也成为第二代微光夜视仪的主要特点。这种 MCP 由上百万个 10 μm 级直径的微通道的二次电子倍增器列阵组成，每一个微通道相当于一个倍增管倍增极。这样一个装有 MCP 的一级微光管亮度得到极大的增益，可以替代在第一代微光夜视仪中体积大、笨重的三级级联一代微光管；除此之外，MCP 微通道板内壁具有固定板电阻的连续倍增级。当电压恒定，即使输入强电流，也能够有恒定输出电流的自饱和效应，此效应能够克服微光管的晕光现象。第二代夜视仪与第一代夜视仪相比，重量更轻，能够增强抗眩光、抗畸变等能力，并且长度只有第一代微光夜视仪的 1/3 ~ 1/5。主要型号有 AN/PVS-3 微光瞄准镜等。

（3）第三代微光夜视仪。GaAs 光阴极型微光像增强器，被称作三代管，由美国研制，第三代微光夜视仪将第二代微光夜视仪的多碱阴极置换为 GaAs 光阴极，能够将作用距离提高 1/3，各种性能指标更好。第三代微光夜视仪具有良好的工艺做工，使用寿命更长，还具有高增益 MCP、表面化学技术，为发展第四代微光管和长波红外光电阴极像增强器等高技术产品创造了良好的条件。

（4）第四代微光夜视仪。2005 年 6 月，在国际刑侦技术装备展览会上展出的 BIM4 头盔式微光夜视仪（图 2-6）为最新第四代微光夜视仪，可全天候使用。具有显示数字地图和数传功能。

微光夜视仪已装备海、陆、空三种兵种，如单兵携带的单目或双目夜视望远镜、头盔瞄准具和中距离的武器瞄准具。在实际的侦视环境中，帮助战士进行远景距离的观

图 2-6 BIM4 头盔式微光夜视仪

察、搜索、跟踪目标，识别环境和作战地形。微光夜视仪如果安装在飞机上，则有助于飞行员提高夜视视力，帮助飞机着陆。

在刑侦领域中，公安武警、海关检测、安全防护等各部门在与危险犯罪分子作斗争、保卫国家安全防护工作、监管国家重要物资文物等各项活动中，微光夜视仪都起着重要的作用。

在工业领域中，如果遇到光线不好或者是黑暗的工作环境时，比如，从事海底资源勘查、感光、化学工业、远洋捕鱼、海上石油钻井等工作时，也需要微光夜视仪的参与。

在医药卫生领域中，涉及医用图像摄取或者是图像增强技术等研究时，也需要微光夜视仪。再比如，卫星的遥感、弱星的夜间观察、遥测天文星系、观察植物夜间的生长规律研究以及夜行动物生活习性研究等，微光夜视仪都是重要工具。

2.1.4 卫星高速高清光学探测原理

近年来，随着航空航天事业、空间科学、环境科学和计算机技术的发展，利用人造遥感卫星探测地球成为一门新兴的应用科学，将人们的眼界提升到了一个新的高度。

地球上的任何物体都具有光谱特性，具体地说，它们都具有不同的吸收、反射、辐射光谱的性能。在同一光谱区，各种物体反映的情况不同，同一物体对不同光谱的反映也有明显差别。即使是同一物体，在不同的时间和地点，由于太阳光照射角度不同，它们反射和吸收的光谱也各不相同。

遥感技术就是根据这一原理，对物体做出判断。遥感技术通常是使用绿光、红光和红外光三种光谱波段进行探测。绿光段一般用来探测地下水、岩石和土壤的特性；红光段探测植物生长、变化及水污染等；红外段探测土地、矿产及资源。此外，还有微波段，用来探测气象云层及海底鱼群的游弋。

遥感传感器是获取遥感数据的关键设备，无论哪种类型遥感传感器，它们都由几个基本部分组成。收集器：收集地物辐射的能量。具体的元件如透镜组、反射镜组、天线等。探测器：将收集的辐射能转变成化学能或电能。具体的元器件，如感光胶片、光电管、光敏和热敏探测元件、共振腔谐振器等。处理器：对收集的信号进行处理。如显影、定影、信号放大、变换、校正和编码等。具体的处理器类型有摄影处理装置和电子处理装置。输出器：输出获取的数据。输出器类型有扫描晒像仪、阴极射线管、电视显像管、磁带记录仪、XY彩色喷笔记录仪等。

卫星的高速高清摄像类比于一般的摄像机，高速运动目标产生反射光，这些光的一部分透过高速成像系统的成像物镜，经物镜成像后，落在光电成像器件的像感面上，光电元件在受到电路驱动后，会对像感面上的目标像快速响应，完成图像的光电转换。带有图像信息的各个数据包被迅速转移到读出寄存器中。读出信号经信号处理后最终传输至电脑中，再由电脑对图像进行读出显示，并将结果输出。一套完整的高速成像系统由光学成像、光电成像、信号传输、控制、图像存储与处理等几部分组成。

2.2　近红外侦视器材及特征

2.2.1　绿色检验镜

绿色材料是一种重要的伪装材料。伪装上不仅要求绿色材料的颜色与绿色植物近似，而且要求其近红外反射特性与绿色植物近似。

如图 2-7 所示，植物绿在波长 550 nm 左右有稍高的光谱反射率，但在 700 nm 以上（红光和近红外线）波段的反射率已明显超出 550 nm 附近波段的（绿光）的反射率。而人工绿色一般在波长 600 nm 以后的光谱反射率低，与自然绿色呈较大的差别。因此，在侦察中采用近红外照相时，绿色植物呈现红色，而普通人工绿色仍呈现绿色，极易被发现。所以，在军事工程伪装中，就光学伪装而言，关键是获得具有良好近红外伪装性能的迷彩涂层或伪装面。

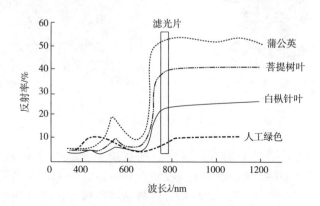

图 2-7　自然物体的光谱反射率曲线

为了预防近红外照相侦察、彩红外照相侦察、多光谱照相侦察揭露自然植物与伪装绿色在光谱反射上的差别，在调配绿色涂料时必须选用光谱反射曲线与植物背景类似的绿色颜料，使所调配的绿色涂料与植物绿在同色的基础上，异谱程度降低。

伪装绿色检验镜是一种检验绿色颜料与植物绿色异谱程度的器材，能够方便快捷、经济有效地检验绿色颜料与植物绿色的异谱程度，从而判定能够用于调配绿色伪装涂料的绿色颜料。

2.2.2 近红外相机

近红外相机是对波长在 780～3000 nm 范围的电磁波感应敏感的数字成像设备。它的出现及其技术水平的不断进步，为近红外伪装检测提供了更便利的实现手段——数字近红外伪装检测。数字近红外伪装检测就是利用数字相机采集目标和背景的近红外数字图像，并在此基础上对数据做出处理后输出，作为目标近红外伪装效果评估的依据。

普通的数字相机的核心感光元件是 CCD 或者 CMOS，它们的感光范围一般为 400～1200 nm，其中 700～1200 nm 的光谱区域就是通常所指的近红外区，CCD/CMOS 成像的数字相机在理论上都能够对近红外产生与可见光同等的感光响应，此时，为了消除近红外对可见光成像的影响，厂家会在数字相机的 CCD 和镜头之间加装一个红外截止滤镜（ICF，图 2-8），可以有效衰减或防止红外线、紫外线进入 CCD，这样能够在很大限度上降低相机对近红外波段的敏感度，由此减少拍摄影像和人眼观察的可见光影像之间的差异度。

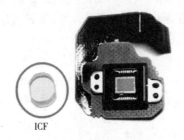 

ICF

图 2-8　红外截止滤镜

因此，将数字相机中的 ICF 移除，并在镜头前加装一块红外通过滤镜（IPF），将可见光滤除，这时 CCD 接收到的只有近红外光，在满足相机曝光和聚焦的光线强度下可以生成较纯粹的近红外数字图像。近红外图像不仅能够综合反映目标和背景的近红外光谱特性，同时也能显现这两者在近红外波段的匹配融合程度，因此，可以作为目标在近红外波段伪装效果的评判依据。这种近红外数字图像能够在计算机（PC）平台上进行进一步数据处理工作，也可以挖掘提取其他信息并存储、打印、分发和传输，也可以和普通彩色数字图像通过软件工具进行多通道的数据融合，输出彩色的红外图像（CIR image），能够兼容传统的照相方式，达到近红外伪装检测的目的。这就是依托当前数字相机和数字摄像设备的近红外伪装检测技术。

与传统基于胶片的近红外照相检测方式相比，数字近红外伪装检测具有比较明显的优势：能够方便快捷地获得近红外数字影像，以便于实时评判和数据后处理及传输；基于 CCD 测光自动聚焦，影像能得到正确的聚焦和曝光；价格低廉，操作简便，因此，无须昂贵的红外胶卷和复杂的冲洗过程。

2.2.3 卫星红外探测原理

光学侦察卫星是利用光学成像遥感器获取图像信息的侦察卫星。星载遥感器主要工作在可见光和近红外谱段。可在单一谱段和多个谱段采用胶片或光电器件（如 CCD）成像，具有图像直观、分辨率高等特点。光学侦察卫星作为一种重要的空间侦察手段，被喻为太空中的"眼睛"，它是利用光学成像设备进行侦察，获取军事情报的卫星（图 2-9）。

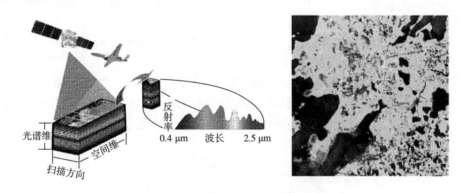

图 2-9　高光谱侦察卫星及成像示意图

光学侦察卫星利用的是高光谱分辨率遥感技术。高光谱分辨率遥感是一种利用连续并且很窄的光谱通道对地物持续遥感成像的技术。在可见光到短波红外波段，其光谱分辨率高达纳米（nm）数量级，特点是波段比较多，光谱通道数量多达数百个。另外，各光谱通道之间还具有连续性，所以，又将高光谱遥感称作成像光谱遥感。

与传统的遥感相比，高光谱分辨率的成像光谱仪为每一个成像象元提供很窄的成像波段（一般小于 10 nm），并且在某个光谱区间是连续分布的。因此，高分辨率传感器获得了连续的光谱信号并呈现出地物的光谱曲线。这不仅仅是数据量的简单叠加，更多的是能够叠加地物光谱空间信息量，在监测地表环境的变化中提供了更加充分的信息。

近几十年，高分辨卫星快速发展，国外已经出现了一系列商用和军事卫星，在空间分辨率方面，美国光学成像卫星的军用全色分辨率为 0.1 m、商用分辨率为 0.4 m、红外分辨率为 1 m；俄罗斯、法国、以色列卫星的军用全色分辨率优于 0.5 m，发展十分迅速。我国也在高光谱分辨遥感卫星上进行了各种研究，2018 年 5 月 9 日，我国发射世界首颗全谱段高光谱卫星高分五号。高分五号卫星是我国光谱分辨率最高的遥感卫星，具备光谱成像技术，可探测物质的具体成分。卫星可实现紫外光波至长波红外谱段的全谱段观测，探测工作模式多达26种，星上载荷光谱定标精度达0.008波数，为国内卫星之最。

2.3 热红外侦视器材及特征

2.3.1 基本原理

红外热像仪是一种通过对目标物体进行红外辐射探测，并对物体加以信号处理、光电转换等手段，利用红外热成像技术将目标物的温度分布的图像转换成可视图像的设备。

当观测目标和周围环境的温度以及发射率产生差异时，就会产生不同的热对比度，红外热像仪能够检测到这种差异，显示出红外辐射能量的密度分布，并且把红外光转换成肉眼可见的热图像。在这个过程中，红外探测器首先将物体的红外辐射信号转化为电信号，由此反映红外辐射的强弱，再将电信号转化为光信号显示在屏幕上，得到观察目标物体的红外热图（图2-10）。

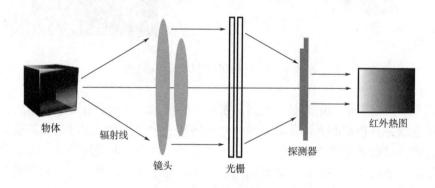

图2-10　红外热像仪的工作原理

热像仪的核心部件是红外探测仪。在现代热成像装置中广泛应用了基于窄禁带半导体材料的光子探测器，其中，HgCdTe器件占大多数。它具有高的探测率和较合适的工作温度，受到了较高的重视，而且其工作波段可以通过改变材料中CdTe和HgTe的组分配比加以调整。

红外热像仪是根据目标与背景的红外辐射出射度的差异来侦视目标。红外侦察系统能探测目标的最大距离 R 为：

$$R=(J\tau_0)^{1/2}\left[\pi/2D_0(NA)\tau_0\right]^{1/2}\times\left[1/(\omega\Delta f)^{1/2}(V_s/V_n)\right]^{1/2}$$

式中：J为目标的辐射强度；τ_0为大气透过率；NA为光学系统的数值孔径；D_0为探测器的探测率；ω为瞬间视场；Δf为系统带宽；V_s为信号电平；V_n为噪声

电平。

目标的红外辐射强度与表面温度的四次方、红外反射率成正比。

2.3.2 红外热像仪特征

热像仪作为一种复杂的高技术装置,具有以下特征。

(1)被动性。由于红外热成像技术是利用被动的非接触检测方式来识别目标,具有良好的隐蔽性,既不易被对方发现,也不受场所干扰,从而使红外热成像仪的操作人员更加安全、高效。

(2)探测性。红外热成像技术具有很强的探测能力,作用距离远,广泛运用在军事领域。利用红外热成像技术,可以观察到超出敌方防御武器的范围,其作用距离较长。手持式或者装于轻武器上的热成像仪可让观察者看清 800 m以上的人体;瞄准射击的作用距离达到 2 ~ 3 km;在舰艇上可以观察 10 km范围内的水域,还可分析海水温度的变化而探测到水下潜艇等。在 15 km 高的直升机上可以观察地面单兵的活动,在 20 km 高的侦察机上可观察行驶的车辆和地面的人群。

(3)全天性。红外热成像技术可以保持 24 h 全天候的监控活动。虽然大气、烟云可以吸收大部分的可见光和近红外线,但是 3 ~ 5 μm 和 8 ~ 14 μm两个红外大气窗口的红外线却不能被吸收,正是因为这两个波段,才能够在完全无光的夜晚,或是在雨、雪等阴云密布的恶劣环境,清晰地观察到所需监控的目标。也正是由于这个特点,红外热成像技术能真正做到 24 h 全天候监控。

(4)稳定性。红外热成像技术十分稳定,可在有如树木、草丛等遮挡物的情况下对目标物进行监控,不仅如此,还能直观地显示物体表面的温度场,并且几乎不受强光的影响。红外热成像仪可以同时测量物体表面各点温度的高低,并且能够直观地显示物体表面的温度场,最终以图像形式显示。由于红外热成像仪是探测目标物体的红外热辐射能量的大小,所以,在强光的环境中不会出现像微光增强仪那样的光晕或者关闭情况,因而具有良好的稳定性。

2.4 雷达探测原理及特征

2.4.1 基本原理

雷达,是英文 Radar 的音译,为 radio detection and ranging 的缩写,全名为"无线电探测和测距",意思是利用无线电的方法发现目标并测定目标物体的空间位置。因此,雷达也被称为"无线电定位"。雷达利用电磁波探测目标,通过发射电磁波对目标物进行探测并接收其回波,由此获得目标至电磁波发射点的距离、方位、高度以及距离变化率等信息。

029

雷达测量目标方位原理是利用天线的尖锐方位波束，通过测量仰角靠窄的仰角波束，从而根据仰角和距离计算出目标高度。雷达测量速度原理是根据接收到的目标回波频率与雷达发射频率不同，来提取雷达与目标之间的距离变化率。接收到的目标回波频率与雷达发射频率的差异被称为多普勒频率。当目标与干扰杂波同时存在于雷达的同一空间分辨单元内时，雷达利用它们之间多普勒频率的不同，能从干扰杂波中检测和跟踪目标。测量距离原理是测量发射脉冲与回波脉冲之间的时间差，因电磁波以光速传播，据此就能换算成雷达与目标的精确距离。

各种雷达的具体用途和结构不尽相同，但是其基本原理和形式保持一致。雷达设备的发射机把电磁波能量射向空间某处，触碰到物体将电磁波反射回来，再由雷达天线接收此反射波，送至接收设备进行处理，提取有关该物体的某些信息。

2.4.2 典型战场侦察雷达

根据雷达距离方程，雷达工作频率是探测距离的一个主要影响因素。雷达系统已经使用的工作频率最低为 2 MHz，最高到 220 GHz，激光雷达工作频率在 $10^{12} \sim 10^{15}$ Hz，对应波长为 0.3 ~ 30 μm。但是，大多数雷达工作在微波频段，对应频率为 0.2 ~ 95 GHz，对应波长为 670 ~ 3.16 mm。通常使用较低的雷达频率进行较远距离的探测，因较低频率能够获得低的大气衰减和较大功率；使用较高的雷达频率进行较高分辨率、近距离的探测，因在给定天线尺寸情况下，较高频率可得到较窄的波束宽度及较大的大气衰减和较低的可用功率。

战场侦察雷达有自己的工作频率，其工作频率经历了不断发展的过程。20世纪 70 年代研制的战场侦察雷达多工作在 X 波段（8 ~ 12.5 GHz），80 年代以后工作频率有向高、低两端发展的趋势，高端向 Ku 波段（12 ~ 18 GHz）、毫米波段（40 ~ 300 GHz）发展，低端工作在米波波段（如具有超视界能力的AN/PPS-24 型战场侦察雷达）。目前，各国军队采用的典型战场侦察雷达的工作频段列于表 2-1。

表 2-1 典型战场侦察雷达的工作频段

型号 / 国别	频段 /GHz	波长 /cm	单兵可探测距离和速度
FARA-1（俄）	10 ~ 20	1.5 ~ 3.0	1 ~ 2 km
CREDO-1（俄）	8 ~ 10	3 ~ 3.75	12 km
MSTAR（英）	10 ~ 20	1.5 ~ 3.0	7 km；2 km/h
ZB198（英）	8 ~ 12.5	2.4 ~ 3.75	20 km

续表

型号 / 国别	频段 /GHz	波长 /cm	单兵可探测距离和速度
RB12A、B（法）	10 ～ 20	1.5 ～ 3.0	2 km（RB12）、6.5 km（RB12B）；3 km/h
RASIT–E（法）	8 ～ 10	3 ～ 3.75	23 ～ 30 km
RATAC–S（法、德）	9.8	3.1	14 km
SCB–2130（比）	8 ～ 18	1.67 ～ 3.75	10 ～ 12 km
BR2140E（比、以）	8 ～ 18	1.67 ～ 3.75	15 km；1.5 km/h
EI/M–2140（以）	10	3.0	15 km；1.0 ～ 1.5 km/h
AN/PPS–5（美）	16 ～ 16.5	1.818 ～ 1.875	5 km；1.6 km/h
AN/PPS–15（美）	10.4 ～ 10.8	2.78 ～ 2.88	1.5 km
AN/PPS–24（美）	0.3 ～ 1；4 ～ 8	3.75 ～ 7.5；30 ～ 100	0.3 km
AN/PPS–74（美）	10 ～ 20	1.5 ～ 3.0	15 km
MSR–20（美）	8 ～ 10	3 ～ 3.75	5.2 km
LMSR（美）	10 ～ 20	1.5 ～ 3.0	2.5 km（匍匐前进的人）；12 km（4 人组）
374（中）	8 ～ 10	3 ～ 3.75	3 km
378（中）	8 ～ 10	3 ～ 3.75	1 km
379（中）	2 ～ 3	10 ～ 15	10 km
RQT–9X（意）	10	3.0	0.4 km
JTPS–P6（日）	10 ～ 20	1.5 ～ 3.0	—

　　由表 2-1 可知，战场侦察雷达的工作频率大多集中在 2 ～ 18 GHz，尤其是 8 ～ 18 GHz 内。但也有一些战场侦察雷达超出上述范围。从可探测的单兵运动速度看，20 世纪 70 年代以前研制的战场侦察雷达探测单兵活动目标的最低速度为 3.5 km/h，80 年代以后有较大提高。以色列产的 EL/M-2140 型战场侦察雷达甚至可以探测 1 km/h 的慢速目标。目前，最先进的探测水平达到 0.3 km/h。中国电子集团 38 所生产的战场侦察雷达的慢速侦视能力也达到了可以侦察到一头牛的缓慢行进。

　　同时，目前对吸波材料或雷达散射截面积（RCS）评价考核的典型带宽也是 2 ～ 18 GHz。在 2 ～ 18 GHz 频段，根据电气和电子工程师协会（IEEE）（1976）规定，可划分为 4 个子波段：S 波段，2 ～ 4 GHz，15 ～ 7.5 cm；C 波段，4 ～ 8 GHz，7.5 ～ 3.75 cm；X 波段，8 ～ 12 GHz，3.75 ～ 2.5 cm；Ku 波

段，12 ~ 18 GHz，2.5 ~ 1.67 cm。由于 RCS 不是一个固定常数，在实际测量中，常测试上述四个波段的中心频点处的目标全方位的 RCS，作为 2 ~ 18 GHz 内目标 RCS 值。

2.4.3 单兵雷达

单兵雷达是战场侦察雷达的一种，所以，对于单兵防雷达侦视作战被装而言，其防侦视的目标雷达的工作频率应在 2 ~ 18 GHz，尤其是 8 ~ 18 GHz 波段。目前研制装备的单兵携行雷达的频段多在 X 波段和 Ku 波段，即在 8 ~ 18 GHz 波段。

单兵雷达是一种可快速部署的便携式雷达，具有体积小、重量轻的优点，能够在指定的区域内对车辆、人员等目标进行探索和定位。

SpotterRF 系列雷达是 SpotterRF 公司开发出的只有一个背包大小的单兵雷达系统。这个雷达系统能准确探测到埋伏在 1 km 范围内的敌人和车辆并及时发出警报，非常适用于对关键地点的防御和警戒。内置罗盘和全球定位系统，在风、雨、雷、电、雾等任何恶劣天气条件下，均能准确无误地锁定入侵目标。

我国研制的单兵雷达，目前应用在水陆空三军，比如，应用在坦克上，侦察地面情况；应用在船上，监测海面情况；应用在直升机上，可以使其探测范围大大提高，方圆几十里的风吹草动都能尽收眼底。

参考文献

［1］王丽，尚晓星，王瑛. 微光夜视仪的发展［J］. 激光与光电子学进展，2008，45（3）：56-60.

［2］战仁军，安纯前. 现代警用装备技术［M］. 西安：西安电子科技大学出版社，2012.

［3］邸旭，杨进华，韩文波，等. 微光与红外成像技术［M］. 北京：机械工业出版社，2012.

［4］梅遂生. 光电子技术：信息化武器装备的新天地［M］. 2 版. 北京：国防工业出版社，2008.

［5］赵会超，唐振，朱明，等. 野外条件下近红外伪装检测方法研究［J］. 光电技术应用，2008（2）：11-14.

［6］胡江华，田启祥，吕绪良，等. 绿色材料伪装性能检测技术分析［J］. 功能材料，2007（38）：202-204.

［7］夏亚茜. 国外光学成像侦察卫星发展研究［J］. 国际太空，2012（9）：39-43.

［8］吴宗凡. 红外热像仪的原理和技术发展［J］. 现代科学仪器，1997（2）：28-30，40.

［9］崔美玉. 论红外热像仪的应用领域及技术特点［J］. 中国安防，2014（12）：90-93.

［10］郑大壮. 单兵步战神器：美俄"地面监视雷达"［J］. 轻兵器，2015（13）：16-19.

第3章 典型国家的迷彩发展概况

3.1 迷彩发展概论

迷彩（camouflage）是指被保护对象的外观在色彩、明度和图案搭配及纹理梯度等方面与特定环境的协调性和一致性，以起到隐蔽和保护军人与武器装备的作用。

3.1.1 迷彩发展历史

迷彩的原始形式在全世界的很多原始部落中经常被采用。在古代和近代非洲、北美等地的原始部落中，部落成员在猎取猎物或部落之间征战时，为了避免被猎物或对方发现，采用一些自然色彩涂抹在面部和身体的其他部位，提高狩猎和征战的成功率。在军事领域中的应用起源于19世纪英国与非洲国家的战争，近代欧洲国家（如英国、法国、西班牙等）的军队在着装方面带有典型的皇家贵族风格（如主色调为红色的皇家军服）。19世纪末，英国在南非的战争中，被当地的部落发现了这个特点，于是当地部落的军人将自己的服装和武器涂上了与周围环境接近的颜色图案，在后来的战争中，非洲的军队使英国军队损失惨重。在此前的1964年，英国军队在巴基斯坦沙漠地区作战时，曾经使用过与沙漠颜色接近的土黄色军服，取得了很好的伪装效果。不过，在当时，迷彩服装设计并没有得到广泛重视。

第一次世界大战期间，法国军队于1915年开始广泛使用迷彩服作为军服，并很快被其他参战国的军队采用。由于当时作战方式和战地环境相对单一，军服的主要形式也只是采用与环境色调一致的浅绿色（light green）、深绿色（deep green）、墨绿（dark green）等颜色，达到与环境颜色一致的效果。到了第二次世界大战，随着战地环境、作战方式等的复杂化和多样化以及各种光学侦查仪器的出现和发展，各参战方发现单一颜色或简单颜色组合的迷彩设计不能达到很好的隐蔽效果，于是，欧美的主要参战方为野战军和远征军设计了多种色彩组合的迷彩服装，对于野战环境下目视的伪装和隐蔽取得了很好的效果。德国最早设计出了三色迷彩服，其利用形状不规则的斑块和不同颜色的错落分布对迷彩服的图案加以设计。第二次世界大战中，德军使用的迷彩包括悬铃木迷彩、橡叶迷彩、棕榈迷彩和豌豆迷彩等，取得了很好的实战效果，引起其他各国的效仿，并在其基础上进一步改良。

在之后的几十年里，基于视觉观察的迷彩设计在世界各国的军事服装设计中得到了广泛应用，普通的迷彩服基本色调通常采用绿色（green）、黄色（yellow）、棕色（brown）和黑色（black）。不同自然环境下的迷彩设计，颜色色调搭配方面有所不同——用于森林陆地作战的迷彩服以绿色、棕色和黑色为主色调，用于沙漠荒原作战的迷彩服主色调为棕色和褐色。而且使用的迷彩设计图案也逐步从传统的基于林地的绿色背景的环境发展为更精细化，如热带雨林、原始森林、山地丘陵、沙漠、荒山荒原、海洋环境以及不同野外环境的季节和气候变化等，以便适应于陆军、空军和海军等不同作战军种及作战环境变化，能起到很好的伪装和隐蔽效果。例如，苏联针对其多森林的地形特点设计了树叶形图案的迷彩，并设计了专门在雪地背景中使用的白色迷彩服；北欧地区有许多冰蚀作用形成的石质小丘，且常与洼地、湖盆相伴，鼓丘交错，因此，瑞典军队装备了"几何迷彩"以更好契合北欧地貌；德国、英国等从 20 世纪 80 年代开始针对丛林、沙漠等不同地形设计不同的配色模式；美国近年设计出的新式迷彩服 Multicam（multi environment camouflage）考虑了地形、季节和光线等在内的各种因素，特别适合于黄绿相间的混杂背景。

3.1.2　迷彩设计的拓展

仿生学的发展也为迷彩设计提供了很好的生物形态学和生态学基础。仿生学诞生于 20 世纪中期，对自然界中各类生物的本领特点加以模拟、改造并运用到科学技术中。对迷彩设计而言，生物的乔装隐藏和变色功能最值得借鉴，如图 3-1 所示的变色龙，在绿色树叶中出现绿色、在灰色树干上呈现灰色。从动植物形态中衍生出的迷彩图案比较经典的有越南的虎纹迷彩和苏联军队的树叶迷彩等。也有利用仿生学原理研制热敏或光敏变色作战服，由热敏或光敏变色纤维制成或者印染液晶变色微胶囊等，使之能随外界环境变化而变色，但是自然界的温度及紫外光强度并不可控，实用性不强。

图 3-1　变色龙在不同背景下的皮肤变色

同时，迷彩设计已经不仅仅局限于视觉的设计隐蔽性，还应用于军事装备的热辐射、声波传播、磁场甚至嗅觉的伪装设计，并应用到迷彩服、武器装备、运载工具（导弹和火箭技术装备）、舰船、飞机等各种军事装备的外观伪装设计中。

军事装备的伪装设计最早见于英国的坦克，当时只运用了色彩单一的背景色作为伪装涂料（坦克及装甲车辆可见红外伪装涂料发展）。第二次世界大战期间，德国将迷彩运用到战机的外表设计上。当时德军针对不同的作战地点和作战时间，分别设计了不同的配色模式和图案。欧洲战场主要采用灰色系迷彩；苏联战场的飞机夏天采用草地迷彩，冬天则采用雪地迷彩，夜间作战使用夜间迷彩（"铁十字"的天空——德国空军第二次世界大战期间迷彩涂装）。除了光学伪装迷彩涂料外，红外伪装迷彩涂料对军事装备也至关重要。

随着自然科学技术和军事工程技术的飞速发展，侦测的手段也不断多样化，从陆海空到外太空的各种光学、红外和雷达侦测技术在过去几十年里得到了飞速的发展，这也为迷彩和隐身设计提出了新的挑战。传统的迷彩设计主要是基于目视和远距离的光学设备侦测敌方目标，而红外侦测技术和雷达技术的发展使侦测的电磁波频段从可见光的范围扩展到红外和紫外的更广泛的频谱范围，这也使得反侦测的迷彩和伪装设计不仅仅要考虑可见光范围的目视和光学设备的侦测，而且为了很好地隐蔽大型的军事装备（如装甲车、运载和导弹发射装备、飞机、舰船等），需要更多地考虑军事装备的外观设计和材料的反侦测性能，这也促使军事装备领域中的迷彩和隐身技术飞速发展。

关于可见光以外频谱范围的隐身设计涉及更为复杂的新材料技术开发，国内外军事领域开展了大量的研究开发工作，并应用到军事装备领域。本书主要关注与视知觉有关的迷彩设计及评估，包括基于目视和光学设备侦测的迷彩设计，以及需要人眼判读的迷彩伪装设计，包括热图及雷达成像图。对国内外关于迷彩设计的研究现状和进展情况进行了系统梳理，并从视觉认知的角度，阐述迷彩设计中需要考虑的视觉认知因素，以及如何采用视觉认知科学的实验方法，探索如何评估基于目视和光学设备感知的迷彩设计方案。

3.2　典型国家迷彩图案发展历程

以伪装为目的的迷彩与其使用环境密切相关。从最初的单色、两色、三色到目前的七色迷彩，从大斑块到基于像素的小斑点，从轮廓分明的斑块到互相穿插的斑块，从适应单纯的、较为封闭理想的作战环境到适应开阔的、多种地形混杂的作战环境，各国军队的迷彩服图案及颜色一直在不断变化、持续发展中。其中，尤其第二次世界大战以后，美军因常年作战、作战环境多变、作战经验丰富，导致其迷彩服的设计和发展也一直为全世界军队所追随。此外，法国、英国、德国的迷彩图案也得到了较为广泛的认可和追随，并具有自己的特色，意大利也于近些年研制出独具特色的迷彩图案。

3.2.1 美军迷彩图案

美军开创了广泛应用于全球的诸多迷彩，包括著名的林地迷彩、多色渐变迷彩。

3.2.1.1 美国迷彩图案发展历程

最早广泛使用的迷彩图案始于 1942 年 8 月，十五万套正反面印有不同伪装图案的制服被用于太平洋地区，如图 3-2 所示。图 3-2（a）的昵称为"Frogskin"，正面以绿色为主色调、间杂褐色的 5 色丛林伪装图案，反面以褐色为主色调的三色海滩图案。类似的正 / 反面双用型迷彩图案也被用于披风上，如图 3-2（b）所示。第二次世界大战期间直到 19 世纪 50 年代，美军降落伞也一直使用类似的、双面均以绿色调为主的迷彩图案，并受到人们的喜爱，被用作围巾图案和地面部队的头盔图案。

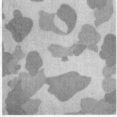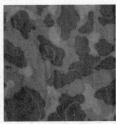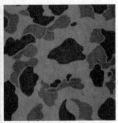

<table>
<tr><td>(a) Frogskin</td><td>(b) 正/反面双用型迷彩</td></tr>
</table>

图 3-2　正 / 反印有的不同图案的双面迷彩

1948 年，美军工程研究和发展实验室（ERDL）设计了一种通用的丛林迷彩，在一个浅绿色背景上印有中褐色和草绿色颜色，并间杂着黑色"树枝"样的四色迷彩图案，该样式得到了广泛的复制和应用，直到现在。但是，最初设计后来未被采纳，直到 1962 年才开始引起注意。1966 年，几百个 ERDL 热带丛林图案的制服被送到越南战区进行测试评价。1967 年，ERDL 热带丛林图案开始服役于越南的侦察兵和特种部队，并得到了美国海军的高度赞赏，称为M1967，如图 3-3 所示。老兵们和战后的人们都将其称作"树叶"图案。以绿色为主色调的 ERDL 图案经常被称为"低地"图案，适合用于东南亚植被茂盛的低地，如图 3-3（a）所示。1968 年，出现了一种在卡其色基础上，由中褐色、草绿色及黑色"树枝"样组成的图案，被称为"高原地区"图案，适合于东南亚的岩石和山脉地区，如图 3-3（b）所示。M1967 最初仅仅用于越战时期的

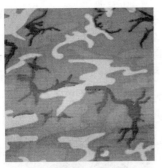
(a) 1948年的"低地"图案

(b) 1948年的"高地"图案

图 3-3　树叶型迷彩图案

东南亚。战争结束后，该图案被美军和空军使用。1979 年，美国国防部设计了一种基于该图案的"第二代 ERDL"图案，也是四色迷彩，黑色树枝状图案穿插在浅橄榄绿背景上，同时印有中褐色和草绿色图案，但是该图案在官方只有 1979 ~ 1981 年用于生产。

　　1971 年，美军开始寻找适合荒漠地区的伪装图案。加利福尼亚地区带岩石的荒漠成为实验的典型背景，1977 年，一种被称为"巧克力芯"的六色沙漠迷彩图案被选中，如图 3-4 所示。该图案由两个中褐色形状覆盖在较大面积的沙子颜色和沙土颜色上，点缀着较小的黑白"岩石"形状。该图案被用于 1981 ~ 1991 年，服役于美军在西奈的沙漠地区、波斯湾（沙漠地区）及索马尼亚。

　　1981 年，美军开始修改"第二代 ERDL"图案，这就是著名的 M81 四色林地迷彩，如图 3-5 所示。在保留了初始的颜色基础上，将图案放大 60%，并被作为标准的作战服和美陆军日常穿用的制服，同时，被广泛印制到各种物品上；包括帽子、装备、防护服等。其织物包括锦纶 / 棉 50/50、100% 防撕裂棉、

图 3-4　巧克力芯原始美军六色迷彩图案　　图 3-5　林地型迷彩图案（美军 M81 林地迷彩）

阻燃的锦纶织物以及尼龙织物。M81图案也是被各国军队广泛复制和修改的模式之一，并沿用至今。

1990年，美军新开发了一种三色迷彩图案DCU（desert camoufalge uniform），适用于西亚和北非这样被稀疏植被覆盖的沙地地区，并于1991年投入生产。在一个沙地背景上，印有浅褐色和浅棕色水平波纹，如图3-6所示，并在索马里的军事行动中首次参与实战。该图案被西亚的许多国家采纳和复制。

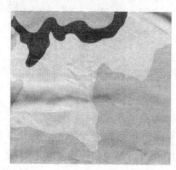

图3-6　三色沙漠迷彩

"数码迷彩"（图3-7）在1996年最初由加拿大政府采纳，美国海军陆战队基于加拿大的CADPAT图案开发了自己的四色MARPAT（marine pattern）图案，2001年开始野外试验，在2002～2004年被采纳列装。其间，共测试了四种图案，即MARPAT林地、MARPAT荒漠、MARPAT冬季和MARPAT城市，但是青灰色的MARPAT城市迷彩未被采纳。

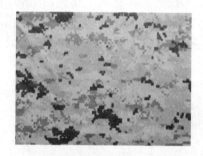

图3-7　美军MARPAT林地和荒漠数码迷彩

2005年，美国陆军采用了自己的数码迷彩，作为通用的迷彩图案UCP（universal camouflage pattern），只是对MARPAT的一种颜色进行了替换。这是美军首次尝试采用非典型的绿色和棕色系迷彩颜色，想通过开发一种通用性迷彩，能够适用于任何环境，甚至采用了一种几乎从来没有使用过的颜色，但是没有取得成功。2010年，美国陆军开始考虑研发新型迷彩图案。目前，该图案广泛用于美国陆军，如图 3-8（a）所示，该迷彩主要以灰色为主色调，为了适应沙漠、城市和雪地等多种地形而设计，但是在植被环境下隐蔽效果不佳。2002 年，尽管大部分美国空军在工作时并不需要伪装，但他们也想拥有一款独一无二、属于自己的迷彩图案——数码虎斑迷彩 ABU（airman battle uniform）。其颜色和 UCP 基本相同，以灰绿色为主色调，2011 年正式服役于空军，如图 3-8（b）所示。除了空军作战服外，也被印制于 Goretex 和特殊的阻燃 Nomex/锦纶织物上。2007 年，美国海军设计了自己的海军工作服迷彩（NWU），采用了 UCP 图案但是重新进行了配色，如图 3-8（c）所示。这个图案的目的不是隐藏人进行伪装，而是用于标识其身份。

(a) 陆军UCP　　　　　　　(b) 空军ABU　　　　　　　(c) 海军NWU迷彩

图 3-8　美军现役数码迷彩

多色渐变的"Multicam"图案，于 21 世纪初问世，经过了近 10 年的待用及反复修改，并被称为"持久自由行动迷彩样式（OCP）"。2010 年，在 OCP 上经过修改后，被美军用于阿富汗战场，如图 3-9 所示，并引领了多色渐变迷彩开发的趋势。

3.2.1.2　美军迷彩图案研发特点

从美军迷彩图案研发历程来看，自第二次世界大战后，美军迷彩一直引领着世界迷彩的发展，而且，其迷彩开发具有以下显著的特点。

（1）每一种全新迷彩的诞生，几乎都和当时需要使用的特定作战背景的典型地形地貌有关。比如，适用于稀疏植被沙漠地区的三色沙漠迷

图 3-9　多色渐变美军 Multicam 迷彩图案

彩，适用于有零星岩石点缀沙漠的巧克力芯沙漠迷彩，适用于东南亚林地的林地迷彩，适用于荒漠中点缀着绿地的阿富汗战场的多色渐变迷彩等。这些迷彩的诞生或使用，都带有明显的地域特点。

（2）迷彩设计和生产技术也推动着迷彩的进步。多色渐变迷彩的诞生，除了作战背景外，更加重要的是多色渐变印花技术的成熟，使得该类颜色丰富、

轮廓复杂的图案可以批量、稳定地复现；数码迷彩的应用，也得益于计算机图案设计，使得类似像素的图案容易生成。

（3）尝试创新迷彩色系。近几年，美军也一直想开发一种通用性的迷彩图案，解决现有各类单一迷彩均不能够适用活动小目标背景多变且复杂的难题。而且，美军已经开始利用视知觉原理，摒弃传统迷彩采用背景主色的思想，尝试采用全新的迷彩色系，比如，陆军和空军采用的青灰色系。

3.2.2 意大利迷彩图案

意大利是最早使用伪装服的国家之一，早在第一次世界大战开始，意大利就大量生产全白的外套，用于在阿尔卑斯地区（Alpine）作战的士兵，直到第二次世界大战结束。这种全白的服装属于最早的保护迷彩。

意大利开发了第一个大批量使用的伪装图案 M1929 telo mimetico，1929 年广泛用于广场避难所或雨披。第二次世界大战期间，这个图案被广泛用于伞降部队和一些意大利士兵服上，甚至在战争结束后，南欧的德军也曾经使用该图案。M1929 telo mimetico 是现有的最早批量生产的伪装图案。M1929 图案和几个战后图案不同，在一个赭石背景上，分布着巧克力褐色和灰绿色补丁，如图 3-10（a）所示。

第二次世界大战后，根据协定要求，大部分意大利军队不再使用伪装服，而采用单一的深橄榄绿或其他颜色作为制服，也有少部分军队使用迷彩。20 世纪 50 ~ 60 年代，原始的 M1929 图案被修改用于意大利海军和其他部队，并一直使用了 40 年左右，至少有 3 种不同颜色配色。一种是在橄榄绿基布上，使用了黄褐色、红褐色和赭石色形状，用于帐篷、步兵外套、头盔和伞降部队制服，如图 3-10（b）所示。一种是在蓝灰色背景上分布着黄褐色或红褐色和赭石形状，用于帐篷、大衣、头盔和夹克、裤子，如图 3-10（c）所示。还有一种配色是浅灰背景上分布着红褐色和沙色形状。这些迷彩图案一直用到 20 世纪 80 年代。而同时，意大利的 Alpine 部队一直使用德军的松针状雪地伪装制

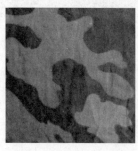 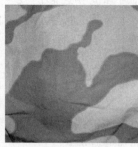 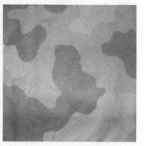

(a) M1929　　　　　　　(b) M1929修改版本　　　　　(c) 海军M1929

图 3-10　M1929 型迷彩图案

服多年，如图 3-11 所示。

图 3-11　德国雪地迷彩 Schneetarn

　　直到 20 世纪 80 年代后期，意大利的精英海军部队再次使用该伪装图案。这个图案有一个独特的 "airbrush" 的设计风格，且针对海滩、山区和沙漠有不少的变种及颜色配色设计。意大利军队伞降部队和其他部队一直使用 M1929 图案的变异版本。1990 ~ 2000 年，意大利尝试了多种迷彩图案。

　　1990 ~ 1992 年，意大利 BSM 军队基于 M1929 三色伪装图案设计了一个更现代的五色图案，由黑色、橄榄绿、粉红色、浅灰色和黄褐色斑块，构成了柔和、斑驳的图案。由于边缘有散点形状，看起来像是喷绘或刷在织物上面。该图案一直使用至今，有几种颜色分略有不同的版本，称作 Ginestra［图 3-12（a）］。意大利海军在 1990 ~ 1992 年采用了相似的伪装图案 Comsubin［图 3-12（b）］，只是有两种更深的颜色或一种渐变。

(a) Ginestra　　　　　　　　　(b) Comsubin

图 3-12　20 世纪 90 年代意大利 BSM 军队使用的迷彩

　　同时，意大利陆军 1990 年开始研发、1992 年采用了一个通用的伪装图案。受美军 M81 的极大影响，开发了如图 3-13（a）所示的 Mimetico Roma 90，并对该图案进行了轻微调整后，形成了 Mimetico 沙漠迷彩，在一个沙地背景上，分布着红褐色、橄榄绿和米黄色的林地形状，如图 3-13（b）所示。最初服役于索马利亚,并一直作为军方标准的沙漠图案使用了 15 年,用于各类不同的制服和装备,直到 2005 年左右。

1993 ～ 1995 年,意大利实验了一种荒漠迷彩 Battaglione San Marco,由褐色、浅褐色、黄褐色、白色和浅灰色五色组成的柔和边缘的斑驳图案,看起来像是喷绘或笔刷方式印上去的,如图 3-13(c)所示。在 1994 ～ 1995 年用于索马里战争,但是一直没有被官方采纳过。

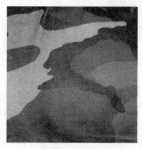

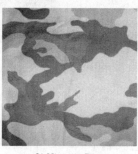
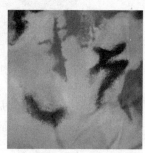

(a) Mimetico Roma 90　　(b) Mimetico Desert　　(c) Battaglione San Marco

图 3-13　20 世纪 90 年代意大利陆军迷彩图案

同时,海军发展了一种黄褐色、浅粉红色、深粉红色、沙色和灰白色的五色、边缘柔和斑驳的荒漠迷彩图案,昵称"pink panther"。最初的图案看起来像橘红色。

2004 年,意大利重新评估了现有迷彩,并推出了新的 MimeticoVegetata 迷彩图案系列(Vegetated pattern,图 3-14),用于陆军和空军。包括一个日常用的配色,在一个卡其色上,分布着巧克力褐色、黄褐色和橄榄绿的斑驳形状,如图 3-14(c)所示;和一个荒漠配色,在一个沙地米黄背景上,分布着斑驳的巧克力褐色、赭石和浅褐色形状,如图 3-14(d)所示。由于生产等差异,也有其他略有差异的颜色。

(a) 海军第一版　　(b) 海军版本　　(c) Vegetata日常用　　(d) Vegetata荒漠

图 3-14　2004 年意大利军队迷彩

2012 年，意大利特种部队装备了多色渐变迷彩 "Multiland"，服役于阿富汗战场。该图案采用了标准的陆军 Vegetata 设计，但采用了美军 Multicam 的配色模式，如图 3-15 所示。

图 3-15　意大利军队多色渐变迷彩 Multiland

3.2.3　法国迷彩图案

第一次世界大战时，法国在欧洲战场实验了不少手绘的伪装设计，包括大斑点、小斑点和条纹类型的迷彩，如图 3-16（a）所示。这些手绘的制服经常被前线的狙击手和侦察兵使用，但是从未进行大批量生产。

第二次世界大战时，自由法军（Free French Forces）的空军和突击队与英国及其他盟军空军部队经常穿手绘的 "笔刷" 伪装罩衫。1946～1954 年，法军穿着其盟军提供的美军 M1942 丛林迷彩或英军 M42 防风迷彩。1950 年早期，在沙地背景上分布着黑色和绿色涂鸦的图案被用于降落伞，如图 3-16（b）所示，也经常被手工裁剪成围巾和领结。

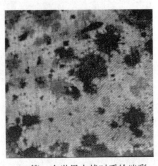
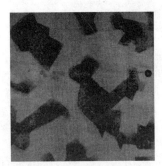

(a) 第一次世界大战时手绘迷彩　　　　　　(b) 涂鸦迷彩

图 3-16　法军早期迷彩

1951 年，法国开始装备自己的笔刷设计风格的迷彩图案，在一个沙地背景上印有浅绿水平条纹和铁锈条纹，也被称为 "蜥蜴" 图案［图 3-17（a）］。直到 20 世纪末，该图案一直是法国空军和突击队的一个标志，随后，有些颜色变化，包括在灰绿基础上，分布着红褐色和橄榄绿色或红褐色和苔绿色宽条纹［图 3-17（b）］。阿尔及利亚战争结束后，根据北大西洋公约组织（NATO）标准，法国在 20 世纪 60～90 年代，一直穿橄榄绿单色制服。90 年代，在原横纹图案基础上，又产生了一些小变化的迷彩图案，如图 3-17（c）所示。

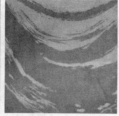

(a) 最早的"蜥蜴"图案　　(b) 颜色调整后的图案　　　　(c) 20世纪90年代后的图案

图 3-17　典型法国横纹迷彩图案系列

　　大约 1990 年，第一次海湾战争时，法国采用类似美国使用的三色荒漠迷彩 Daguet。在一个沙地背景上，分布着稀疏的褐色和棕褐色的水平条纹，如图 3-18（a）所示。在该沙漠迷彩出现不久，在欧洲的法军就广泛采用了另外一种迷彩图案，增加了绿色，并依然保留了厚重的法国条纹模式，如图 3-18（b）所示。

(a) 法军三色荒漠迷彩　　　　　　　　(b) 四色荒漠迷彩

图 3-18　法军早期迷彩

　　在这个发展历史过程中，法国也有公司曾经引进了德国著名的 Flectrarn 斑点迷彩，但是被法军拒绝，并一直沿用横向条纹的迷彩图案。

3.2.4　德国迷彩图案

　　第二次世界大战时期，德军不断创新、实验迷彩伪装军服。最初，德军实验了许多图案，包括 Leibermuster 和 Splintertan，如图 3-19 所示。但是，在 20 世纪 60 ~ 90 年代的 25 年里，德军根据 NATO 标准，一直装备着橄榄绿军服。同时期，也出现了一种阔雨丝痕的 Splitternmuster 图案，在一个灰绿背景上印有草绿和褐色分裂的块状，并布满了厚的、黑的雨丝，也被用于步兵和伞兵部队，但用量较少。

　　唯一常规使用的伪装图案并列入 Bundeswehr 供应系统的是可两面使用的帐

(a) Leibermuster　　　(b) Splittertan　　　(c) Splitternmuster

图 3-19　德军第二次世界大战实验的迷彩图案

篷，如图 3-20 所示。夏天用的一面由在一个浅绿和中绿分裂的拼图板背景上分布着黑色、深橄榄绿和褐色的 Amoebic 变形虫的形状；秋天用的一面由在一个橄榄绿和米黄色分裂的拼图板背景上分布着黄褐色、棕褐色和黑色变形虫形状。尽管有些头盔上也有类似图案，但是官方生产的只有帐篷和雨披。这个图案经常被称为"Amoebatarn"。

图 3-20　帐篷上大量使用的双面迷彩图案 Amoebatarn

　　20 世纪 60 年代中期，德军大量使用了 Schneetarn 雪地伪装图案。在一个雪白基布上点缀着针状的、绿色模糊边缘的补丁。20 世纪 80 年代的雪地伪装迷彩的绿色更深，被用于带帽子的雨披、工作服和裤子，并一直使用至今。

　　20 世纪 70 年代中期，德军兴起了新一轮的伪装潮流，并产生了许多迷彩图案，包括 Sägezahnmuster（锯齿）、Punktmuster（斑点）和 Flectarnmuster 图案的三种变化图案（Flectarn A 小、Flectarn B 大、Flectarn C 阴影）。最初被广泛采纳的是如图 3-21（a）所示的点状图案，但这五种图案中最有效的是如图 3-21（b）所示的 Flectarn B。直到 20 世纪 80 年代中期，五色 Flectranmuster 才被官方用作德军 Bundeswehr 制服伪装图案。

　　跟着 NATO 联盟中英国和法国的趋势，1993 年，德国开始实验沙漠伪装图案 Tropentarn［图 3-21（c）］。早期的版本是在一个沙地背景上分布着稀疏的深橄榄绿和红褐色的点。该图案一直被实验，并有几种不同颜色配置，直到 1998 ~ 1999 年，官方的三色沙漠 Flectarn 迷彩版本才出现。2004 年，德军 Bundeswehr 荒漠迷彩用于德国特种部队，在一个浅褐色背景上分布着一簇簇粉色—灰色和褐色斑点，适用于没有植被覆盖的干燥地区，如图 3-21（d）所示。

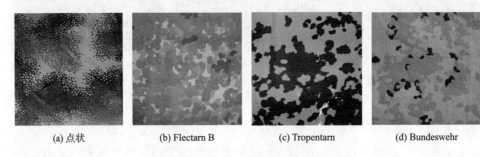

(a) 点状　　　　　　(b) Flectarn B　　　　(c) Tropentarn　　　　(d) Bundeswehr

图 3-21　德国斑点迷彩图案变化

德军的斑点迷彩一经采纳，自 20 世纪 70 年代起成为了一个高度有效和极有影响力的图案，被许多国家，如丹麦、日本、波兰及比利时等模仿，持续使用至今，尽管国际上已经开始流行数码伪装图案。

此外，独立于军队的武装力量德国联邦边防警卫军也有自己的迷彩，和早期的拼图及雨丝类迷彩相似。

3.2.5　英国迷彩图案

英国具有悠久的伪装服历史，而且，在第二次世界大战前，英国的迷彩设计和德国一样，引领全球。

早期的迷彩服最早出现在 19 世纪的苏格兰高地，为猎场守卫者猎鹿而开发。这种早期的伪装叫作吉利服（Ghillie suit），采用宽松的多色彩的布料、麻线或粗麻布附到帆布外套或宽松的连帽夹克和裤子表面，外观看起来像树叶。在布尔战争中，一个英国陆军的苏格兰团的狙击手首先将其应用于军队，第一次世界大战中，该团的狙击手统一采用该服装。1917 年，引进了狙击手专用服装，但仍然沿用了传统的 Ghillie 设计，用于英国陆军其他军团的侦察兵和狙击手。Ghillie 至今仍被采用作为狙击手伪装服，如图 3-22 所示，和现行切花类伪装网具有类似结构，容易实现针对可见光、近红外、

图 3-22　吉利服

热红外和雷达等多频谱的伪装服。

英国在第一次世界大战中，尝试在帆布的帐篷上手绘迷彩图案，在一个卡其色的背景上，采用褐色的笔触（brushstroke）或条纹。如图3-23（a）所示，为第一次世界大战时期狙击手用的手绘迷彩图案，包括一些色彩喷溅和污斑。这种为狙击手和观察者设计的个人斗篷或服装，通常使用的图案是在各种帆布上手绘的斑块、斑点、条纹等，这可能受法国设计的影响，采用画笔直接在织物上刷、绘等的随意笔触风格，并一直得到沿用。

1930年左右开始，英军批量装备了如图3-23（b）所示的迷彩，在卡其色或沙漠背景上印有黄褐色或褐色的斑块，做成长度及膝的罩衫。第二次世界大战早期，该款罩衫被英国皇家空降特勤队（SAS）用于北非沙漠中的行动。该迷彩明显具有笔触的风格，类似画笔直接在布面刷出来的大斑块。英国特别行动处（SOE）特工人员经常降落到敌方阵地作战，采用如图3-23（c）所示的伪装套装SOE Jumpsuit，在卡其色背景上，采用绿色和红褐色的斑块。由于织物采用不同批次的染料手绘，图案类型和颜色都存在差异。

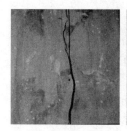 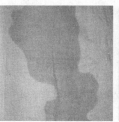  

(a) 狙击手用手绘迷彩　　(b) 1930年左右的迷彩　　(c) 英特工用迷彩　　(d) Denison Smock

图3-23　英军第一次世界大战及第二次世界大战早期迷彩

1941年，英军开发了丹尼森伞兵迷彩服Denison Smock，作为空降兵的迷彩夹克，由舞台设计师设计。最初是在中等克重的防风卡其棉质斜纹布上，采用大号的、类似拖把的刷子，手绘上去不褪色的大块绿色和棕色条纹或笔刷状条纹。因此，早期的工作服由于染料批次的波动和创作图案的个体方法的不同存在较大差异，如图3-23（d）所示，Denison Smock图案主要包含豌豆绿和深褐色条纹。由于手绘问题，也有其他配色，包括黄色—橄榄绿，与红棕色和深橄榄绿的笔触重叠图案。后来，Denison Smock变成欧洲盟军的空乘或机降人员的标准制服，同时也被突击队、皇家海军陆战队等广泛采用。

1942年，在Denison Smock基础上，采用滚筒印刷，产生了几个变化的迷彩图案。包括如图3-24（a）所示，在土黄色或桃红色基础上，印有宽大的深褐色和橄榄绿笔刷斑块，在第二次世界大战中配发给侦察步兵和狙击手。同时，也开发了在下雪条件下使用的全白的冬季迷彩。从1946年到20世纪50

年代中期，采用滚筒印刷技术继续生产 Denison Smock。这些迷彩与战时的版本相似，但是色彩上存在差异，如图 3-24（b）所示。1959 年，该类迷彩风格出现小变化，在明亮的、更加突出的背景上，设计了两种额外的颜色（通常是褐色和绿色）的笔触，而且互相重叠起来，如图 3-24（c）所示，被用于苏伊士和北爱尔兰地区的伞兵军团。但是，无论颜色、图形怎么变化，这段时期的迷彩，都是类似 Denison Smock 笔刷式的手绘风格迷彩，斑块很大。

 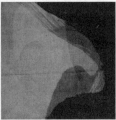 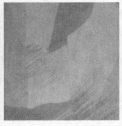 

(a) 1942年迷彩　　　　　(b) 20世纪40～50年代中期迷彩　　　　(c) 1959年迷彩

图 3-24　20 世纪 40～60 年代的英国迷彩

1966 年，英国国防部公布了首个著名的 DPM（disruptive pattern material）迷彩 P60 版本，并由英国陆海空三军发布。该图案一经发布，不仅在英国军队中很流行，而且也是被世界各国最广泛复制的迷彩设计之一。虽然基本作战服和 DPM 模式本身会发生一些变化，并有许多版本（P68、P84、P94 等），但它是在一个国家中使用寿命最长的迷彩设计之一，直到现在依然在英军中被广泛使用。注意，图 3-25 是列举了不同版本的一个配色，事实上，每个版本都有至少两种配色：以绿色为主和以褐色为主的配色。

 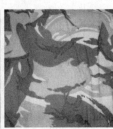  

(a) P60　　　　　　(b) P68　　　　　　(c) P84　　　　　　(d) P94

图 3-25　著名的 DPM 迷彩

该迷彩还有其他版本，比如，20 世纪 70 年代出现使用了 25 年之久的热带 DPM，为解决英军士兵在温暖的热带气候条件下的需求而设计，例如，伯利兹、中国（香港地区）及马来西亚。2008 年为温带设计的 DPM 迷彩，以及不同配色的 DPM 荒漠迷彩，如图 3-26 所示。

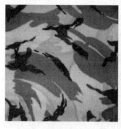

(a) 热带DMP迷彩　　(b) 2008年温带DMP迷彩　　　　(c) DMP荒漠迷彩

图 3-26　著名的 DPM 迷彩其他版本

049

兼具笔刷及分裂型图案的 DPM 迷彩，从 1966 年发布以来，在英国军队一直使用至今，生命力极为旺盛。并且，在 20 世纪 90 年代数码迷彩流行时期，其地位也岿然不动，继续被英军使用。在长达近半个世纪的使用过程中，只对配色和图案进行过微小的调整。

2010 年，受美军影响，以及阿富汗地区地形的需求，在 DMP 迷彩基础上，英军结合 Multicam，设计了自己的多地形迷彩"Multiterrain"，如图 3-27 所示。

图 3-27　英军多色渐变迷彩 Multiterrain

3.3　各国迷彩图案发展特点

各国迷彩图案发展历程，为指导后续的迷彩设计和开发提供了诸多启发。

（1）迷彩图案的创新，意味着设计理念和对伪装认知的创新。以美军迷彩为例。早期的巧克力芯六色荒漠迷彩、三色荒漠迷彩以及著名的 M81 大斑块绿色主色调林地迷彩，都是基于对作战背景特征的提炼形成，通过对人体采用图案进行分割、采用背景主色调融合背景，来设计迷彩并实现伪装；随后的基于像素点阵的数码迷彩，在近距离多色融合背景、远距离的混色效应使其形成更大斑块分割人体，实现伪装；2000 年出现的通用型迷彩，摒弃了迷彩通用主色调的绿色和黄色，而以青灰色的浅色调作为迷彩色，通过亮度、弱对比来实现对多背景的融合伪装；2010 年使用的多色渐变迷彩，是基于人眼视觉和心理知觉的迷彩设计，通过人眼自动补充，使迷彩图案更类似自然界，即使发现了它，也觉得它是自然界的一部分。显然，人们对迷彩的理解，随着科技发展以及对视觉认知生理和心理的发展，将会日益完善。

（2）迷彩图案的创新，同时也与科技发展密不可分。以英军迷彩为例。第一次世界大战和第二次世界大战前期的迷彩，都是由艺术家手工彩绘，迷彩上多分布着类似颜料飞溅、沾污，或者类似刷子刷色的笔刷斑块，由于手工彩绘的重现性差，因此，这个时期的迷彩图案及颜色变化很多。1941年后，逐渐采用工业化的滚筒印刷技术制备迷彩，并且出现了斑块重叠印刷的图案，也可以制备更加精细化的图案。单个斑块尺寸逐渐缩小，到1966年，单个细小斑块进一步分裂开来的DPM迷彩出现并流行起来。

到了1990年，电脑数码技术日益成熟，斑点更小，可以使用电脑设计生成的数码迷彩，由加拿大最初设计并开始流行，颜色也多为4～5色，限于印花技术，各个颜色斑块之间依然界限分明。2010年，多色、渐变的印花技术日益成熟，可以在织物上实现同一个色相的颜色由深到浅的渐变过渡，也可以实现多达10个色的套色印花，这直接导致了具有6～7色及以上的多地形迷彩的诞生。

可见，迷彩的发展，经历了手工绘制、滚筒印刷、计算机设计、圆网多色印花等技术发展阶段，不同时期的迷彩与技术不可分割。随着能够真实再现复杂背景的数码印花技术的出现，迷彩图案必将向多色化、渐变化、精细化、实时化的方向发展。

（3）迷彩图案除了伪装效果外，同时也具有每个国家的特色。每个国家都形成了独具特色的迷彩图案，比如，法国的横向条纹迷彩，意大利的类似蔬菜锯齿叶边缘的迷彩，德国的斑点重叠型迷彩，英国的分裂型迷彩等。这些国家近半个世纪以来的迷彩图案基本固定，只是有配色区别和图案的微小调整。而美国，因为不停地在创造更新中，导致其特色并不明显。

各国的迷彩图案，一方面是为了适应作战背景，多为模仿典型背景特征而设计；另一方面，也体现了各国的审美特性。比如，德国曾经出现的严丝合缝的拼图迷彩、法国的笔刷横纹迷彩等。

（4）迷彩图案的发展创新，与战争密不可分。第二次世界大战前，英国和德国迷彩研发较多，引领全球，并在20世纪60～70年代形成了各自独特的DPM分裂型迷彩和Flectarn斑点迷彩，一直沿用至今，被世界各国模仿。尤其是英国，提出了现在还在使用的吉利伪装服的制备方式，被广泛用于狙击手伪装，并被推广到伪装网的制备。而德国从第一次世界大战开始，到20世纪60～70年代，实验了各种不同风格的迷彩图案，直到出现了斑点Flectrarn迷彩。

但是，第二次世界大战后，特别是20世纪80年代后，美国在迷彩方面一直在不停创新，包括 M81 林地迷彩、紧随加拿大的数码迷彩以及现在的多色渐变迷彩。而英国迷彩自 1966 年后已经停止创新长达超过半个世纪之久。美军由于其在各个国家的作战为主需求，不断推陈出新，最为典型的是为了适应阿富汗地区的 Multicam 迷彩。

参考文献

［1］Dakota Vannes，Ty Steinke. Out of Nowhere：A History of the Military Sniper［M］. Oxford：Osprey Publishing，2004.

［2］http：//camopedia. org/.

［3］《深度军事》编委会. 世界军服［M］. 2 版. 北京：清华大学出版社，2019.

［4］吕继红，鄢友娟，汝新伟，等. 军警迷彩图案和面料印花技术的现状及发展［J］. 纺织学报，2015（2）：158–163.

第4章 迷彩图案的分类及特征

用于各类迷彩服的图案，包括亮度及色度学指标的颜色、斑块及尺寸等信息。根据设计方法、迷彩作用、迷彩图案及迷彩光谱特征，用于迷彩服的迷彩图案具有不同的类别及特征。同时，这些类别和特征不仅与技术发展息息相关，不同国家在不同时代的迷彩，也具有明显的时代特征和人们对迷彩的认知阶段特征。

4.1 基于设计方法的迷彩及特点

迷彩图案的设计，源于对自然界的模仿，包括对动物和植物的模仿。最开始，人们直接采用背景中的主色调作伪装服，这就是保护迷彩的前身；对于固定目标，人们通过各种手段对目标所在背景进行特征图案、形状、尺寸等提取，形成仿造迷彩，迷彩图案和背景具有极大的相似性；对于活动目标，由于背景会发生变化，为了满足背景变化性需求，就在对背景特征分析提炼基础上，进行变形和扭曲后，形成迷彩图案。这是现在涉及的三种主要的迷彩设计方法。每一种方法中，根据时代和认知差异，又有不同的变化。

这种分类方法，也与目标的性质（固定目标或活动目标）和背景的特点（单调背景或斑驳背景）相关。

4.1.1 保护迷彩

保护迷彩是接近于背景基本颜色的单色迷彩，用于伪装处于单调背景上的目标。这也是最朴素和最早使用的迷彩。

保护迷彩的颜色根据目标的所处背景颜色确定。在单色背景上，目标保护迷彩色为该背景的颜色，例如，夏季草地背景或植被覆盖率70%以上的灌木地带，目标保护迷彩色为绿色；纯的土地背景，目标保护迷彩色为土黄色，如德军第一次世界大战时期使用的土黄色伪装车辆及人员，如图4-1（a）所示；冬季积雪背景，目标保护迷彩色为白色，如在雪地上使用的、几乎纯白的雪地迷彩如图4-1（b）所示。在不太斑驳的多色背景上，活动目标的保护迷彩色一般为背景中面积最大部分的颜色。除了颜色的相似性外，光谱反射率曲线也需要与背景的光谱反射接近，避免同色异谱现象。

(a) 土黄色保护迷彩　　　　　　　　(b) 白色雪地保护迷彩

图 4-1　保护迷彩

4.1.2　变形迷彩

　　变形迷彩是指由形状不规则的斑点组成的多色迷彩。这也非常适合活动小目标，也是最为主流的迷彩，目前，世界各国的迷彩服用迷彩基本都可归纳为变形迷彩。这种多色迷彩的主色调，需符合目标活动地域背景的主要颜色，主要用于伪装特定地域的各种活动目标，能使活动目标的外形轮廓在预定活动地域的各种背景上受到不同程度的歪曲。在多色斑驳的背景上，变形迷彩降低目标显著性的效果比保护迷彩要好得多，可使直瞄火器射击目标的命中概率降低1/3，如图 4-2（a）所示为美军 Multicam 多色渐变变形迷彩。

　　由于斑点、颜色等的不同具体实施方法及设计理念，变形迷彩的伪装理论可有融合背景、分割目标形状、打破目标轮廓造成混淆视觉等差异。比如，在自然界中，长颈鹿、斑马或豹子具有明显的条纹或斑点，也可以归属于变形迷彩的一种，在背景中非常凸显，但是在快速移动过程中，想要识别却是极为困难的。因为这种图案打破了他们固有轮廓的规律性，混淆视觉而不必隐藏自身，也称作炫目迷彩。

　　变形迷彩的斑块尺寸，可以有大、小之分，如最早的四色大斑块林地迷彩和现在的数码小斑点迷彩，数码迷彩的各个颜色点已经难以称作斑块。斑块颜色间的分界线可以有清晰、穿插和渐变之分，如界限明显的林地迷彩及多色渐变的多地形迷彩。斑块形状可有几何形状、树叶形状、植被形状等不同；斑块之间的配置可以有平铺、重叠、多层叠合等差异。这些变化及差异，造就了丰富多彩的迷彩图案及特征，在后面会有较为详细的叙述和介绍。

　　变形迷彩的颜色调配和迷彩图案设计，是确保伪装效果的两项关键技术。比如，绿色和白色涂料的调配，要求其色相和光谱反射能力接近植物的绿色和积雪的白色，以防被近红外观察与照像（能分辨植物绿与其他绿色）和紫外照像（能分辨积雪白与其他白色）发现；变形迷彩图案设计要合理确定迷彩斑点的颜色、尺寸、形状和配置，使其在符合作战区域主要背景斑点颜色的基础上，最大限度歪曲目标的轮廓，并尽可能地模拟自然界物质的轮廓。

除了用于伪装外，变形迷彩也被用于军兵种的标识迷彩。如图 4-2（b）所示的雪豹突击队豹纹变形迷彩，整个色调呈现深色系，更多起到威慑对方的作用，而不是用于隐蔽自己。

(a) 美军Multicam多色渐变变形迷彩　　　　　(b) 雪豹突击队豹纹变形迷彩

图 4-2　变形迷彩

4.1.3　仿造迷彩

仿造迷彩是仿制目标周围背景图案的多色迷彩。它能使目标融合于背景中，成为自然背景的一部分，主要用于伪装各种建筑物、面积较大的人工遮障等固定目标和在特定背景区域的可移动目标，如修理工程车、移动式电站、雷达、帐篷等，如图 4-3 所示。这类移动目标不具有主观能动性，而且，相对尺寸较大，绝大部分时候都在同一个大背景下活动；如果背景出现了显著的变化，比如，由绿色的林地到了黄色的沙漠，可以通过伪装遮障、重新涂油漆等方式，改变其迷彩，以满足全新背景的伪装需求。

和变形迷彩一样，仿照迷彩的颜色调配和迷彩图案设计，也是确保伪装效果的两项关键技术。仿造迷彩的斑点图案设计，除需要合理解决迷彩斑点的颜色、尺寸、形状和配置等问题外，还要根据目标周围背景和特点背景进行适当的伪装处理（即实施改变地形背景颜色的迷彩伪装），使目标上的斑点图案和周围背景图案更好地融合。

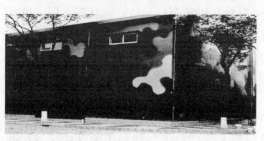

军事应用中，仿造迷彩多用于各类大型武器装备、军事工地及工程等。对于仿造迷彩的设计和评价，已经形成了系统的、科学的、专业的背景特征提取、迷彩设计评价、迷彩伪装效果评价方法等。

图 4-3　仿造迷彩

4.2 基于作用的迷彩及特点

迷彩的最初设计都是以伪装为目的，即希望通过迷彩，缩小目标与背景之间的颜色、光谱差别，达到降低目标的显著性和改变目标外形的目的。但是，当迷彩作为一种备受欢迎的图案，作为服装图案一种，尤其是逐渐成为军队服装特有的一个品类及标识后，迷彩的作用也逐渐发生了分化，可以分为伪装和标识两个功能。

任何一个迷彩图案的产生都有其特定的作战环境和历史背景。现行的军警迷彩逐渐分化为两种，一是以标识为目的的迷彩，如大部分海军用迷彩、武警部队用迷彩等，多是为了标识军种特点，不具有显著的伪装特点。如图 4-4 所示的美国海军用迷彩，图 4-5 所示的武警部队迷彩及其特战迷彩等。前者采用了大面积的海藏青色，后者采用了较多的黑色及和常服接近的武警绿色，看起来更像是用于威慑的迷彩，而不是为了隐藏的迷彩。二是以战场伪装为目的的迷彩，如林地迷彩、荒漠迷彩、丛林迷彩以及为了满足阿富汗地区开阔的背景下复杂多变的地形而开发的"Multicam"多地形类迷彩，都具有显著的伪装特性，如图 4-6 所示。这类迷彩是战场伪装永恒的追求。

图 4-4　美国海军 NWU 迷彩　　　图 4-5　中国武警现役迷彩及武警特战迷彩

(a) 美军的"Multicam"　　　(b) 英军的"Multiterrain"　　　(c) 意大利军队的"Multiland"

图 4-6 多色渐变迷彩图案

4.3 基于图案的迷彩及特点

人作为活动小目标，除了最初单一颜色的伪装军服，多采用不规则斑点组成的多色变形迷彩作为迷彩图案。从最初穿着单一颜色的军服发展到穿着和背景色相融合的迷彩服，如今，迷彩服已经成为军队独树一帜的标识服装，且逐渐被民间爱好者所喜欢。迷彩服的发展和战争密不可分，第二次世界大战后，各国迅速发展自己独特的迷彩图案，发达国家引领潮流。从伪装的角度而言，与背景最大程度的融合是基本原则。从迷彩图案而言，颜色及其色度学参数、图案形状及其尺寸是与背景融合的关键要素。

尽管各国军队都有自己的迷彩服，但是迷彩图案很多类似，或是从发达国家军队复制而来，或具有同样的特征。根据发展年代和图案类型，结合技术进步，大致可以分为三个阶段和类型：一是传统的斑块迷彩，从第二次世界大战开始使用至今；二是基于计算机技术的数码迷彩，从 20 世纪 90 年代发展使用至今；三是近些年发展起来的多地形迷彩。

4.3.1 传统斑块迷彩图案及其特点

从第二次世界大战中人们有意识地开发迷彩图案用以更好地进行伪装以来，人们最先利用的就是可以从背景中提取出的颜色和显著的斑块。传统的斑块迷彩尽管在颜色、尺寸和形状间差异很大，但其共同点在于：这些斑点、条纹或斑块彼此间界限分明、边缘清晰；颜色较少，一般在 3 ~ 6 色，以 4 ~ 5 色居多；每一种斑块的颜色单一、显著；斑块之间具有较为明显的对比特征；在合适的距离内观察，能够明显地辨出清晰的斑块。

在长达半个世纪以上的发展中，斑块迷彩图案多种多样。根据图案形式差异，又可以细分为笔刷型图案（Brushstrok）、巧克力芯型（Chocolate Chip）、破碎型（DPM, disruptive pattern material）、猎鸭人型（Duck Hunter）、斑点型（Flecktarn）、树叶型（Leaf）、蜥蜴型（Lizard）、拼图型（Puzzle）、裂片型（Splinter）、虎斑型（Tiger Stripe）、林地型（Woodland）等。其共同的特点是图案由具有明显边界的斑块组成，无论这些斑块是斑点、条纹还是类似植物的图形等。

4.3.1.1 条纹型

条纹型迷彩图案的特点在于，以明显的、粗犷的横向条纹或纵向条纹作为主要特征和形状，在此基础上，点缀破碎的、不规则的点状图案。根据当时的名称，又有笔刷型、蜥蜴型、虎斑型、巧克力芯型迷彩图案。

（1）笔刷图案（Brushstrok）。在 1942 年由英军最早使用，又被称为"丹尼森罩衣（Denison Smock）"。最初是艺术家们用染料手绘的，在卡其色基底上用画笔或刷子绘制不同颜色用以伪装。其特点是，单一颜色斑块较大、颜色之间相互重叠，即一种颜色会重叠在另一种颜色之上，部分边缘呈现裂开的笔刷刷痕。该图案后来发展为法国的"蜥蜴图案"和越南的"虎斑条纹图案"。一直到 20 世纪 70 年代，印度军队还沿用此风格开发自己的迷彩图案，如图 4-7 所示。

(a) 最早的笔刷图案　　　　(b) 1942年第二次世界大战英军使用　　(c) 20世纪70年后印度使用

图 4-7　笔刷迷彩图案

（2）蜥蜴型（Lizard）迷彩图案。起源于第二次世界大战中英国的笔刷型图案，20 世纪 50 年代最早被法国伞兵部队使用的水平条纹状图案。因为蜥蜴是阿尔及利亚战争中法国伞兵部队的昵称，因此得名为"蜥蜴"图案［图 4-8（a）］。该图案有水平和垂直两种，最初是水平的，但是葡萄牙发展了垂直的"蜥蜴"图案［图 4-8（b）］，并一直沿用至今。比起笔刷型，其颜色斑块尺寸变小、排列更规则，各颜色之间依然互相重叠、部分边缘呈现明显的笔刷痕迹，但是，各颜色斑块看起来比例均衡、颜色明度接近、没有特别突出的颜色斑块。

(a) 法国的横纹　　　　　　　(b) 葡萄牙的竖纹

图 4-8　蜥蜴型迷彩图案

（3）虎斑型迷彩图案（Tiger Stripe）。由越南首次使用。1962 年，法国的"蜥蜴"伪装制服供应越南，在越南发展成其虎斑型迷彩图案，并在东南亚广泛使用。其显著特点是：在一个 2 ~ 3 色的浅色背景上，横向贯穿着显著的、深色的较为狭窄的虎斑条纹，如图 4-9（a）所示，该横向条纹在整个图案中尤其突出。该深色虎斑条纹，让整个图案呈现一种威慑感。该迷彩图案一经出现，一直使用至今，并受到了广泛欢迎、模仿及变形使用，如图 4-9（b）、（c）所示。

 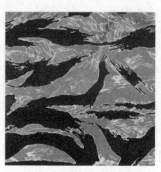 

(a) 原始越南虎斑型迷彩图案　　(b) 21世纪初越南使用迷彩图案　　(c) 菲律宾特种部队用迷彩图案

图 4-9　典型的虎斑型迷彩图案

在 21 世纪初，美国空军的青灰色系迷彩，如图 4-10（a）所示，也隐含虎斑横向条纹；中国武警雪豹突击队用现役迷彩，也使用类似虎斑的横向条纹迷彩，如图 4-10（b）所示。

(a) 美军空军ACU 数码迷彩　　　　(b) 中国武警雪豹突击队用现役迷彩

图 4-10　虎斑型迷彩图案

（4）巧克力芯型迷彩图案（Chocolate Chip）。为 1971 年美军根据其加利福尼亚地区、带岩石的沙漠地貌特点开发的六色荒漠迷彩［图 4-11（a）］，

1981 ～ 1991 年被广泛应用，美军用于西奈半岛及波斯湾战争和索马里沙漠。尽管在荒芜的波斯湾沙漠和北非，该图案并不能提供有效伪装，于 1991 年被三色沙漠迷彩替换，但是，该图案受到了其他国家尤其是非洲国家军队的广泛复制。其特点是在四色大条纹斑块基底上，点缀着不规则的带黑边的白色岩石［图 4-11（b）］。大多数该图案主色调都是类似沙漠的褐色，部分至今仍在使用，如沙特阿拉伯国家的六色沙漠迷彩［图 4-11（c）］。

 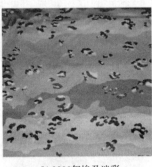 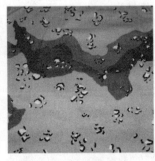

(a) 原始美军六色迷彩　　　　(b) 2000年埃及迷彩　　　　(c) 沙特阿拉伯用迷彩

图 4-11　巧克力芯型迷彩图案

4.3.1.2　斑点型

斑点型迷彩图案里面有两种不同斑点类型图案。

（1）猎鸭人图案（Duck Hunter）。又称为青蛙皮图案（图 4-12），1942 年最早被美军用于第二次世界大战中使用的双面迷彩。其特点是在一个背景色上印有大的、不规则的斑点状图案。该图案在 20 世纪 60 ～ 90 年代被不少国家仿制和使用。这些斑点大小不一，有少部分重叠。从主色调而言，分黄色主色调和绿色主色调两大类，但是斑点普遍较大，边缘也相对平滑，没有分叉或过多的曲折。

 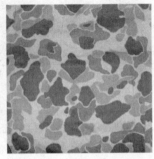 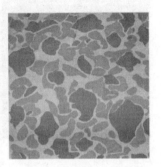

(a) 美军M1942　　　(b) 1960~1970年印度尼西亚用迷彩　　　(c) 20世纪70年代墨西哥用迷彩

图 4-12　猎鸭人图案

（2）斑点型（Flecktarn）。如图 4-13 所示，1976 年在德军中试验，并于 1989 年被确认。最初的 Flecktarn 是五色迷彩，在一个草绿色背景上印有黑、红褐色、深橄榄绿、中橄榄绿四种颜色的斑点，斑点较小、多为圆形边界；1993 年开始试验荒漠型的 Flecktarn 迷彩。该图案从开发被德军使用至今，虽然历经了颜色和斑点分布之类的修改，但总体图案基本一致，并被丹麦、比利时和波兰等国家效仿。该图案斑点尺寸较小，不同颜色斑点无规则分布或互相叠合，在视觉上呈现类似数码迷彩的混色效果，类似于阳光透过树林洒落地上形成的斑驳的、重叠的景象。

 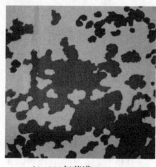 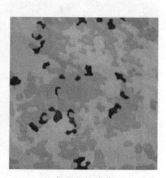

(a) 1989年国防军林地Flecktarn　　(b) 1993年荒漠Flecktarn　　(c) 2004年服役的荒漠Flecktarn

图 4-13　德军斑点型迷彩图案

4.3.1.3　几何形状

这种图案在特定的历史时期出现，但是被应用和模仿的较少。

（1）裂片型迷彩图案（Splinter）。起源于德国第二次世界大战时使用的几何形状设计的迷彩图案，如图 4-14 所示，明显几何形状的斑块互相拼合在一起，边界线条大多为直线或斜线，表面印有雨丝状图形。

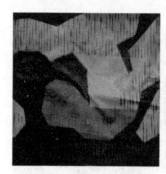  

(a) 德军第二次世界大战使用迷彩　　(b) 德军20世纪60年代使用迷彩　　(c) 瑞典M90

图 4-14　裂片型迷彩图案

（2）拼图型迷彩图案（Puzzle）。如图 4-15 所示。比利时于 20 世纪 60 年代开发，并使用至今。其特点是颜色斑块像拼图，一块一块严丝合缝地拼合起来，彼此间没有重叠和交叉。和裂片型不同的是，每个斑块边缘为曲线流线型，而不是折线或直线。

 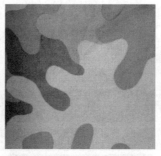 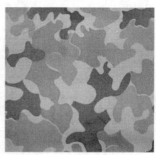

(a) 比利时用迷彩 　　　　(b) 波兰（20世纪70年代）用迷彩 　　　　(c) 菲律宾用迷彩

图 4-15　拼图型迷彩图案

061

4.3.1.4　边缘变形型

在前面几大类迷彩图案中，条纹型斑块一条一条，在整个织物层面非常连续；斑点型斑点较小；几何形状的迷彩图案，分割强烈，但是形状也凸显。进一步将图案边缘进行更大尺寸的分裂、变形、打碎、分支等手法，形成了边缘变形显著的破碎型、树叶型和林地型迷彩图案。

（1）破碎型迷彩图案（DPM）。如图 4-16 所示，是英军使用至今的经典迷彩图案。20 世纪 60 年代晚期始于英国军队，也是被最广泛使用模仿的迷彩图案之一，包括林地和沙漠 DPM 图案。最初，DPM 用于温带，在卡其或深褐色基底上，印有黑色、褐色和亮绿色。该图案一直被英军使用，直到 2010 年，虽然在颜色和图案上有所变化，但基本都属于该特征图案。该图案特点是：各斑块间开始互相穿插、每个单一颜色的斑块形状不是较为规则的条状或斑点等，而是会分裂，且边缘多为流畅的曲线。

(a) 英军林地 　　　　(b) 英军荒漠 　　　　(c) 也门军队现用迷彩

图 4-16　破碎型迷彩图案

（2）树叶型迷彩图案（Leaf）。美军在越南战争时穿用的迷彩图案，最早在1948年被美军工程研究和开发实验室（ERDL）开发，在一个浅绿背景上，印有褐色和草绿以及黑色树枝样形状的图案，1967年用于特种部队，后被海军陆战队等采用。其显著特点是黑色斑块呈现树枝状、主干上支生出小树枝，穿插在其他颜色斑块上。最初的图案以绿色为主色调的"低地"图案，适合于南亚的灌木地带；以褐色为主色调的"高地"图案，适合于东南亚的带岩石的山地（图4-17）。

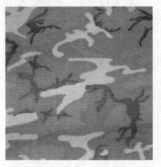  

(a) 1948年的"低地"图案　　　　(b) 1948年的"高地"图案　　　　(c) 泰国模仿的图案

图4-17　树叶型迷彩图案

（3）林地型迷彩图案（Woodland）。起源于1948年的"树叶"型，将该图案扩大60%后得到了著名的美军M81林地型迷彩图案，并成为被仿制最多的图案，沿用至今，如图4-18所示。

  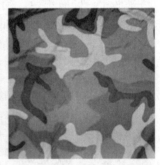

(a) 美军M81林地迷彩　　　　　(b) 南韩林地迷彩　　　　　(c) 中国林地迷彩

图4-18　林地型迷彩图案

4.3.1.5　传统斑块迷彩图案共同特点

以上4大类、11小类迷彩图案，其中笔刷型、蜥蜴型、虎斑型和巧克力型这四种图案都属于条纹型，采用了条状的颜色斑块形状、单一颜色条纹形成一个整体，或互相叠合，颜色斑块普遍尺寸较大；猎鸭人型和斑点型都采用了圆形斑块或斑点作为基础图形；而拼图型和裂片型则采用了边缘为直线或流线型的显著的几何图案；破碎型、树叶型和林地型则采用了边缘形状不规则或者分裂的图形。这些迷彩图案都是在一段时期内得到大量应用和仿制的图案。除了介绍的这些外，还有葡萄叶型、雨丝型、大树型等图案，但是应用不广泛。所有这些图案的共同特点如下。

（1）具有明显的颜色斑块、界限分明，每一种斑块都有明确的颜色，可以明确区分各颜色斑块。

（2）颜色从三色至六色不等，可以找出确定的颜色值及边界；颜色之间对比明显。

（3）图案尺寸普遍较大，具有明显的分隔作用。

（4）图案都来自具体的自然界模拟对象。

传统的迷彩都是以许多不规则的斑点或条纹组成的，这些斑点或条纹的边缘平滑，界限分明。若斑块较大，则在远处能提供较好伪装效果，但因细节粗糙，在近处伪装效果较差。若斑块较小，可以改善近处伪装效果，但放在远处，由于人眼的分辨能力限制，迷彩伪装的效果随距离增大，逐渐接近保护迷彩，使伪装效果变差。

这些图案，基本都是针对特定背景，对背景颜色及特征纹理进行简单提取后绘制而成。而且，大多数都是手绘图案，直接通过刷子或滚筒印花印在织物上。从知觉加工而言，属于自下而上的加工。

4.3.2　数码迷彩图案及其特点

早期的传统迷彩服主要根据实战环境情况进行经验设计，如第一次世界大战中的迷彩设计，主要是根据环境色彩背景特征进行主色调色彩的随机组合设计，早期的经验存在着诸多问题，迷彩图案边缘光滑，斑点较大，伪装效果较差。为了应对高分辨率的航空预警和太空探测器的侦查（如 GPS 系统），科学家通过数字影像计算，设计与数字影像环境更为匹配的迷彩模板——数码迷彩，以达到基于视觉和光学侦查的最佳隐蔽效果。

早在 20 世纪 70 年代，美国军官、西点军校的工程心理学家 Lt. Col. O'Neill 从视觉生物物理学和视觉知觉的角度提出了双纹理数码迷彩，O'Neill 通过研究发现，恰当地使用数码迷彩模版可以使被侦测到的概率降低 50% 以上（与美军在 1974 ~ 1980 年使用的三色沙漠迷彩服比较，如图 3–6 所示）。数码迷彩的主要优点是由于图案色彩的单位是计算机算法从背景素材中提取的像素（pixels）。因此，这种数码迷彩图案在远距离观察时很容易与相应的环境背景融合，因此，很难被肉眼或普通的光学侦测设备发现，可以达到更好的伪装效果。

O'Neill 提出数码迷彩之后的很多年，他的设计思想并没有得到美军的重视。1978 ~ 1980 年，美陆军与纳蒂克中心共同研制数码迷彩，驻扎在欧洲的美国第二装甲骑兵团首先测试使用数码迷彩服，但一直没能正式列装。1997 年，加拿大军队最先采用了 CADPAT（canadian pattern）的数码迷彩［图4-19（a）］，从此开启了数码迷彩的新纪元。

2000 年后，美军才开始对数码迷彩设计予以高度的重视和采纳，O'Neill也成为后来数码迷彩设计的奠基者。2002 年，美国海军陆战队（USMC）首次装备了 MARPAT 数码迷彩［图 4-19（b）］，此后，2005 年美陆军的 UCP（universal combat paterns）、2011 年美空军 ACU（airforce combat uniform）和海军 NMU（navy working uniform）都装备了数码迷彩，我军于 2007 年装备了 07 式数码迷彩。数码迷彩被广泛使用，各国军队都在研发和装备自己的数码迷彩，如新加坡［图 4-19（c）］、韩国［图 4-19（d）］、阿根廷［图 4-19（e）］、沙特阿拉伯等。但是也有一些发达国家没有实验数码迷彩，比如，英国、法国、德国、意大利等，他们都有自己独特的迷彩体系。

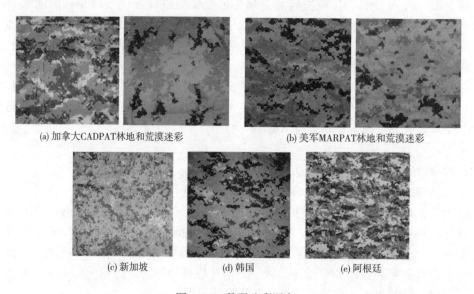

(a) 加拿大CADPAT林地和荒漠迷彩　　　　(b) 美军MARPAT林地和荒漠迷彩

(c) 新加坡　　　　(d) 韩国　　　　(e) 阿根廷

图 4-19　数码迷彩图案

在近十几年的时间里，数码迷彩设计已经成为主要军事大国的迷彩服设计的主导军服设计潮流，并在各国的军事装备中得到广泛的普及和应用。截至2007 年，仅北美的迷彩设计公司 Guy Cramer 的迷彩设计模板就达到了 7000 种以上。2009 ~ 2010 年开始至今，美军已经开始了第四代迷彩设计项目（U.S. Army Phase IV Camouflage Program，US4CES ™），并已经开发了一系列用于不同作战环境的具有较好的伪装效果的迷彩设计。20 世纪 80 年代初期，我军还未普及装备迷彩服装，1989 年开始装备仿美军 M81 的 87 式林地迷彩服，由于设计落后，改进推出了 97 式迷彩服，2000 年以后也采用了 MARPAT 的设计。

无论采用什么颜色，数码迷彩图案显著不同于传统的大斑块图案。具有以下特点。

（1）开始对背景特征进行抽象化的提炼和加工，把视觉知觉认知、机器视觉等理论融入其中。

（2）数码迷彩运用像素点阵的视觉原理，把传统迷彩的斑块、不同颜色间的边缘进一步模糊化，在视觉上有渐变的特点。数码迷彩模糊化斑块边缘后，相当于用小斑块迷彩取代大斑块迷彩泾渭分明的边缘。

（3）从远距离看时，人眼已无法分辨细节，效果等同于大斑块迷彩；数码迷彩能够非常容易地融入各种不同的背景之中；数码迷彩的颜色对比很弱，尤其是不规则颜色的边界，大大提高了其对于不同地貌的适应性。

（4）从近距离看，数码迷彩的图案就像把显像荧光屏的点放大，呈现出一格一格的方形小色块，这和传统迷彩的流线抽象图案完全不同；由于大斑块的边缘已经模糊化，可以取得小斑块迷彩的伪装效果。

（5）从技术上看，用数码技术生成斑块比较方便。大斑块可以用基本斑块堆积而来，基本斑块实际上就是图像处理中说的像素。基本斑块可以用方块，也可以用圆点或其他图形，甚至不规则图形。

4.3.3　多色渐变迷彩图案及其特点

由多色渐变迷彩 Crye Precision 公司设计，于 21 世纪初开始出现，并广受欢迎，但是一直没有能够被军方使用，因此，也被戏称为"持久自由行动迷彩（OCP）"，2001 ～ 2010 年在美空军 ACU 上进行过测试。直到出现阿富汗特殊的荒漠中点缀着绿地的特殊作战环境需求，美军才修改了 OCP 形成了 Multicam，于 2010 年被用于阿富汗战场。同时，英军也开发了自己的"Multiterrain"，是其原来的 DMP 迷彩图案和美国 Multicam 的结合，用于阿富汗战场，澳大利亚军队也采用了美国 CP 公司的设计 AMP，但是几乎和美军的类似。此外，意大利军队也开发了"Multiland"用于阿富汗战场，如图 4-6 所示。

该迷彩具有三个特点。

一是能够适应不同的环境。当在丛林中时，它呈现出丛林绿色的外观；当在荒漠时，它呈现出褐色外观。通过适应外界的光照条件，它在许多不同的环境、海拔、季节、气候及一天的不同时间内都隐藏得很好。具体如图 4-20 所示。

二是充分利用图案的大小和形状进行伪装。Multicam 的设计充分利用了人眼和人脑感知形状、大小和颜色的方式。因为只有人眼的极小一部分可以看见并感知颜色，而人脑为人眼做了大量的"填充"。Multicam 独一无二的设计充分利用了这个原理，使得在可见光条件下，观察者很容易将其"看作"环境的

图 4-20　多色渐变迷彩图案

一部分。这种设计使穿用者的外形轮廓模糊并融于其周围的任何环境形状或颜色下。导致观察者似乎感觉看到了什么，但是又不能清楚地辨识出来。

三是通过平衡尺寸和空间混色进行伪装。Multicam 图案元素的尺寸和对照使得观察者在远距离和较近的范围内都可以提供较好的伪装。以往通常采用的像素或"模块化"的伪装图案模式，都是采用典型颜色的、对照强烈的大元素图案，通过分割人形使其和背景融合或使人形变形融合于背景进行伪装设计。但是，这种对照强烈的、大元素图案设计在视野开阔的地形以及没有对应典型环境的自然背景下，并不能较好地伪装，比如，沙漠环境中的某一小块绿地；同时，当观察者距离较近时，伪装效果也不好，因为大元素图案模式的元素尺寸超出了观察者看到的细微的环境元素的大小。

这类图案和传统的大斑块图案及数码图案存在明显的差异，特点如下。

（1）颜色斑块之间边界不明显，呈现渐变趋势，无论是颜色还是形状均发生渐变，比如，由中绿色慢慢过渡到浅绿色，近距离很难找出具体的界限。

（2）颜色明显丰富增多到 6 色以上，如绿色有 3 种、褐色有 2 种等。

（3）因为颜色渐变和图形渐变，斑块尺寸也不好具体计算。

但是，这三种多地形迷彩依然具有独特的特点，比如，美军的"Multicam"图案的图形类似几何图形，图形边缘比较润滑、类似原来林地迷彩斑块边缘处理；而英军的"Multiterrain"则沿用了该军队一直采用的分裂型的图形，图形细长随意，似画笔随意画出，具有比较尖锐的边缘轮廓；而意大利的"Multiland"则结合其原来的植被图案（Vegetated pattern）斑驳的图案和多地形的颜色及渐变特点，似乎是一幅泼墨山水画，图形边界似一些墨点。

4.3.4　迷彩图案发展趋势分析

如前所示，任何一个图案的产生都有其特定的作战环境和历史背景。迷彩服作为军队特有的服装，军队穿穿迷彩服的目的已经慢慢演化为两种。

一是作为战场伪装用。真实作战条件下，对伪装的需求是毫无疑问的，如为了满足阿富汗地区开阔的背景下复杂多变的地形而开发的多色渐变迷彩。

二是作为军队及其军兵种的服装标志图案。如美军现役的空军迷彩和海军迷彩更多是为了标识而不是伪装；以及其他国家颜色鲜艳的迷彩军服。

从单个国家的迷彩图案发展而言，从最初的模仿和借鉴，越来越多的国家开始重视具有本土特点的、创新的迷彩图案。比如，英军一直坚持自己的 DPM 图案特点，图形具有较为尖锐的边缘；美军图案则和其 1948 年发展起来的树叶型类似，边缘比较钝而圆滑；意大利军队在 2004 年也开发了斑驳的、点状边缘的图案 "Vegetate"，等等。

从最初模拟自然环境的颜色和形状的较大斑块和图形尺寸的三至六色迷彩图案，发展到 20 世纪 90 年代借助计算机技术设计的、基于边缘像素化、广泛使用的四色数码迷彩图案，到阿富汗战场最新装备的渐变迷彩图案，可见，迷彩图案的发展趋势如下。

（1）各图形斑块的尺寸逐渐变小。这点在数码迷彩中最为突出。数码迷彩借助计算机图形处理技术，使得边缘尺寸和独立单位的尺寸最小化，在印花技术许可下，应该可达到人眼分辨率的极限尺寸。

（2）图形色彩中，深色斑块逐渐减小。无论是现役陆军 UCP 还是 Multicam，都不约而同地采用了饱和度和明度较低的颜色，整个服装远看是很浅淡的颜色，包括空军的 ACU。

（3）图形之间的轮廓越来越不明显。除了以标识为目的的迷彩，迷彩图形斑块间的轮廓越来越不明显，大斑块已经很少见，如陆军 UCP 和空军 ACU 等。

（4）颜色有增加趋势。从最初的五色、四色，到大量使用的四色林地迷彩以及三色和六色沙漠迷彩，到目前七色的 "Multicam"，颜色有增加趋势。

（5）图形的各斑块之间呈现融合趋势，而不是以往的强烈对照。

从图案设计方法而言，已经由最初的完全仿照背景颜色及特征，发展到通过计算机进行提取特征及色块，再到融合进去视觉知觉原理的多色渐变迷彩。

4.4　基于光谱的迷彩及特点

4.4.1　紫外迷彩

紫外迷彩是指在 300 ～ 380 nm 波段，具有类似雪地紫外高反射率的迷彩，如图 3-11 所示，多为白色背景上点缀深色小斑块。

紫外迷彩主要用于冬季的积雪背景，植被稀疏，间或以黑土、褐土为主的各类颜色土壤裸露。雪地的紫外反射值高达 85%，而混凝土为 5.1%，草坪为

1.2%。新雪与冰雪的紫外反射值都较高，但冰雪高于新雪，这主要是因为冰雪表面产生部分结晶所致。紫外照相是一种雪地环境的侦察手段，雪具有较高的紫外反射值，而人与物体的紫外反射值则较低。紫外照相一般采用 A35 mm 相机加上只允许 320 ~ 400 nm 紫外光透过的滤色镜。冬季雪地背景需要特殊的伪装，雪地迷彩除具有一般的防可见光和近红外的伪装性能之外，还特别要求具有防紫外侦视的性能。当采用紫外滤色镜观察雪地背景时，积雪因紫外反射率高呈白色，而普通的白色涂料或白色织物则因紫外反射率低而是灰色或黑色，这样就形成明显的差别而易于被发现。

因此，雪地紫外迷彩伪装的实质就是尽量降低白色织物的紫外吸收率与透过率，最大限度地提高紫外反射率，达到积雪水平。通常，在 360 nm 时，涤纶织物的紫外反射率为 43.6%，通过率为 29.3%，吸收率为 27.1%，而棉织物在 300 ~ 400 nm 的紫外反射率一直维持在 50% ~ 60% 的水平。所以，需要通过添加高紫外反射率的材料来提高织物的紫外反射率。

4.4.2 可见光 / 近红外迷彩

可见光 / 近红外迷彩是指在 380 ~ 760 nm 可见光、760 ~ 1200 nm 近红外波段具有特定光谱反射率的迷彩，前文 4.1 ~ 4.3 提到的迷彩基本都是该类迷彩。可见光 / 近红外迷彩和紫外迷彩一起，统称为光学迷彩。

除了需要具备如前所述的可见颜色及斑块外，可见光 / 近红外迷彩在光谱反射率方面，也有特定的伪装要求。

（1）可见光范围内的迷彩各色，光谱反射率要求应该满足产品标准要求。

（2）近红外波段，主要考虑含水的绿色植被的光谱和大部分绿色染 / 涂料的反射率不同。绿色植被具有典型的"绿峰红边"现象，在 550 nm 处有绿色的特征峰，而在 660 ~ 760 nm 处反射率呈现跳跃。大部分染化料的反射率是随着波长呈现增加趋势，并没有跳跃。因此，为了避免绿色检验镜之类的侦察，需要有一个绿色的反射光谱满足绿色植被的反射光谱要求，第 8 章将进行详细介绍。

4.4.3 热红外迷彩

最为理想的热红外伪装，是使目标的红外辐射特征与背景完全一致。具体的热红外伪装原理及技术将在第 10 章介绍。特定背景条件下的防热红外侦视主要是从控制目标表面温度和调节表面红外发射率两个方面来实现。除了控制目标表面温度外，可以在物体表面覆盖或涂层具有不同红外反射率的斑块或材料实现热红外迷彩，对目标进行特征分割实现伪装，图 4-21 所示为具有热红外迷彩效果的织物。

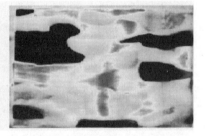

(a) 三色迷彩布　　　　　　　　　(b) 三色迷彩布中午12时的热像图

图 4-21　热红外迷彩效果图

参考文献

［1］喻钧，双晓，胡志毅，等. 基于光学伪装的数码迷彩技术［J］. 计算机与数字工程，39（12）：142-146.

［2］http：//camopedia.org/.

［3］邢欣，曹义，唐耿平，等. 隐身伪装技术基础［M］. 长沙：国防科技大学出版社，2012.

［4］陈强，肖红，王焰. 多地形数码迷彩研究现状及发展趋势［J］. 军需研究，2014（5）：55.

［5］O'Neill T. Symmetry axis geometry and the perception of visual form. Unpublished dissertation presented to the faculty of the University of Virginia，August 1982.

［6］O'Neill T.Dual-texture camouflage［C］. The Army Science Conference，New York：West Point，1978.

［7］O'Neill T，Johnsmeyer W，Brusitus，J，et al.Evaluation of dual texture gradient camouflage［R］. U. S. Military Academy：Office of Institutional Research（1977a），1977.

［8］O'Neill T，Johnsmeyer W，Brusitus J，et al. Psychometric correlates of camouflage target detection［R］. U.S. Military Academy：Office of Institutional Research（1977b），1977.

［9］O'Neill T，Johnsmeyer W，Brusitus J，et al. Field evaluation of dual texture gradient camouflage［R］. U.S. Military Academy：Office of Institutional Research（1977c），1977.

［10］于名讯，贾瑞宝，赵均英，等. 人体热红外隐身技术浅析［J］. 红外技术，2005，27（6）：497-500.

［11］肖红，王焰. 世界迷彩图案类别特点及发展趋势［C］. 军需装备研究所 2013 年度学术论文集，2013.

［12］DAKOTA Vannes，STEINKE T Y. Out of nowhere：a history of the military sniper［M］. Oxford：Osprey Publishing，2004.

［13］SHELBY Stanton. US army uniforms of the Vietnam War. Harrisburg，PA，1989.

［14］RICHARD D. Johnson. Tiger patterns. Schiffer Military，Atglen PA，1999.

［15］PALINCKX W. Camouflage uniforms of the German wehrmacht ［M］. Atglen PA：Schiffer Publishing Ltd，2002.

［16］PETERSON D. Wehrmacht camouflage uniforms ［M］. London：Windrow & Greene Ltd，1995.

第 5 章　视觉认知理论基础

视觉注意对环境知觉信息获取的认知过程，也是知觉加工的前提和基础。一般知觉现象、视错觉和颜色知觉是知觉研究的重要领域，一般知觉现象是人们对环境知觉的普遍规律，影响着人们对客观环境的基本认知；颜色知觉和视错觉作为知觉领域中独特而复杂的知觉现象，普遍存在于人们的日常生活环境、特殊环境和情景下的知觉加工过程，并对人们感知周围环境产生重要的影响。理解这些一般知觉、视错觉、颜色知觉基础及理论，对迷彩伪装设计、评价，对侦察与反侦察具有重要的意义。

5.1　视觉刺激与视觉认知

5.1.1　视觉感知与电磁波的频谱范围

人类视觉感知的电磁波频谱范围在 380 ~ 760 nm，这部分的电磁波称为可见光波，占电磁波范围的 1% ~ 2%，其余 98% ~ 99% 的电磁波是人类视觉无法感受到的（图 1–2、表 5–1）。视觉是人类获取外界环境信息的重要感觉通道之一，人类 70% 以上的信息是通过视觉获得的，视觉在人类的信息加工中起着非常重要的作用。

表 5–1　不同颜色可见光的频谱范围、波长、频率及光子能量

颜色	波长 /nm	频率 /THz	光子能 /eV
紫色	380 ~ 450	668 ~ 789	2.75 ~ 3.26
蓝色	450 ~ 495	606 ~ 668	2.50 ~ 2.75
绿色	495 ~ 570	526 ~ 606	2.17 ~ 2.50
黄色	570 ~ 590	508 ~ 526	2.10 ~ 2.17
橙色	590 ~ 620	484 ~ 508	2.00 ~ 2.10
红色	620 ~ 750（760）	400 ~ 484	1.65 ~ 2.00

5.1.2　视觉的生理与神经基础

人类的视觉系统由光学生理结构和神经系统构成。视觉的光学系统是由眼

球壁、眼球内容物（水晶体、房水和玻璃体），外层为巩膜和角膜，中层为虹膜、瞳孔、睫状肌，内层为视网膜（包括感光细胞、锥体、棒体、双极节细胞、中央窝等）构成；视觉神经系统是由视网膜的感光细胞开始，感光细胞将视觉刺激初步转化为神经电冲动（光线→角膜→瞳孔→水晶体→视网膜→节细胞→双极细胞→感光细胞→产生光化学反应→神经电冲动→双极细胞→节细胞→视神经纤维→视觉中枢→产生各种视觉现象→下行传导→作出反馈调节和相应的反应）。在眼球的内侧视网膜上有大量的视锥细胞（cones）、视杆细胞（rods）、双极细胞（bipolar cell）和神经节细胞（ganglion）。网膜是眼球的光敏感层，最外层是视锥细胞和视杆细胞，内层是双极细胞和其他细胞，底层是神经节细胞。视杆细胞的主要功能是在夜间和昏暗环境下起作用；视锥细胞是在中等和强的照明条件下起作用，负责对物体的细节和颜色知觉。视觉刺激在视网膜经过这些细胞的神经生物化学反应，将视觉刺激信息转化为神经电脉冲，视觉刺激的神经电信号经过上行神经传纤维，传递到视觉中枢神经系统—枕叶视觉初级皮层区。视觉信息经过丘脑外侧膝状体→初级视皮层（V1）→二级视皮层（V2）→分析运动（V3，V5）和分析颜色（V4）和形状（V3，V4）的区域（图 5-1），对视觉刺激的身份特征识别、运动、形状和颜色等知觉特征进行加工。之后进入颞叶通路高级视觉皮层区和顶通路进行视觉刺激的身份和空间位置加工。

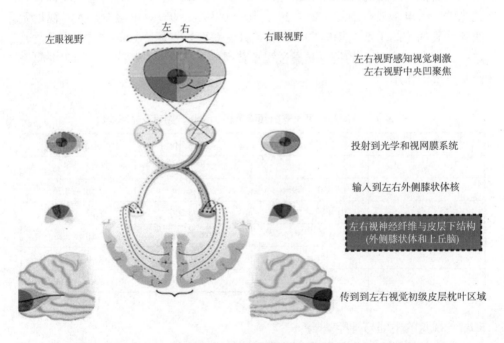

图 5-1　视觉信息加工

5.2　颜色视觉的相关理论

5.2.1　三色说

　　三色说（trichromatic theory）是英国科学家托马斯·杨（T. Young，1773—1829）提出的，该理论认为在视网膜上存在着三种不同的颜色感受器，每种感受器分别对红、绿、蓝的色素敏感。例如，红色感受器对长波最敏感，绿色感受器对中波最敏感，蓝色感受器对短波最敏感，当某种光刺激作用于感受器时，从而产生相应的颜色感觉。赫尔姆霍茨（H.von.Helmholtz，1821—1894）对三色说进行了发展，他认为每种颜色的感受器对各种颜色都有反应，红色感受器对长波段的电磁波的反应最敏感；绿色感受器对中波段电磁波的反应最敏感；蓝色感受器对短波电磁波的反应最敏感。如果三种颜色感受器对三种波段的电磁波敏感性差不多，就产生了白色的知觉。不同的颜色的知觉是由三种颜色感受器对不同颜色波段的光波感受性的比例不同产生的。赫尔姆霍茨对三色说的补充能够更好地解释三原色感知和各种混合色的颜色知觉。三色说也得到一些实验研究结果的支持。Marks Dobelle 和 Mac Nichol（1964）在将直径为 2 μm 的光束聚焦在视锥细胞上，然后分析锥体吸收光束的特性时发现，一组视锥细胞能吸收波长约 450 nm 的光（蓝光），另一组视锥细胞能吸收波长约 540 nm 的光（绿光），还有一组视锥细胞能吸收波长约 577 nm 的光（红光）。三色说不能解释红绿色盲现象。

5.2.2　四色说

　　德国的科学家黑林（Hering，1874）提出四色说（Hering theory of color vision or Hering theory of tetrachromacy）解释颜色感觉现象，四色说认为，大部分的颜色都是混合色，只有红、绿、黄、蓝是原色，提出了四原色说。红和绿、黄和蓝（互为补色）混合得不到混合色，只能得到白色或不同明度的灰色，黑色和白色混合也是同样的情况。黑林认为视网膜上存在着黑—白、红—绿、黄—蓝三对视色素的拮抗感受器，每对感受器对两种颜色的感知起到拮抗和抵消的作用，只能产生不同程度的明度知觉。行为实验和神经电生理学的研究发现，注视蓝色一段时间再注视黄色，这时会觉得黄色比平时更黄，支持了黑林的观点。赫尔维奇和詹米逊（L.Hurvich and D.Jameson，1958）用心理物理学方法，证实了黑林的对立作用理论。E.F. 麦克尼科尔和 M.L. 沃巴斯特（1960）通过刺激金鱼视网膜，无论刺激神经节细胞感受野的什么位置，短波和长波都会产生相反的拮抗效应；R.L. 德瓦卢斯等（1968）研究短尾猴外侧膝状核细胞的颜色知觉时发现，不同波长的光刺激视网膜时，细胞放电的变化有所不同，如红光刺激时放电增加，而绿光刺激时放电率减少。20世纪50年代以来，生理学家还先后在动物的视神经节细胞和外侧膝状体细胞内，发现了编码颜色信息的拮抗机制。现代神经生理学研究发现，在视觉传导通路上发现对黑—白、红—绿、黄—蓝三对颜色反应起拮抗作用的感光细胞。上述的研究都在一定程度上支持了黑林的四色说。四色说可以较好地解释色盲以及正负后像等现象，但无法解释三原色混合现象。近年来，色觉研究的进展所获得的认识是：两个学说是可以相互补充的。

不同知觉能力能够感知的颜色种类见表5-2。

表5-2 颜色知觉能力表

颜色知觉能力	锥体细胞种类	感知颜色的种类	物种
全色盲	1	100 种颜色	海洋哺乳动物、枭猴、澳大利亚海狮、人类色盲
双色知觉	2	10000 种颜色	大部分非灵长目动物、色盲的灵长目动物
三色知觉	3	1000 万种颜色	大部分灵长目动物、特别是类人猿或大猩猩（包括人类）、有袋目动物和一些昆虫（如蜜蜂）
四色知觉	4	1 亿种颜色	大部分爬行类、两栖类、鸟类、昆虫和极少数的人类
四至五色知觉	5	100 亿种颜色	部分昆虫（如一些特殊种类的蝴蝶）、部分鸟类（如鸽子）

5.3 视觉颜色混合的现象

5.3.1 颜色混合理论

颜色混合定律是格拉斯曼（Grassmann，1854）总结的颜色混合规律，因此，也称为格拉斯曼定律（Grassmann's law）。颜色混合定律包括补色律、间色律和代替律。

（1）补色律。每一种颜色都有另一种颜色和这个颜色按照一定比例混合产生白色或灰色，这两种色光称为互补色，如蓝—黄、绿—紫、红—蓝绿（青色）就是互补色，蓝光和黄光、绿光与紫光、红光与蓝绿（青光）混合就能产生白光。

（2）间色律。任何两种非互补色混合都可以产生一种介于两者之间的混合色。例如，用光谱上的红、绿、蓝三原色，按一定比例的波长混合可以产生各种颜色。间色律认为两种非补色光混合则不能产生白光，其混合的结果是介乎两者之间的中间色光。如红光与绿光按混合的比例不同可以产生介乎两者之间的橙、黄、黄橙等色光。混合的中间色的色调取决于两种颜色的比例，颜色色调倾向于比例高的颜色；色彩饱和度倾向于距离主色调近的颜色。

（3）代替律。不同颜色混合后可以产生感觉上相同或相似的颜色，而且这些颜色可以互相代替，而不受原来被混合颜色所具有的光谱成分的影响。代替律在色彩光学上是一条非常重要的定律和理论基础，色光混合定律属于加色混合，它与颜料的混合是相反的，前者为加色混合，而后者为减色混合，其混合的规律也是完全相反的。代替只适合色光混合，不适合颜料混合。

（4）三原色原理。在自然界中，所有的彩色都是由三种原色光按一定的比例混合形成的，也就是说自然界中的所有彩色的光都可以分解为不同比例的红、绿、蓝三原色光成分。三原色与混合色之间存在如下的关系：三原色的混合比例，决定混合色的色调与色饱和度；混合色的亮度等于三原色的亮度之和；三原色的相加原理：一般情况下，三原色的相加混合遵循表 5-3 的规律。颜色混合的定律可以用 C=R（R，G，B）公式表示，为了匹配某一特定颜色 C 需用不同数量的三原色 R（红）、G（绿）、B（蓝）进行颜色混合。三原色比例不同，产生的颜色色调、色彩饱和度和亮度也不同。

表 5-3　三原色相加的混合规律（原色混合比例均匀）

混合获得的颜色	黄	紫	青	白色			
组成的三原色成分	红 + 绿	红 + 蓝	绿 + 蓝	红 + 绿 + 蓝	青 + 红	黄 + 蓝	紫 + 绿

色光的混合不同于颜料的混合，两种混合的性质是不同的。前者属颜色的加法混合，而颜料混合是一种减色混合。颜色混合后明度增加，颜料混合后明度减弱。

5.3.2　颜色知觉及其影响因素

（1）颜色知觉。人们一般所说的颜色主要指物体的表面色。在自然界中，色彩的知觉分为两类，彩色颜色知觉与非彩色明度知觉。彩色颜色知觉是由波长在 380 ~ 780 nm 范围的可见光光波构成的不同颜色。其他颜色都可以由红、绿、蓝三原色纯色波长的颜色混合而成。非彩色的明度包括由白、灰到黑的一个连续体构成的不同明度变化的黑白刺激，灰色是在白色和黑色之间的各种不同亮度的灰色，明度知觉就是对这个连续体上的刺激引起的光强度的知觉。彩色物体的颜色可以用三个物理学指标来描述其物理属性，即色调、明度和饱和度。

色调：色调是由物体表面反射的光线的主要波段波长的颜色决定的。物体所反射的最大能量的波长可以用来标定物体颜色的色调。不同波长的光产生不同的颜色知觉，在自然环境中，人们所看到的色彩一般都是混合的色彩，单一波长的颜色需要精密的光学一起分解光谱才能获得。

明度：明度是作用于物体表面的光线反射到视觉系统产生的亮度知觉，明度与光波的反射系数有关，在光照度相同的情况下，物体表面的反射系数越大，物体表面明度就越高。

饱和度：饱和度是指某一颜色物体的颜色的丰富程度。彩色的饱和度越高，物体的主体颜色就越丰富；物体颜色成分中的白色或灰色越多，饱和度也就越低。一般用光波的纯度来表示色光的饱和度。

（2）颜色知觉的生理机制。颜色知觉的生理和神经基础包括眼球的光学系统、视网膜对颜色知觉的神经感受器、视觉信息的上行传导通路、视觉中枢神经系统，颜色知觉的视觉中枢神经系统主要在视觉区，与颜色知觉有关的脑功能区主要在枕叶 V4 区。视觉的神经系统中，任何一个环节的功能性损伤都会导致颜色知觉障碍。遗传学上，在控制颜色的遗传物质所携带的与视觉有关的多肽信息也直接控制视觉的功能，这些遗传信息的异常导致颜色知觉障碍，如常见的色盲、弱视等主要是遗传因素导致的。

（3）颜色知觉影响因素。颜色知觉是一种非常复杂的视觉知觉现象，颜色知觉也是视觉研究中的主要领域之一，由于颜色知觉受到诸多因素的影响，使研究者在研究颜色知觉时，在颜色的参数控制上带来很大的困难，虽然能够根据不同颜色模型，对颜色参数进行严格的控制，但实际上，由于颜色知觉受到环境诸多因素和观察者主观客观感知因素的影响，颜色知觉研究仍然是令很多研究者感到棘手的问题。在自然环境中，人们观察同一颜色物体，由于视角的变化或物体的大小的变化，会使观察到的物体的颜色在不同的视角下有所不同；背景照明同样影响颜色知觉；光源也是影响颜色知觉的重要因素。此外，即使颜色的色调控制、饱和度的控制参数是很容易实现的，但是，在实际实验测量的过程中，被试的视角、环境光照度等因素都会影响颜色知觉。

5.4 视觉感受性、感觉阈限与知觉现象

5.4.1 视觉感受性与视觉感觉阈限

视觉感受性通常是指人对环境视觉刺激明度或其他刺激物理属性的感知能力，包括视觉绝对感受性和视觉差别感受性。以明度感知为例，视觉感受性包括视觉明度绝对感受性和视觉明度差别感受性，对应的指标是视觉明度绝对阈限和视觉明度差别感受阈限；以颜色为例，如对不同色调颜色的辨别能力——视觉颜色色调的差别感受性或差别感受阈限。视觉感受阈限的测量可以帮助人

们了解人类对视觉刺激的物理属性的感知能力，以及如何通过视觉环境设计，达到更好的视觉环境感知效果，或者是达到更好的伪装或隐蔽效果。

（1）视觉绝对感觉阈限。视觉是人类获取环境信息的主要感觉通道，人眼对光的明度具有非常高的敏感性，通常视网膜的感受细胞能够对 7 ~ 8 个光量子做出反应，特殊情况下，对 2 个光量子就能产生反应。在大气完全透明、能见度很好的条件下，人眼能感知 1 公里以外的 1/4 烛光亮度的光源。

明度绝对感觉阈限与差别感觉阈限的大小，与光刺激作用在视网膜的部位有关。视杆细胞多分布在距中央窝 16°~ 20° 处，这些位置对光线的感知是高度敏感的，明度的绝对感受阈限值也比较低；视锥细胞聚集在中央窝部位，对光强的差别感受性较高。明度的感受性与光刺激作用的时间、面积以及个体的年龄、营养情况、机体的身心状态等因素有密切的关系。

（2）视觉明度差别感受阈限。视觉差别感受性是指人们的视觉感受器官对视觉刺激明度变化的感知能力，对差别变化越小的明度变化越敏感，明度差别感受能力或辨别能力就越强，相反，明度差别的感受能力就越弱。明度差别感受能力在日常的视觉环境感知和特殊环境的视觉感知中起着非常重要的作用。如在野外环境下，人们明度差别感知能力越强，就能够对一定距离内的环境物体辨别得越清楚，并做出精确的判断和识别。如通过光学望远镜可以大大提高人们对远距离环境客体的辨别能力。

（3）光波的波长、颜色和明度变化对感知觉的影响。在可见光波范围内，人对不同波长的视觉感受性是有差别的。在正常或强照明环境下，人眼对 550 nm 的光（黄绿色）感受性最高；而在明度相对较暗的视觉条件下，人眼对 511 nm 波长的光（蓝绿色）感受性最高。当照明强度相同时，最敏感的光波波长向偏短波方向移动的现象，不同背景环境照明下对不同波长的可见光波或不同颜色的客体的感受性也是不同的，白天对低频波段的视觉刺激感受性更敏感，夜间对高频段视觉刺激感受性更敏感。捷克学者浦肯野（Jan Evangelista Purkinje，1787—1869，1825）发现，人们从白昼视觉向夜间视觉转变时，视觉对可见光波的敏感性向短波方向偏移，这种现象被称为浦肯野现象。在可见光波的不同区域，人眼对不同色调的光波，其绝对感受性和辨别能力是不同的。上述视觉感知的规律可以应用到不同视觉感知环境中，尤其是在复杂的野外环境和夜间视觉环境下，充分利用视觉感知的规律，可以帮助人们更高地感知环境的物体。

5.4.2　视觉适应与环境感知

视觉适应（visual adaptation or eye adaptation）是指视觉感受能力在不同照明环境下会发生变化的现象，是人类适应环境照明从自然照明到暗视觉照明环境的一种能力。视觉适应包括明适应（light adaptation）和暗适应

（dark adaptation）。例如，从正常照明环境刚刚进入一个黑暗的屋子时，对屋子里的物体和周围的环境看不清楚，随着视觉适应能力的提高，逐渐对周围的环境物体看得越来越清楚，这个过程就是暗适应；而当从黑暗环境进入正常照明或强光照明环境，就会感觉到非常刺眼，而看不清周围的物体，需要一段时间的适应使用后，才能够恢复正常视觉。如图 5-2 所示。视杆细胞（rod cells）负责黑暗环境视觉，在暗适应中起着主要作用；视锥细胞（cone cells）负责正常和强照明环境下的视觉，在强光照环境下的明适应过程起作用。

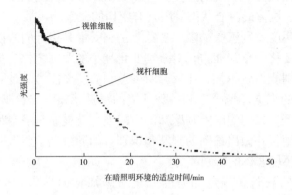

图 5-2　视锥细胞和视杆细胞的适应过程

（1）明适应。明适应是从暗照明环境进入正常照明或强光照明环境时，个体对光的感受性下降的现象。一般明适应的时间相对比较短，在暴露在强光下的最初 30 s 内，视觉感受性急剧下降，之后感受性的下降速度逐渐缓慢，2 ~ 3 min 就可以达到完全适应的水平，个别情况可能需要 7 ~ 8 min 以上。视锥细胞主要是在中等和强的照明条件下起作用。高强度的照明可能会导致视觉无法适应和瞬时失明的现象，这种情况尤其是在夜间更容易发生，如强光（夜间高速行驶的汽车和降落的飞机的远光灯、高强光的探测灯、直视太阳、手机的 LED 灯等高强照度的光源）直接照射到眼睛。

（2）暗适应。暗适应是从正常照明或强光照明环境中进入暗照明环境时，视觉感受性迅速下降到逐步恢复的过程。暗适应需要的时间比较长，视觉感受性的变化也比较大。视杆细胞的主要功能是夜间和昏暗环境下起作用，暗适应主要是视杆细胞的功能。视觉适应对人日常工作、生活和完成特殊环境下的任务有非常重要的意义。在工程心理学中，视觉适应的研究和应用对特殊职业群体有十分重要的作用，如驾驶员和飞行员夜间驾驶或飞机起飞降落，要求有较好的暗适应能力，航海、潜艇作业、航空航天、极地极昼极夜以及夜间行动环境下对视觉适应能力均有较高的要求。因此，提高暗适应能力也是人们关注的主要问题。提高暗适应能力的方法有以下几种。

①红光和红色镜片（red lights and red lens glasses）眼镜可以提高暗适应能力。

②补充适当的维生素 A 有助于提高暗适应能力，维生素 A 缺乏会导致暗适应能力缺失，也就是人们常说的夜盲症（nyctalopia）。维生素 A 在蛋类和乳制品以及含有胡萝卜素（合成维生素 A 的主要物质）的水果蔬菜（南瓜、胡萝卜、西蓝花、菠菜、空心菜、甘薯、芒果、橙子或橘子、哈密瓜、杏及甜瓜等）中含量较高。

③补充花青素（anthocyanins）。花青素可以合成 4000 种以上的黄酮类植物化学物质（flavonoid phytochemicals），花青素对抵抗神经细胞损伤、抗氧化和避免视觉功能损伤等有重要的作用，是保护身体健康的重要生化物质。花青素的主要来源是紫色或黑色的蔬菜和水果（如蓝莓、覆盆子、黑莓、桑葚、紫甘薯、葡萄、血橙、红球甘蓝、茄子、樱桃、红莓、草莓等）。第一和第二次世界大战期间，英国的飞行员大量使用覆盆子酱（也叫越橘酱）和富含花青素的食物，以改善夜间视觉能力。

④暗适应训练。当然，也可以通过经常性的夜间工作环境下的训练，适应和提高夜间视觉工作环境和工作效率。

（3）生物防御与视觉适应的能力。生态学家对自然环境中的生物防御开展的大量研究发现，绝大部分物种都有自身的生物防御机制，在各种环境中，生物通过自身外表的颜色与环境背景的融合，达到伪装和防御天敌的作用。例如，蜥蜴身体颜色随着环境的变化达到保护自己以防被天敌发现的目的，如图 5-3 所示，各种颜色的昆虫也通过长时间的自然选择使身体的颜色与环境的颜色融合，达到保护自己的目的。这是生物通过长期自然选择发展的一种复杂的自我适应能力，通过自身外观与环境的融合，提高了自身的伪装能力和天敌对自身的辨别难度，从而达到适应环境和生存的目的。

科学家基于生物环境适应的能力，发展了仿生学（Bionics）。当然，仿生学是更为广泛的学科，涉及的领域不仅仅是视觉仿生学的问题（如伪装和迷彩设计，如图 5-3 所示模仿蜥蜴的战斗机伪装），还涉及通过不同频段的电磁波（如雷达、红外线探测装置、应用于航空航天和天文学中的复眼照相机等）、生物的结构与各种产品和工具的设计（如模仿鸟类和昆虫的翅膀设计飞机机翼，如图 5-4 所示）等，发展出来视觉仿生学、触觉（嗅觉）仿生学（各类人造的感受器）、模仿生物结构的仿生学等，并将仿生学应用于智能制造领域，应用于不同的作业环境，尤其是特殊环境、极端环境以及高危险的环境，达到监控环境和保护生命财产安全的目的。

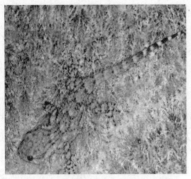

(a) 蜥蜴在石头中的伪装   (b) 战斗机在山地环境中的伪装

图 5-3 模仿蜥蜴的战斗机伪装

(a) 枯叶蝶在枯叶中的伪装   (b) 战斗机在沙漠环境中的伪装

图 5-4 模仿枯叶蝶的战斗机伪装

5.4.3 视觉知觉现象

5.4.3.1 视敏度

视敏度指视觉系统分辨物体细节的能力或者是对物体的最小可分辨能力，视敏度即人们常说的视力。视敏度的高低由根据观察的物体视角决定。视角是指物体最边沿两点与角膜所形成的夹角。一般物体越小或者距离观察者越远，视角就越小，普遍采用的视敏度测量方法是根据国际标准视力测查表，视敏度的具体计算方法，视敏度（V）等于视角（α）的倒数。

$$V = 1/\alpha$$

根据国际标准视力表的规定，α 是在 5 m 远处观看视标（E 字或其他符号）细节所成的角度。如果所看视力表上的视标视角为 1 度，视敏度或视力则为 1.0，如果视角为 0.65 度，视力则为 1.5。正常视力范围为 1.0 ~ 1.5。

影响视敏度的因素是多方面的，如眼球肌肉调节是否正常（近视和远视均属于肌肉调节异常的情况）、眼球光学系统是否正常、视网膜接收刺激的部位、背景照明的强度、物体与背景对比度、眼睛的适应状态、身心状态、疲劳、药物和疾病等因素都会影响视敏度。

借助光学望远镜可以大大提高人们的视敏度。普通的光学望远镜可以放大几倍、几十倍和几百倍；应用于天文学中的光学望远镜可以使观察目标扩展到宇宙空间几十亿乃至 100 亿光年以外的宇宙空间；红外望远镜可以探测到夜间无法看清的红外热源；射电望远镜可以观察到可见光以外的其他电磁波频谱范围的电磁辐射。

5.4.3.2　闪光融合频率

闪光融合频率（critical flicker fusion frequency，简称 CFF）是视觉对客体动态变化的时间分辨能力，闪光融合频率越高，说明个体对客体变化的时间分辨能力越强，闪光融合频率越低，则说明个体对客体变化的时间分辨能力越差。闪光融合频率是存在个体差异的，人们对闪光感觉为一个稳定的连续光的临界频率称为闪光融合频率。闪光融合频率受个体的年龄、身心状态、练习、注意程度、波长、视觉适应、视网膜接收光刺激的面积、视觉刺激通过视网膜的部位、光强度等多种因素的影响。

5.4.3.3　视觉后像

视觉刺激作用于视网膜系统一段时间，当视觉刺激消失后，在视觉网膜系统中会保留短暂的视觉感觉影像，称为视觉后像。后像分两种：正后像和负后像。视觉后像与原刺激性质相同的为正后像，视觉后像与原刺激性质相反的称为负后像。视觉后像持续时间一般在 100 ms 左右，如在注视灯光后，闭上眼睛，眼前会出现灯的形象。视觉后像可能是黑白的，也可能是彩色的，黑白的视觉刺激会产生黑白的视觉后像；彩色的视觉刺激会产生彩色的视觉后像，彩色刺激产生的后像通常为负后像。不同颜色视觉刺激的后像为颜色的互补色。如注视白色背景上的一个红色圆形 30 ~ 60 s，然后红色圆形消失，那么白色背景上可以看到一个接近绿色圆形后像。如果长时间看室内的日光灯，当把目光移到白色的墙上时，会看到一个灰白色的日光灯的影像。

视觉后像一般是长时间专注于一个视觉客体时，当视觉客体移动或消失，或在视觉神经系统留下一个主观的客体影像。这种现象在现实环境中是经常出现的。尤其是在专注于人机界面交互的操作时，应尽可能避免视觉后像的产生，避免对人机界面操作产生干扰或错误操作。在视觉场景比较单一的野外环境，也可能会出现视觉后像的情况，如在冰雪覆盖的冬天或极地、一望无垠的沙漠等环境中，视野中出现的物体运动或消失的客体也可能会出现视觉后像。

5.4.3.4　明度对比

视觉对比（visual contrast）主要包括明度对比和颜色对比。明度对比是指两个对象或对象和背景之间因为明度差异产生对明度感知发生变化的现象。如图 5-5 所示，黑背景中的白色圆比灰色背景中的白色圆看起来更亮，深灰色背景中的白色圆会比浅灰色背景中的白色圆更亮。图 5-6 为彩色明度对比图。明度对比是由光强在空间上的分布不同造成的视觉现象。如在白色背景上放一个黑色正方形，由于视野的不同区域的光反射不同，因而形成黑白的对比。研究明度对比对于工作和生活环境中的视觉效果设计有重要意义，可以通过合理的设计达到较好的视觉感知效果，或者提高感知觉效率。

图 5-5　黑白明度对比

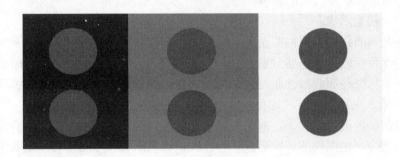

图 5-6　彩色明度对比

5.4.3.5　颜色对比

颜色对比是指在视野中相邻区域的不同颜色或前景颜色和背景颜色对比产生的对颜色及其明度相互影响的现象。颜色的明度对比会使得在黑暗环境下对高频可见光更敏感，而在强光照明环境下对低频可见光更敏感。颜色对比的结果是使颜色向其补色变化。如两块绿色纸片，一块放在蓝色背景上，一块放在黄色背景上，在色调对比调节后会产生补色。

5.4.3.6　颜色知觉的恒常性

当注视某种颜色一段时间，把注视点移到灰色背景或其他颜色上时，对之前注视的颜色知觉会发生变化，这种现象就是颜色适应。颜色对比一般指的是对同时呈现的两种或多种颜色的颜色知觉的相互影响，而颜色适应指的是先呈现的颜色刺激对后呈现的颜色感知的影响。黑尔森（H.Helson，1938）在红色灯光照明的颜色适应实验中，被试走进的实验室是红色照明的暗室，暗室的墙是灰色的，被试刚刚进入暗室时，看到的实验室所有的东西都是红色的，几分钟后逐渐适应了红色的暗室照明，恢复对室内物体的正常颜色知觉。也有实验发现，当被试看到黄色闪光后，让他注视红色的背景，等被试适应红色背景后再出现黄色的闪光，这时换色的闪光颜色变成绿色了，需要再经过几分钟时间的适应后，才逐渐恢复黄色闪光知觉。

颜色适应现象在一定程度上反映了人们视觉颜色知觉的恒常性。当戴着不同颜色滤光片的眼镜观察周围的环境时，刚戴上滤光片的眼镜，发现周围环境的颜色都发生了变化，过一段时间后，等视觉适应了滤光片的干扰，就会逐渐恢复对周围环境颜色的正常知觉。

颜色适应现象提示我们，当从一种主体色调的环境到另外一种颜色背景环境下时，人们的颜色知觉可能会产生颜色适应现象，正常的颜色知觉可能会受到影响，需要一段时间的适应后才能够恢复在新的环境下的正常的颜色知觉。

颜色适应现象对夜间操作的飞行员或驾驶人员、在极端工作环境下（如极地环境、潜艇作业环境、轨道舱）的工作人员等有不同程度的影响，因此，在这些特殊环境下执行任务的人员，需要了解颜色适应的现象，并对这些人员进行相关的知识学习和训练，避免产生错误的感知和操作，造成不必要的损失。

5.4.3.7　马赫带现象

马赫带现象（Mach band）是奥地利物理学家马赫（Ernst Mach，1868）发现的一种明度对比现象，人们在视觉对象明暗交界的边缘上，在高亮度的一侧可以看到一条更亮的光带，而在两地较暗的区域看到一条更暗的暗区，这就是马赫带现象。马赫带现象是一种主观的边缘对比效应。如将一个星形白纸贴在黑色背景上，再将圆盘放在转盘上快速旋转，就可以看到一个全黑的外圈和一个全白的内圈，以及一个由星形各角所形成的不同明度灰色渐变的中间区域。不同区域的亮度的相互作用而产生明暗对比和轮廓知觉效应，这种在轮廓知觉上发生的主观明度对比加强的现象，称为边缘对比效应（图5-7）。图5-7（b）中的星形旋转的速度越快，下面的马赫带边界融合得就会越自然。

通常用侧抑制现象解释马赫带现象，侧抑制现象是指在视网膜的感光细胞接受光线刺激时，相邻的感光细胞就会受到抑制，暗明交界处亮区一侧的抑制较暗区一侧的抑制更强，这

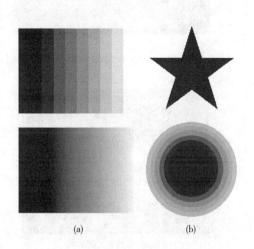

(a)　　　　(b)

图 5-7　马赫带现象和黑色的五角星旋转后
产生的马赫带现象

就使得暗区的边界看上去更暗，暗明交界处暗区侧抑制较亮区抑制弱，这就使得亮区的边界看上去更亮。

5.5 视觉注意现象

5.5.1 非注意盲现象

非注意盲（inattentional blindness，简称 IB）现象的研究起源于 Neisser（1979）运用录像技术对选择性注意进行的研究（图 5-8）。当一群人在电梯旁传球时，中间有打伞的人和穿着黑猩猩服装的人经过，很多人都报告没有看到。非注意盲是指当人们将注意资源集中于某项特定的任务时，即使在视野范围内出现明显的新异刺激，也常常会被观察者忽视的现象（Mack & Rock，1998）。无论在静态还是动态情境下，都会发生非注意盲的现象。通常在动态的场景中更容易发生非注意盲现象。动态非注意盲范式是 Most 等（2001）为使研究能够得到严格控制并接近现实情境，在选择性注意范式和静态范式的基础上提出的。该范式的经典实验如图 5-9 所示（Most，Scholl，Clifford & Simons，

图 5-8　Neisser（1979）运用录像技术发现非注意盲现象

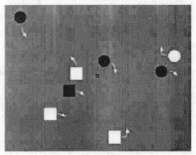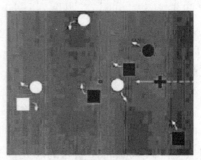

(a) 试次1和2 (非关键试次)　　　　　　　(b) 试次3 (关键试次)

图 5-9　经典动态非注意盲实验范式（Most 等，2005）

2005）。实验结果表明，动态情境下也可以出现非注意盲现象，即使当新异刺激具有非常醒目的颜色（如红色）或形状（新异刺激是"十"字形）时，仍有 30% 左右的被试者没有觉察到新异刺激（闫晓倩，刘冰，张学民，等）。非注意盲现象在现实生活中是普遍存在的，在重要环境和操纵情景中，由于非注意盲现象的发生可能会影响操作或者忽视重要的信息，也有可能因此导致一些事故。

5.5.2　变化盲现象

变化盲（changed blindness，简称 CB）现象指视觉场景中的一些对象或者对象的特征发生变化时，观察者通常可能会忽视这些对象及其变化，这种形象就是变化盲。变化盲现象通常出现在视觉场景的转换过程中，当视觉场景发生转换，由于观察者的眼跳、眨眼或者注意力集中在其他的对象或事情上，会出现忽视对象变化。Simmons 和 Levin（1997）在现场实验中发现了变化盲的现象，实验者在校园的小路上向路过的人问路，这时有一群人从他们两人间穿过，同时实验者换成了另外一个人。结果 15 个人中只有 7 个人发现问路者（实验者）换成了另外的人。Simmons（2000）认为变化盲的产生可能有如下的原因。

（1）情境变化后，刺激的出现破坏了对原来刺激的表征，使观察者不能做出准确的判断。

（2）由于目标对象的变化，观察者不能对变化后的刺激形成有效的表征，因此，正确判断的可能性会大大降低。

（3）原有场景中的目标对象和变化后目标对象的表征没有有效存在到注意和记忆系统中。

（4）观察者不能有效地比较和区分原有场景中的目标对象和变化后目标对象的表征。

（5）变化盲的产生可能是特征形成独特的表征，从而无法区分前后的变化。

和非注意盲类似，变化盲在生活和工作情境中是常见的注意现象，对于特殊的人机交互环境和实际的作业环境，避免变化盲现象的发生可以有效避免判断和操作的错误，提高工作效率。

5.5.3　注意瞬脱现象

注意瞬脱（attentional blink，简称 AB）现象是当呈现一系列视觉刺激或其他感觉通道刺激时，先后呈现的刺激会在呈现的一定时间间隔内产生相互干扰的现象。注意瞬脱的干扰现象通常会对先后呈现刺激的正确再认比率下降，影响完成任务的质量和效率。Broadbent 等人（1987）在采用快速序列视觉呈现任务（rapid serial visual presentation，简称 RSVP）的实验中发现，被试对一系列单词中前一个单词的准确辨认会对在该词后 400 ms 内呈现的其他单词的正确辨别产生影响，这种干扰现象在视觉快速呈现任务中普遍存在。

雷蒙德（Raymond，1992）在采用一系列的字母作为实验材料，同样采用RSVP 范式，字母呈现速度为 11 个 /s，第 1 个探测目标 T1（target 1）为白色外，其余均为黑色，T1 前呈现 7 ~ 15 个字母，在 T1 后呈现 8 个字母，其位置分别记为 P1 ~ P8，T2（target 2）是要求被试报告的第 2 个字母，其位置在 T1 呈现后的不同时间间隔内（P1 ~ P8 位置），实验组要求被试报告 T1 和报告 T2，对照组只报告 T2。结果表明，对照组 T2 的报告正确率均高于 90%，实验组对 T1 的报告正确率均高于 80%，而对 T2 的报告正确率则普遍低于 60%。Raymond 等人和后续的 20 多项相关的研究得出了一致的结论：即在视觉通道呈现一系列刺激时，对系列刺激中某一位置 T1 的识别会影响其后不同时间间隔的某些位置刺激的识别，这种视觉通道上的注意瞬脱现象是普遍存在的。研究也表明，在听觉通道上也存在注意瞬脱的现象，具体样例和任务如图 5-10 所示。

视觉通道:	A	D	Y	J	2	M	G	K	Q	L	C	Z	U
听觉通道:	C	Z	T	Q	3	B	D	X	P	H	V	I	Y
					T1			T2					

图 5-10　视觉通道和听觉通道实验材料样例

视觉通道存在注意瞬脱现象已经过大量的实验得到验证，为了探究在其他的感觉通道上是否也存在注意瞬脱现象，研究者对听觉通道也进行了类似的研究。Shulman 和 Hsieh（1995 年）和其他研究者采用快速听觉呈现技术（rapid serial audio presentation，RSAP）和跨通道（cross model）视觉听觉快速呈现任务的注意瞬脱现象进行了研究。视听觉跨通道的研究结果表明，有的研究支持听觉通道上存在 AB 现象，另外，也有研表明听觉通道不存在注意瞬脱现象。

根据上述研究，当人们观察快速变化的视觉场景图片和信息时，可能就会发生前后信息的相互干扰现象，而这种干扰现象在实践中的人机交互和环境交互中会直接干扰人们的判断和决策，降低完成任务的质量和效率，甚至会导致信息的遗漏和错误判断，因此，在实际工作环境中，应该避免注意瞬脱现象的发生。

5.5.4　注意波动现象

注意波动（attentional shift）现象是指当人们长时间注意一个对象及其特征时，注意对象的特征（如空间位置或其他特征）发生主观感知上的变化。

注意波动现象是无意识的过程，在人们对认知活动中是经常发生的现象。有研究表明：通常注意在 8 ~ 12 s 就会发生一次波动。注意波动对快捷反应任务的准备状态会产生一定的影响，注意时间过长或太短都会使注意发生变化或注意准备不充分，导致反应减慢。如果在百米竞赛的预备信号和起跑信号之间的时间相隔太长，运动员注意的波动就可能使准备反应延迟。目前，注意波动现象产生的原因有两种解释：一种观点认为，注意波动是感觉器官的局部适应，使人们对注意对象的感受性出现短暂的周期性变化，从而导致注意发生变化；另一种观点认为，人类的生物活动具有节律性，注意的波动现象是有机体生物节律的一种表现。图 5-11 是测量注意波动现象常用的尼克立方体和尼克立方体的变式，当注视图中立方体的角或某一面时，可以观察立方体的内外角和里外平面或有规律的切换。注意图 5-11 中的两个三维立方体和复合立体图形，可以发现图形的正面和背面的空间位置的波动变化。

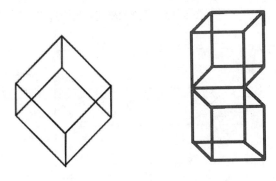

图 5-11　注意波动现象示例（尼克立方体及其变式）

5.5.5　视觉注意的空间位置效应

视觉注意加工具有显著的空间位置效应，张学民等（2004）采用图 5-12 的实验材料，对视觉注意加工的空间位置效应进行了研究。实验中设计了刺激呈现的角度为 0°、45°、90°、135°、180°、225°、270° 和 315°，从左到右的位置分别分类标识为 1、2、3、4、5（图 5-12）。

实验结果表明：不同颜色目标在五个位置的反应时表现出明显的"V"字形效应（图 5-13），左右对称位置的反应时间基本一致。不同视野和视角变化对反应速度的影响如图 5-14 所示，结果表明从注视点到外周的注意加工表现出逐渐减慢的梯度变化趋势，反应时间随着角度以及目标与中央注视点距离变化而变化。这说明在不同的空间位置、不同的视野和视角范围，视觉注意的反应时间是不同的。这也为人们在现实工作中利用视觉注意的空间位置效应，提高认知加工的效率提供了实验依据。

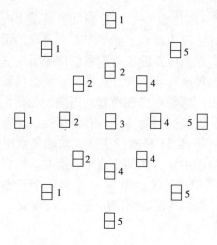

图 5-12　刺激的呈现与反应过程

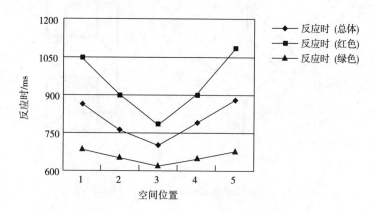

图 5-13　不同位置的反应时变化曲线

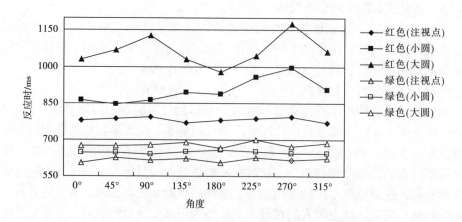

图 5-14　不同视野范围和角度的反应时变化曲线

5.5.6　注意的启动效应

启动效应（priming effect）是指先前呈现的刺激对随后呈现刺激的促进或抑制作用。如果是促进作用，称为正启动效应（positive priming effect）；如果是抑制作用，则称为负启动效应（negative priming effect）。

近年来，在注意领域有大量关于动效应的研究。负启动效应最早是在 stroop 效应的色词实验中发现的。Tipper 等（1985）对启动效应研究认为，选择性注意加工机制主要表现在两个方面：一是注意的选择性是使被注意的信息得到深入的加工，对关注的信息具有高度的选择性；另一种观点认为，注意的选择性具有双重机制，即被注意的重要信息得到关注而不被注意的无关信息被忽略和抑制，这与早期选择注意加工理论（如瓶颈理论和过滤器模型）的观点是一致的。

正启动效应如图 5-15 所示，上面的启动刺激是老鼠时，对猫的判断会起到促进作用，这就是正启动效应，因为老鼠和猫之间在生物链上存在猎食的关系。而恐龙和奶锅之间则不存在任何启动关系，因为两个对象之间不存在直接的联系。

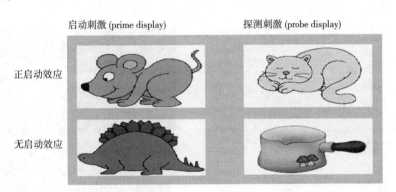

图 5-15　正启动效应样例

负启动效应如图 5-16 所示，实验任务是要求被试判断英文词的颜色。上面的启动刺激是红色的 GREEN，对绿色 BLUE 的判断会起到抑制和干扰作用，这就是负启动效应，因为红色的 GREEN 在语义上和绿色 BLUE 在颜色知觉上存在冲突，因此导致对绿色 BLUE 判断出现干扰和抑制。而红色的 WHITE 和蓝色的 BLACK 之间不存在任何语义和颜色上的关联和冲突，因为两对不同颜色词之间不会产生促进或干扰效应。

在现实环境中，视觉刺激在知觉和意义上的关系是复杂和多变的，环境中的变化情境之间的视觉信息在知觉和意义上可能存在着复杂的促进和抑制关系。当置身于复杂的视觉环境中时，人们需要对复杂的环境刺激信息进行有效

启动刺激 (prime display)　　　　　　　　探测刺激 (probe display)

负启动效应　　**GREEN**　　　　　　　　BLUE

无启动效应　　**WHITE**　　　　　　　　**BLACK**

图 5-16　负启动效应样例

的识别，根据不同的目的，充分利用视觉信息之间的促进和干扰效应，达到完成任务的目的。

在环境伪装设计中，利用注意启动的现象，人们需要使伪装设计与环境视觉信息产生相互干扰和抑制效应，这样可以有效达到保护的伪装的效果。而对于虚假目标，则有意突出其与环境背景之间的对比效应，使其不容易受环境干扰，容易识别，达到混淆视线的目的。如图 5-17 所示，高对比识别情境下，目标更容易识别；低对比融合情境下，目标不容易识别；如果在有高对比情境下的目标作为线索提示的情况下，会有助于对低对比情境下目标的识别和判断。

(a) 高对比识别情境　　　　　　　　(b) 低对比融合情境

图 5-17　不同背景对比情况下的目标识别

5.6　视觉知觉与注意现象的影响因素

5.6.1　可见光的物理属性

影响视觉感受性的视觉刺激因素是多方面的，具体包括可见光的波长、视觉刺激的光强度、背景光强度、可见光强度的变化、不同波段可见光之间的相互影响（如明度对比和颜色对比）、视觉刺激呈现的时间和系列刺激间的时间间隔、光源照射面积的大小等因素。

（1）可见波的波长范围。可见波的波长是影响视觉知觉的最主要的因素之一，人类的视觉只能对可见光波段的电磁波产生反应，对于可见波段以外的（如红外和紫外线以及 X 射线、γ 射线等则不能直接感知），尽管高频段的电磁波无法直接感受到，但是却能够对机体造成不同程度的伤害。对于不同波段的可见波，由于其光子能量不同（电磁波频率越高，能量高），视觉的感受性和适应能力是不同的，如在不同的背景照明情况下，对于红色和蓝色物体的明度知觉是有所不同的（即普肯耶效应，purkinje effect），对于红色和绿色的暗适应的进程是不同的，不同对比度下的明度知觉存在很大的差异，不同颜色照明下的颜色知觉表现出颜色适应性等。

（2）可见光的光强度也是影响视觉的重要客观因素之一。相同波段的纯色光还是不同频段可见光合成的混合复合光（生活和工作环境中的大部分光照都是复合光，如太阳光、白炽灯、日光灯、LED 光源等），由于光强度不同（或者光照度不同），单色光携带的能量也有所不同，对视觉感受器产生的视觉神经电信号的强度也不同，在视觉神经系统产生的光感受性也不同。高强度的光照和昏暗的弱光都会降低视觉的感受性，而且高强度关照还会对眼睛造成一定暂时性或永久性的损伤。

（3）背景光照度及光照度的变化也是影响视觉感受性的重要因素。不同强度的背景照明和照度的变化会对人的视觉产生暗适应和明适应现象，在一定的时间内降低视觉感受性，并且需要一定的时间逐渐恢复正常视觉。背景的光照度和色彩组合也会影响人们对目标刺激的知觉和判断，明度对比或颜色对比明显的环境，会提高对目标刺激的判断和识别，而明度对比或颜色对比接近情况下，人们对目标的识别和判断能力降低。包括迷彩设计在内的各种伪装设计就是利用了明度对比和颜色对比对视觉感知原理。

（4）不同波段可见光之间的相互影响。在颜色知觉的实验中，不同波段可见光同时存在时，可能会造成对不同颜色色光的知觉受到不同程度的相互影响，如一种颜色的存在可能产生诱导色、主观色以及颜色后像等，并在一定时间段影响正常的视觉颜色感受性。此外，不同颜色的可见光的对人类的空间视野范围也产生不同的影响（图 5-18）。因此，在颜色知觉的实验、工作情境或野外环境中，如果为了提高视觉感知的效率，应该避免不同颜色之间的相互干扰以及可能产生的颜色知觉干扰现象。如果为了产生伪装的效果，可以充分利用不同波段可见光之间可能产生的明度和颜色知觉的干扰效应，达到避免观察者发现和有效伪装的效果。

（5）视觉刺激呈现的时间。视觉刺激呈现的时间长短也会对视觉感受性产

图 5-18　不同地理环境下的迷彩设计与伪装效果

生不同程度的影响。长时间暴露在强刺激下，会降低视觉的感受性甚至导致严重的视觉损伤，长时间在弱光照明或黑暗环境中，会降低眼睛对光的适应能力，当突然暴露在正常照明或强光下的时候，会导致视觉感受能力的损伤，如在黑暗环境中救援出来的人，通常需要戴上头套或眼罩，避免强光刺激导致视觉损伤。此外，长期在黑暗或夜间环境下工作的人的视觉感受性也会逐步适应黑暗环境，视觉感受性也会在一定程度上有所提高。此外，视觉刺激呈现时间的积累，会产生明适应、暗适应、视觉后像、颜色后像、视觉敏感性能提高或降低等视觉现象。所以，要充分了解不同光照度环境的视觉感受性的变化规律，并应用到特殊的工作环境中。

（6）视觉刺激辐射面积的大小。视觉刺激呈现的时间会产生时间累积效应，而视觉刺激辐射的面积对视觉感受性同样会产生空间积累效应。在视觉刺激强度不变的情况下，视觉刺激辐射面积越大，产生的视觉空间积累效应就越强，视觉感受性也会得到一定程度的提高；当视觉刺激辐射的面积越小，产生的视觉空间积累效应就越弱，并降低视觉感受性。在伪装设计中，可能需要考虑斑块大小的设计或数码单元大小的设计，如图 5-19 所示，从单元面积设计的角度提高伪装效果。

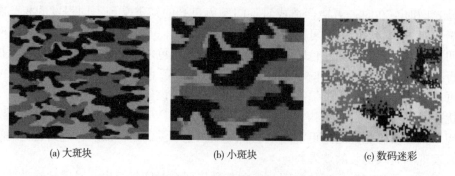

(a) 大斑块　　　　　　　　(b) 小斑块　　　　　　　　(c) 数码迷彩

图 5-19　大斑块、小斑块和数码的迷彩伪装设计

（7）明度对比变化。明度对比变化会直接影响视觉的感受性，明度对比变化越大，越有利于视觉感知；而明度对比变化越小，越容易干扰视觉感知。

（8）颜色对比变化。颜色对比变化对视觉感知的影响是复杂的，颜色色调搭配和对比融合越接近，越容易干扰视觉判断，产生干扰效应。颜色色调搭配和对比的差异越大，越有利于视觉的感知和判断，提高视觉颜色知觉的感受性。

（9）空间距离和视角变化对颜色和明度感知的影响。在上述因素都恒定的情况下，颜色、明度以及对目标的清晰度的判断会受到距离变化的影响。近距离更有利于颜色、明度、目标清晰度和细节的知觉判断，随着距离的增加和观察视角增大（向边缘视野变化），人眼对颜色、明度和目标清晰度的判断会越来越模糊。最后，目标都会变成灰度的模糊对象。不同颜色的视野范围如图 5-20 所示，蓝色的视野范围最大，其次是黄色、红色，绿色的视野范围最小。在野外环境下的视觉设计中，可以考虑到颜色的视野变化规律，达到突出目标和伪装目标的目的。

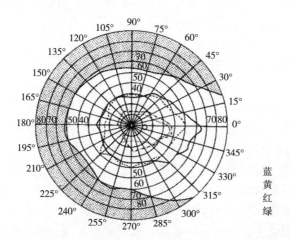

图 5-20 不同颜色知觉的视野范围（来自美国光学学会色度学委员会，1963）

此外，可见光之外的其他视觉客体的物理特征也会对人们的视觉感知觉产生不同程度的影响。具体包括视觉客体的空间特性（如视觉对象的大小、形状、方向、视角、距离、空间关系与参照系、物体的遮挡与透视、知觉组织原则与规则性、空间对称性、刺激空间特征组合和特征复杂性等）和非空间特性（如客体和背景的颜色、明度变化以及颜色对比、明度对比变化等）都会对视觉感知产生一定的影响。因此，在视觉知觉和注意的实验研究中，需要对上述的视觉刺激特性进行有效的控制，避免这些因素导致实验结果产生混淆。在实际工作环境，可以根据已有视觉客体的空间特征和非空间特征对视觉感知觉与视觉注意的影响规律，设计适合特定工作环境的视觉环境，提高特殊环境下的作业效率。

5.6.2 机体生理与心理因素

机体的生理与心理因素也是影响视知觉的因素之一。影响视觉感知觉与注意加工的生理和心理因素包括：视网膜神经细胞的分工与对不同刺激感知的敏感性；视觉肌肉活动与视觉光学系统的调节；单双眼线索对视觉聚焦和空间深度知觉判断的影响；药物、疾病、情绪、疲劳等因素的影响；视觉传导通路及视觉皮层损伤以及遗传因素导致的视觉功能障碍等，这些因素对视觉认知功能会产生不同程度的影响。

5.6.2.1 视觉光学系统与视觉认知

视觉光学系统主要是角膜、虹膜、晶状体、玻璃体等在角膜与视网膜之间的视觉生理结构以及调节这些视觉结构单元的眼部肌肉系统，这些构成视觉光学系统结构单元的任何部分发生异常都会严重影响视觉的功能，光学系统的任何结构单元的异常变化都会导致视力下降或暂时性的损伤，眼球的肌肉调节系统发生异常的变化会导致光学系统调节失去平衡，引起近视、远视、斜视、青光眼、散光等视觉功能的异常。

5.6.2.2 视网膜神经生化活动与视觉认知

视网膜主要感光细胞是椎体细胞和视杆细胞，这两种感光细胞在视网膜上的位置不同，在视觉功能方面存在明确的分工，其视觉功能的分工主要表现在视觉适应性方面。视锥细胞在暗适应过程中起着主要作用，能够在很短的时间内（2 ~ 3 min 或 7 ~ 10 min）恢复和提高视觉感受性；而视杆细胞在暗适应的作用比较缓慢（适应黑暗照明环境为 30 ~ 50 min）。因此，在视觉实验中，应该充分考虑到视网膜神经细胞的活动规律，使视网膜神经细胞活动处于相对稳定的水平，避免由于视觉适应水平的变化对实验结果产生不稳定的影响。

强光照明环境（如极地极昼环境、冰雪覆盖环境、暂时的强光照环境，如夜间驾驶和飞机起飞与降落）或黑暗环境（夜间驾驶与操纵作业、潜艇和深海潜水作业、舰船夜间航行、轨道舱的室外环境、极地极夜环境、地下作业环境等），需要充分考虑到视网膜感光细胞的分工和活动规律，避免发生各种错误的感知和判断，导致错误的操纵，造成不必要的损失。

5.6.2.3 视觉肌肉调节与视觉感知

视觉肌肉活动、视角变化与视觉活动是密切联系的。控视觉肌肉活动可以调节晶状体、玻璃体和瞳孔等的曲度，并直接影响人的视觉感受性或视力。视角的大小、物体和眼球的距离以及物体本身的大小与视觉感觉有直接关系，视觉肌肉系统对视角的大小和视觉光学系统的调节决定了物体在视网膜上成像的大小和清晰度。视觉肌肉系统的正常调节功能，决定了视觉感知是否能够正常感知和看清楚周围的环境和客体，决定着视力是否正常。前面提到的视觉光学系统异常导致的视力和视觉感知的异常，主要与视觉肌肉系统的调节有密切的关系。

5.6.2.4　单双眼调节与视觉感知

单眼和双眼的视觉感受性是有明显的差异的，这种差异主要表现在对空间深度或距离知觉、运动知觉、速度知觉和立体知觉等方面的影响。单眼的深度知觉能力、对距离的判断、对物体的运动和速度以及对环境的立体知觉要显著低于双眼视觉。此外，双眼视觉感受性或视力是否一致，也会影响人们对上述视觉空间认知能力的知觉，双眼视力一致可以使人们的双眼视觉部很好聚焦到视觉注意的环境目标上，有助于人们很好地对环境的空间关系、距离、速度和运动等信息的准确判断；而双眼视觉感受性或视力不一致，会知觉影响对环境目标的聚焦和感知觉判断，需要通过矫正训练或借助眼镜等辅助工具矫正和恢复正常视觉。

5.6.2.5　疾病、疲劳、情绪和药物等因素

疾病、疲劳、情绪和药物对视觉感受性会产生不同程度的影响，这些生理、心理因素的变化会降低视觉感受性，引起视觉疲劳、视力下降、视觉模糊、注意力下降和忽视环境中的重要信息、视觉功能异常（如错觉、幻觉等）。如一些神经系统疾病引起的眩晕和视觉神经系统的损伤导致的高级视觉功能障碍（如注意缺失、视觉忽视症、注意性失读症以及其他特殊的视觉功能障碍），高烧引起的视觉模糊，过度疲劳引起的视觉模糊甚至视觉错觉和幻觉，兴奋类的药物引起的神经系统兴奋和视觉功能异常（导致幻觉），镇静类药物引起的视觉模糊和视力下降等。在心理学实验研究中，在筛选被试时通常对被试的疾病、疲劳、情绪和药物以及视觉能力进行筛查，保证实验得到科学和客观的结果。

在各类工作和作业环境下，疾病、疲劳、情绪和药物对正常的操纵类的作业会产生不同程度的影响，因此，在疾病、疲劳、情绪异常和服用药物的情况下，尽可能避免各类操纵作业。

5.6.2.6　遗传和后天因素导致的视觉认知功能异常

常见的视觉遗传因素对认知功能的影响，主要是对颜色知觉和空间知觉的影响。如各种亚类型的色盲和色弱，主要是先天和发育因素导致的颜色知觉障碍，色盲和色弱会导致人们部分或全部丧失颜色知觉和分辨能力。此外，弱视也是一种常见的先天性或发育性视觉功能障碍，也有很多后天发育和发展以及视觉光学肌肉系统异常导致的弱视，弱视严重影响人们的视觉感受性和日常的生活、工作和学习，后天性的弱势越早矫正，恢复正常视力的概率就越大。

立体盲在空间知觉方面存在不同程度的影响，也是一种遗传或发展发育性的因素引起的立体知觉障碍。也有部分立体盲或立体知觉弱视是后天的因素导

致的（如双眼不能很好聚焦就不容易形成立体知觉），立体知觉障碍的患者可以通过训练来进行矫正，通常，立体知觉在儿童阶段（6岁以前）就完成发育，所以，发现立体盲或立体弱视力，应该越早矫正越容易达到好的矫正训练效果。

此外，后天因素引起的近视、青光眼、远视、白内障、视网膜细胞和生化活动异常等对视觉的感受性都会产生不同程度的影响，需要及时的治疗和矫正，保证正常的生活、学习和工作。颜色知觉异常、色弱、弱视、立体知觉障碍的个体不适合从事与颜色判断、空间操作与判断、野外环境作业等相关的职业。

5.6.2.7 视觉传导通路及视觉皮层功能障碍

视觉传导通路和视觉皮层功能损伤会引起视觉感知觉、视觉注意等方面的障碍，如与视觉初级皮层区——枕叶、视觉高级皮层区——颞叶以及高级认知功能的重要区域——额叶等中枢神经系统的部分脑区损伤，会导致各种不同的视觉认知功能障碍。具体脑损伤部分与视觉功能障碍可以参考表5-4和表5-5。

表5-4 视觉忽视症与脑损伤区域

障碍	受损部位
视觉忽视症	右半球顶叶脑区；丘脑
视觉消失	顶枕区
注意性失读症	左顶叶
忽视性失读症	一侧顶—枕叶，右半球更为多见
Blint综合症	双侧顶枕叶；顶枕联合区

表5-5 视觉空间能力、注意障碍与脑损伤区域

障碍	神经机制
内隐注意转移	顶叶（右：源于位置，左：源于客体）
随意注意转移	上顶叶皮层
局部注意集中	右颞—顶联合皮层
唤醒	网状结构、丘脑内核；右半球>左半球
空间特征	顶叶
扫视的发生	额叶眼区
对损伤视野过度反射朝向	上丘脑
运动意向	前运动皮层
探究行为的动机	扣带回
空间工作记忆	背外侧前额叶

5.6.2.8 借助视觉辅助设备提高环境感知

在日常工作和生活中，近视、远视或老花眼、散光、斜视等是常见的视觉光学与肌肉体系统调节异常导致的视力障碍，绝大部分情况通过佩戴具有对应功能的光学眼镜就可以达到正常的矫正效果，恢复正常视力。

在特殊作业环境下，通常人们对人员的选拔过程就排除了上述各种视觉功能异常的情况。即使是没有上述的视力异常情况，在特殊作业环境下，也需要借助各种光学或其他高科技的视觉辅助设备，提高对可见光范围内的视觉目标的监控和探测能力。这些设备包括各类用途的光学望远镜、红外望远镜、光学照相和摄像机、红外照相和摄像机、不同频段雷达装置等。

通过各类光学望远镜、照相机和摄像机，可以观察到大尺度空间距离单位内的观察对象，通过高倍和高速照相机和摄像机，可以清晰地从卫星上拍摄到地面 1 m 以内的物体，甚至可以看清楚汽车牌照。

借助红外望远镜、照相机和摄像机，可以在高空和远距离范围内，拍摄到夜间看不到的热源目标。

通过不同频段的雷达，可以从地面和高空探测到几百公里甚至一千公里以上的地面和空中目标。

当然，从防御的角度，也可以通过各种视觉伪装设计、红外伪装设计和反雷达探测的技术（隐身隐形技术），达到很好的伪装效果，保证有效抵御对方探测的目的。

5.6.3 客观因素

客观环境因素是影响视觉感知的重要因素之一。自然环境中的昼夜变化、季节变化、气候气象环境、地质地貌、植被、特殊和极端环境等客观环境因素对人们的视觉感知有直接的影响，人类和动物的视觉感知就是在这些环境因素的影响下适应和发展的；除了上述的自然环境，一些具体的自然和人工环境因素对人们的视觉感知也有直接的影响，这些因素包括环境中的深度和透视线索（如距离、遮挡、高度和视角变化、纹理梯度变化）、绝对运动和相对运动、客体参照系等。

5.6.3.1 自然环境的影响

（1）昼夜变化。随着昼夜交替和 24 h 的变化，太阳照射到地面的光强度也发生很大的变化，也形成了生物的昼夜感知与生物活动规律。人们对昼夜环境下的视觉感知也表现出巨大的差异，形成了自然照明环境下的正常视觉和黑暗环境下的暗适应视觉。夜间活动的动物发展和进化形成了适应黑暗环境下的视觉（如猫科、犬科和其他夜间活动等的动物）。

（2）季节变化。季节的变化因南北半球与赤道的距离远近产生不同的季节变化规律。在赤道附近、热带、亚热带，自然环境和植被受到季节变化影响较小，四季变化不明显，人们的视觉活动受季节变化影响相对较小；而随着气候带过渡到暖温带、温带，季节变化引起的太阳高度角和光照度、环境植被和温度等变化越来越典型，视觉感知直接受到四季环境变化的影响，寒带和极地环境长期处于低温气候，自然环境单一、植被稀少，甚至在极地附近常年被冰雪覆盖，经常处于极昼极夜现象，在这样的环境下，人们接收的视觉刺激单一、缺乏复杂的视觉信息环境，视觉感知在一定程度上受到视觉感觉刺激缺乏的影响。

在环境感知和伪装设计方面，需要根据季节变化以及不同气候带的季节、自然环境和气候气象活动的变化规律，设计符合自然环境的伪装产品。

（3）气候气象环境。气候气象环境的变化也直接影响视觉感知，晴天、雨雪天气、雾霾、沙尘以及空气中的水蒸气饱和度与温度变化，直接影响人们对环境的视觉感知，除晴天之外的气象活动会直接降低人们的视觉感受性，提高特殊气象环境下的视觉感知能力，在野外环境作业和特殊环境设计（如机场、航海、警示和报警灯等）中是非常重要的，如用红色作为警示和导航灯，具有更好的不良气候气象环境下的穿透能力，可以达到更好的警示和导航效果（如汽车雨天雾灯、高层建筑顶部提示灯和导航灯等）。

此外，在伪装设计方面，也需要充分考虑气候气象活动频繁的环境及不同气候气象环境可能会对伪装设计产生的影响，在保证不同植被和地质地貌环境伪装效果的同时，提高伪装设计对气候气象活动的广泛适应性。

（4）地质地貌变化。地质地貌变化影响人们的视觉感知，目前，世界各国的迷彩伪装也主要考虑到不同地质地貌环境下的伪装设计，如在热带雨林、山地丘陵、平原深林、草原、沙漠、城市环境等，同时，也考虑到了不同地质地貌环境下的气候和季节变化因素。

（5）植被。不同的植被覆盖环境下，人们的视觉感知和注意能力会因为颜色、植被密度和高低变化而受到不同程度的影响。迷彩设计也基本考虑到了不同植被环境下的伪装效果，如热带雨林、大面积森林环境、灌木覆盖环境、草原、寒带和沙漠植被环境等，同时，考虑到地质地貌的变化，达到更好的伪装效果。

（6）特殊和极端环境。特殊和极端环境下，人们的视觉感知受到直接的冲击和影响。在这些环境下，视觉感知与日常工作生活环境有巨大的差异。如舰船作业的深海环境、飞机飞行的高空环境、极地环境、深海环境、轨道舱环境等。在这些环境下工作，视觉环境背景单一，很容易因为单调的视觉环境产生视觉疲劳和敏感性下降，甚至产生错觉和幻觉。因此，在这些环境下作业，需要从饮食、训练和环境设计方面，提高作业人员的环境感知能力。同时，特殊环境下的伪装设计，也需要考虑特殊环境的背景特点，设计出可以达到更好伪装效果、降低视觉觉察能力的迷彩设计产品。

5.6.3.2　其他环境因素的影响

深度和透视线索（如距离、遮挡、高度和视角变化、纹理梯度变化等）、绝对运动和相对运动、环境参照等具体的环境和客体物理因素是影响环境视觉感知的因素。

（1）深度和透视线索。距离、遮挡、高度和视角变化、纹理梯度变化等线索是影响环境视觉的重要因素。距离的变化直接影响人们对视觉目标大小、身份信息和清晰度等物理特征的知觉和判断；物体之间的遮挡帮助人们对视觉目标的空间位置和距离做出判断；高度和视角的变化可以帮助人们对距离远近和物体大小等的判断；纹理梯度变化是深度和立体知觉的主要线索之一，纹理梯度的走向和密集程度的变化有助于对方位、走向、距离和深度知觉的判断。

（2）绝对运动和相对运动。物体的绝对运动速度、距离远近和运动方向会影响人们的空间知觉和速度知觉，距离越近越有助于人们对物体实际运动做出准确判断，距离人们越远越不容易做出准确的判断。如当人们观察高空飞行的飞机时，一般感觉不到飞机在 500 ~ 700 km/h 以上的速度运动，当在公路附近观察运动车辆时，很容易对运动速度进行大致的判断，距离公路越远，对车辆运动速度的判断就会越不准确，或倾向于做更慢的判断。

相对运动同样会影响人们对速度和距离的判断，相对观察者的物体运动速度越接近，人们越容易对物体做同步运动的判断，相对运动速度差别越大，运动速度感觉越明显。物体间相对运动速度变化越大越快，观察者对物体之间的空间位置和速度的判断就越复杂，需要随时更新对物体间速度和空间位置关系的判断，确保做出正确的判断。

（3）环境参照。对环境空间信息的表征分为自我中心表征和非自我中心表征，自我中心表征是将自己置身于环境的中心位置，对自己和环境中物体的相对位置、距离以及达到目标的路线进行表征；非自我中心表征是将自己置身所处环境之外，对环境对象及其空间关系进行表征。

环境参照物体和参照系有助于人们对客体空间关系和空间位置的判断，在熟悉的环境中，人们更容易将周围环境物体作为参照，而在不熟悉的环境中，人们需要充分利用环境参照信息（如自己所处地图的位置、自然地理标志或地标建筑、当前时间和太阳的位置、夜间根据季节和星空的星座或高亮度恒星或行星位置或北斗星和北极星的位置、阴天利用指南针和地标信息等），还可以利用手持移动设备的导航系统组做精确定位。

5.6.4　视觉注意的影响因素

注意人类的感知觉和高级认知加工的早期认知加工过程，注意不仅仅是一个早期认知加工阶段，注意在基本认知和高级认知过程中起着非常重要的作用，在所有的认知加工过程中，注意和早期的基本认知过程对信息的更新、存储和提取并应用于完成当前的认知加工任务起着关键的作用。视觉注意作为获取环境信息的重要早期认知阶段，有70%以上的信息是通过早期的注意过程获取并进入到进一步的感知觉和表征等加工过程，并参与到思维、推理、判断和决策等高级的认知加工过程。由此可见，注意在人类信息加工过程中的重要作用。注意加工过程受以下诸多因素的影响。

（1）视觉信息的复杂程度。环境中的视觉信息越复杂，对注意加工的认知负荷就越高，选择有效的注意信息就越困难。早期的注意加工过程是信息选择加工的过程。根据早期注意加工的理论，如过滤器理论、颈瓶理论和衰减模型，注意是在复杂的信息中选择有意义的信息，过滤掉没有意义的信息，而对当前任务直接相关的重要信息或得到高度关注，并进入到后续的认知加工过程中，而随着认知加工过程的深入，相关的信息也逐渐衰减甚至遗忘，最后保留下来解决当前任务最关键的信息。注意的这种选择性加工机制主要是因为人类同时处理信息的资源是有限的，所以，对高相关的信息具有高度的选择性，而忽视低相关或无关的信息，以确保对高相关信息的有效加工。

（2）干扰信息的数量。由于个体的注意资源是有限的，干扰信息的数量变化直接影响分配到目标信息上的注意资源。视觉搜索的实验结果表明，在有意识加工的任务中，随着干扰信息数目的增加，人们对目标注意加工的反应时会越来越长（图5-21）。但是在无意识注意加工任务中，个体通常会忽视干扰信息直接对外源性的目标信息进行外源性或无意识的加工，如新异刺激会自动化地吸引注意力，夜空中的流星或飞机会自动吸引人们的注意力，环境中凸显的刺激会无意识吸引人们的注意力等。在环境信息的感知方面，人们可以通过外源性的信息凸显目标，提高对目标的识别率；当然，如果不希望观察者注意到目标信息，可以将目标信息与周围环境信息设计得尽可能在明度和颜色上具有高度的相似性，这样就可以收到很好的伪装效果。

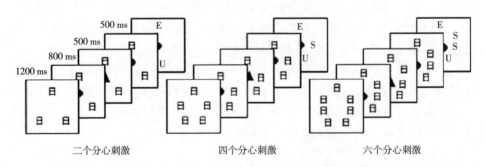

图5-21　分心物的数量对判断目标（E或H）影响

二个分心刺激　　　　四个分心刺激　　　　六个分心刺激

（3）视觉信息在视野中的分布。注意资源在注视点周围分布并随注视点的转移发生变化。处于中央注视点位置的目标最容易被注意到，与注视点的距离越远的目标，被识别速度越慢。

（4）线索提示效应。Posner 在 20 世纪 80 年代采用前置线索的范式研究视觉空间注意，发现在目标出现之前线索指示目标位置时，如注视点的左边或者右边，上边或者下边，线索有效提示时，提高注意加工的速度；而线索提示无效时，注意到目标的反应速度比较慢。线索有效性通过影响被试准备状态进而影响目标注意加工的速度。在特殊作业环境中，如果为了降低目标识别速度和概率的话，可以利用一些无效的信息作为无效线索干扰观察者对目标的有效识别。

（5）个体经验。个体经验会直接影响注意和后续的知觉加工。对于个体熟悉的任务和情境，个体很容易运用以往环境信息的知觉组织经验，对呈现的信息进行注意加工和判断，提高注意加工的速度和有效性。格式塔的知觉组织原则（如相似性、邻近性、对称性、连续性、背景对比等）有助于人们对复杂的知觉组织信息进行注意和知觉加工。对于目标信息的知觉组织或体验的水平会影响注意加工的过程。在多目标追踪任务研究中发现，多个复杂的运动目标信息之间，不同的组织方式对追踪的成绩产生了很大的影响，对称性的目标、共同运动目标、具有相同特征的目标等都会提高注意的追踪的成绩和效率（图 5-22）。

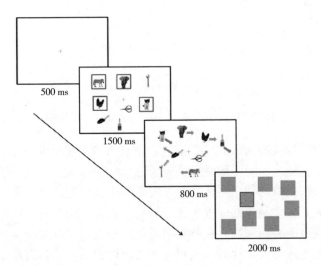

图 5-22 从八个运动对象中更容易找出四个动物目标

（6）目标出现的先验概率。目标出现的先验概率是影响注意加工速度和效度的重要因素之一。目标出现的先验概率越高，个体越容易对目标做出快速的判断，而目标呈现的先验概率越低，注意加工的速度和效率就越低，如对 100个对象中有 90 个目标的判断要比对 100 个对象中只有 10 个目标的判断更快和更容易。

（7）线索和目标异步呈现时间间隔。异步呈现时间间隔（stimulus onset asynchronies，简称SOA）是指线索信息与目标呈现之间的时间间隔。研究发现，如果SOA比较短的情况下（如300 ms以下），能够观察到明显的线索效应，也就是说线索有效时的反应时最短。通常情况下，随着SOA的延长，注意加工的速度和效率就越快。图5-23是不同SOA条件下被试对不同角度目标刺激的加工的反应时间的变化规律，随着角度从0°～315°的变化，在不同的SOA下，反应时间呈现倒"V"字形变化规律，SOA为200 ms时，在各个角度的选择注意加工时间最长，当SOA大于300～500 ms时，对目标选择的反应时间加快。但也有特殊情况，在有些线索提示任务中，当SOA超过300 ms时，线索化效应就会逐渐减弱直至消失，甚至表现出非线索化位置加工速度更快的现象，这种现象被称为返回抑制。

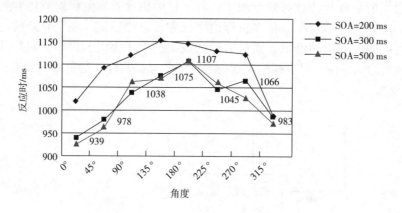

图5-23　不同角度与SOA对视觉注意的影响

（8）视觉听觉或跨通道的呈现信息。注意的加工过程可能发生在不同的感觉通道，包括视觉、听觉、触觉、痛觉、温度觉、嗅觉、味觉等感觉通道，通常情况下，人们获取的信息主要是通过视觉和听觉通道。在视觉和听觉通道的注意信息可能是独立呈现的，也可能是同时呈现的，当视觉和听觉通道信息同时呈现时，就可能会出现视觉和听觉通道信息相互影响的效应，这种相互影响可能是相互促进或相互干扰的。当视觉和听觉通道的信息具有高度的一致性的时候，视听觉通道信息的加工可以相互促进，提高注意和知觉的速度和效率。当视觉和听觉通道的信息具有高度的不一致性或者存在冲突的时候，视听觉通道信息的加工就会出现相互干扰效应，降低注意和知觉的速度和效率。

（9）视觉目标的运动状态。视觉对象的运动状态对注意加工有直接的影响。在通常情况实验室简单任务情境下，静态的目标更容易被加工，而运动状态的对象更不容易被加工。这是在通常没有干扰情境的任务中的情况。但是，在一些生态化的伪装场景中，静止的对象会更不容易被加工，如在荷叶中蹲伏不动的绿色青蛙，或者是落在枯叶上的枯叶蝶，很难被观察者发现。而当它们处于运动状态时，就会很容易被发现。迷彩伪装就是利用这个原理设计的。通常，凸显的刺激处于运动状态时比处于静止状态时更快被视觉注意捕捉到；而在干扰和伪装情境下，精致状态使目标和情境很好地融合，不容易被发现，当目标运动时，融合情境被破坏，就很容易发现运动的目标。

（10）其他影响注意加工的因素。除了上述因素外，影响视觉注意加工的因素还有目标空间位置变化、平面，还有三维的场景、距离的远近、明度对比和颜色对比、药物、机体的生理和心理状态、觉醒和应激状态、对任务或环境是否熟悉等因素。注意的本质是神经系统的激活和警觉水平，所以，一些神经对大脑的觉醒状态有关的因素都可以提高注意的水平，如兴奋类的药物、提高警觉状态的神经生化物质（如各类芳香类物质、咖啡因、茶叶中的一些生物活性物质等），而各类镇静药物、麻醉剂、抑制类的药物会对注意加工产生抑制作用。

视觉注意的加工过程是复杂的，影响因素也是复杂多变的，尤其是在现实环境中，很多影响视觉注意的因素交织在一起，同时影响视觉注意的加工。因此，在现实环境中，需要充分考虑各种影响注意加工因素的相互作用，以及这些因素直接可能产生的叠加促进效应和相互抑制效应，并根据这些影响注意加工的因素之间相互作用的规律，提高注意加工能力。或者利用影响这些因素之间的抑制效应，达到干扰注意的伪装设计的效果。

5.6.5　知觉恒常性及其影响因素

5.6.5.1　知觉恒常性

知觉恒常性（perceptual constancy）是指当观察者与视觉对象的距离、照明、空间方位、运动方向、速度、颜色等发生改变时，人们对知觉对象的大小、形状、明度、颜色等客体特征保持相对恒定的知觉现象。如当人们在一定距离内看到自己熟悉的人时，可以从不同的角度（无论是侧身、正面还是背面）认出来，而且不论熟人所在的位置和参照情境，对他（或她）的身高与体型的知觉都不会受到距离影响，这就是轮廓和大小恒常性知觉；再如，人们戴墨镜或不同颜色镜片的眼镜观察周围的事物时，刚开始可能觉得看到的色彩和明度因为镜片的颜色发生了变化，但很快就会适应这样的情况，对周围事物的颜色和明度知觉恢复到接近实际的情况，这就是明度或颜色恒常性。此外，当一个物体的空间方位发生变化时，人们对该物体形状的知觉不会受到方位变化的影响，这就是形状恒常性，如观察开放角度不同的门，不会因为门的角度变化对门的形状知觉发生变化；而当人们无论如何运动，人们对运动且对在特定参照环境下相对静止的物体相对位置的知觉都是不变的，这就是空间位置知觉的恒常性

（orientation constancy）。知觉的恒常性是日常生活中常见的一种知觉现象。知觉恒常性对人们的日常工作和生活有着十分重要的作用，是人们适应环境和对周围环境保持正常的感知的一种重要的知觉能力，使人们不会因为环境的物理因素的变化而对客体知觉发生错误的判断。现实环境中，常见的知觉恒常性如下。

（1）形状恒常性（shape constancy）。当人们从不同角度或距离观察同一物体时，人们知觉到的物体形状是相对不变的，不会因为观察角度的变化或者物理变化的角度而对其形状知觉发生变化，这就是形状的恒常性。无论空间角度、距离等因素如何变化，人们看到的物体形状与实际形状完全相同，这种恒常性知觉称为完全恒常性；当看到的形状与物体在网膜上成像介于物体的实际形状和物体在网膜成像的形状之间，这种恒常性知觉叫作实际恒常性。

（2）大小恒常性（size constancy）。当人们从不同距离或者空间位置观看同一物体时，物体大小不会因为距离或空间视角的变化而变化，或者知觉到的物体更接近实际物体的大小，这就是大小恒常性。形状恒常性和大小恒常性是人们对日常生活和环境客体学习获得的重要经验，保证了人们对环境的熟悉性和适应性。

（3）明度恒常性（illuminance constancy）。在环境照明条件改变时，人们实际观察到的物体的相对明度保持不变，这就是明度恒常性。明度恒常性与视觉的明适应和暗适应能力是有密切联系的。明度恒常性产生的时间的长短与视觉适应的时间进程是一致的，视觉适应越快，明度恒常性产生得就越快。

（4）颜色恒常性（color constancy）。当环境灯光颜色或者通过不同颜色的滤光片观看环境物体时，经过一段时间的适应，物体表面颜色受环境照明颜色或滤光片的影响，之间恢复对周围环境的正常颜色知觉，这就是颜色恒常性。戴着墨镜或不同颜色的镜片在野外环境下，人们很快就会适应周围环境的颜色。

除了上述的恒常性，在现实环境中，还有很多适应环境的恒常性现象，速度知觉恒常性、面积恒常性、距离恒常性等。知觉恒常性是在人类各感觉通道的知觉中普遍存在的知觉现象，也是人类知识经验积累和长期适应环境的结果。

5.6.5.2 知觉恒常性的影响因素

影响知觉恒常性的因素主要有如下几方面。

（1）视觉线索的调节作用。视觉线索可以提供环境中物体距离、方位、颜色、大小和照明条件等各种环境信息。这些信息在长期的适应环境、学习、经验积累过程中形成个体的知觉经验体系，这就使人们在知觉环境客体时，即使物体空间与非空间特性发生变化，人们对物体的知觉仍能保持相对恒定不变。

（2）知觉适应。视觉适应是影响知觉恒常性的重要因素，很多恒常性知觉都是知觉适应的结果。视觉知觉和其他通道的知觉都具有适应性。知觉的适应性使人们在环境客体的物理属性发生变化时，可以在短时间内适应环境客体物理属性的变化，并恢复对客体物理特征的正常知觉。

（3）知觉经验。知觉经验是保持知觉恒常性的关键因素。个体在长期的适应环境的过程中积累了大量知觉经验，这些知觉经验使个体在环境客体物理属性发生变化时，能够保持对客体本质知觉特征的相对客观的、恒定的知觉判断，使个体对客体信息的知觉保持相对恒定，这也是个体适应环境的一种重要的认知能力。

（4）其他因素。其他可能影响知觉恒常性的因素包括：环境刺激的空间特征（如距离、角度、方向等）和非空间特征因素（如颜色、明度）；感知觉能力是否正常；药物、疲劳、生理心理状态等因素；这些都可能在一定限度上影响个体知觉的恒常性。

5.7　视觉错觉现象

5.7.1　视觉错觉的定义与分类

视觉错觉是人们在知觉加工过程中，对视觉对象的物理属性的错误知觉或扭曲知觉。错觉的研究具有重要的理论与实践意义。从理论上，错觉及其认知机制的研究有助于人们认识人类知觉加工的规律；在实践意义方面，错觉的研究有助于利用错觉现象进行各种视觉效果设计，同时，也可以根据错觉发生的规律避免错觉对人类实践活动的不利影响，如在飞行和汽车驾驶、航空航天以及轨道舱中很容易产生各种相对运动、倒飞、方位错觉等视觉错觉现象，可能会严重危及驾驶安全，因此，了解错觉规律对高速公路的各种速度和交通标志设计、飞机驾驶、舰船和航天等领域的教学和导航等有重要的实践价值。此外，利用错觉现象，可以制作出各种视觉电影、电视、魔术艺术作品。如电影、电视、魔术等，但在军事领域，视觉错觉可以应用于各种伪装和干扰设计中，达到保护自身的目的。

常见的视觉错觉有大小错觉、形状错觉、方向错觉、运动错觉、时间错觉、扭曲错觉、不可能图形错觉等。下面就是现实生活中常见的各种错觉现象（参考：*The Science of Illusion*，Jacques Ninio Genre，Cornell Uni Press，1998，2001）。

（1）正方形和平行线错觉。如图 1-9（d）所示，请仔细看图片，你觉得处于同心圆中的圆形是正方形吗？很多人表示：四条线条都是弯曲的，怎么可能是正方形呢？仔细看图 5-24 这幅图片，你觉得几条长的线段是平行的吗？

（2）直线长度错觉。仔细看图 1-9（a）所示上下两条线段，你觉得哪条更长一些？是上面一条吗？其实两条线段是一样长的。同样地，仔细看如图 5-25

105

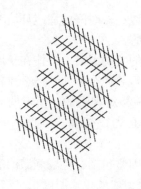

图 5-24　平行线错觉图　　　　　　　　　图 5-25　直线长度错觉

所示上下两条线段，你觉得他们哪条更长一些？是下面一条吗？其实这两条线段也是一样长的。

（3）图形大小错觉。仔细看图 5-26（a）这张图片，你觉得位于中心的两个圆到底哪一个更大？左边的呢？还是右边的呢？同样地，再看图 5-26（b），你觉得两个扇形的上面一条圆弧到底哪一个更长一点？1 还是 2 呢？其实他们是一样长的。

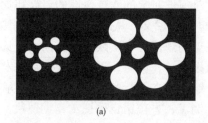

(a)

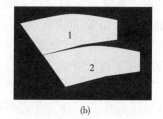

(b)

图 5-26　图形大小错觉

（4）环行和螺旋错觉。观察图 5-27 是不是觉得这些线条形成了螺旋？但是当仔细看每条弧线的时候，会惊奇地发现他们居然是同心圆组成的。

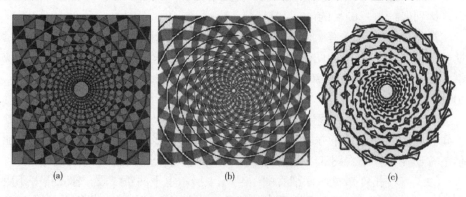

(a)　　　　　　　　　　(b)　　　　　　　　　　(c)

图 5-27　环行和螺旋错觉

（5）运动错觉。如图 5-28（a）所示，盯着这张图片看上 30 s，是不是发现图形里面有些东西在流动？其实，只是你的错觉。和前面的图片一样，盯着图 5-28（b），注意盯着中心的黑点看。是不是感到这些射线在不断流动？

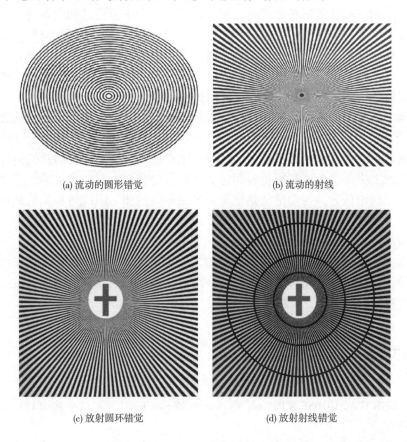

(a) 流动的圆形错觉　　　　　　　　　　(b) 流动的射线

(c) 放射圆环错觉　　　　　　　　　　(d) 放射射线错觉

图 5-28　运动错觉

5.7.2　错觉的理论

心理学家提出了如下的理论解释错觉现象。下面介绍几种常见的视觉错觉理论。

（1）眼球运动学说。眼球运动学说认为，视觉错觉是由于人们观察物体时，眼睛的视线沿着直线运动引起的。一般情况下，眼球运动朝着横向方向比纵向方向运动更容易，因此，容易将物体横向知觉得更短，而将纵向知觉得更长，这样就会产生直线错觉。眼球运动理论对视觉错觉的解释主要是视觉早期加工阶段，还缺乏充分的实证研究根据。

（2）格式塔理论的错觉理论。格式塔理论认为，视觉错觉是视觉对物体进行整体加工时，对局部加工产生的偏差的结果导致的。如视网膜对视野内线段之间进行整体加工与局部信息之间产生冲突，引起观察者感觉到的视觉对象的客观信息与主观加工信息不一致，于是就导致了视觉错觉现象。

（3）视觉透视理论。视觉透视理论认为，对于二维的平面信息和线条加工更容易受到三维空间信息的影响，视觉系统在处理平面信息和线条的长度时可能会受三维空间透视线索的影响，比如，缪勒—莱耶错觉中箭头向外更容易被知觉为朝向观察者的三维视觉信息，而箭头朝内的线段更容易被知觉为背离观察者的三维视觉信息，所以，箭头向内的线段感觉比箭头向外的更长。透视理论可以解释很多具有类似规律的视觉错觉现象。

（4）错觉的多阶段加工理论。错觉的多阶段加工理论认为，视觉信息具有不同的加工阶段和水平，这些加工的阶段包括：眼球的光学系统获取视觉信息；网膜系统的初级神经电信号的转换、中枢皮层系统对视觉信息的信息选择与组织加工决策；个体利用长时间记忆已有的经验做出判断和决策。错觉的多阶段加工理论认为，视觉错觉是视觉系统在不同的加工阶段对视觉信息进行加工和整合结果，由于不同阶段认知加工系统的局限性会导致视觉信息的加工偏差，因此，产生了各种视觉错觉。

以上是关于错觉的几种常见的理论，近年来，研究者在视觉错觉领域开展了大量认知和认知神经科学的研究，获得了一些新的观点和实验证据，可以参考新近视觉错觉的研究文献。

参考文献

［1］BAKSHI U A, GODSE A P. Basic Electronics Engineering［M］. Technical Publications, 2009.

［2］COREY N Stedwell, NICOLAS C Polfer. Spectroscopy and the Electromagnetic Spectrum［M］. in Book of The Electromagnetic Spectrum, The Physics Hypertextbook. Hypertextbook. com. 2010–10–16：1–20.

［3］ERIC R Kandel, ROBERT H Wurtz. Constructing the visual image, principal of neural science［J］. Elsevier, 2000：2001.

［4］JACOBS G H, DEEGAN J F. Photopigments and color vision in New World monkeys from the family Atelidae［C］. Proceedings of the Royal Society of London, Series B, 268（1468）：695‐702.

［5］RICHARD Gregory. Eye and Brain : the Psychology of Seeing［M］. 5th edition. OUP, 1998.

［6］ROBINSON J O. The Psychology of Visual Illusion［M］. New Ed. Dover Pubs, 1998.

［7］NINIO Jacques. The Science of Illusions［M］. New York : Cornell Uni Press, 2001.

［8］彭聃龄. 普通心理学［M］. 北京：北京师范大学出版社，2012.

第 6 章　基于高光谱遥感及地物反射光谱的背景颜色

　　背景颜色是背景最重要的特征之一。通常，彩色物体的颜色用三个物理学指标进行描述，即色调、明度和饱和度。色调是物体表面反射光线的主要波段波长颜色决定；明度是物体表面光学反射到视觉系统产生的亮度知觉，与光波的反射系数有关；饱和度是某一颜色物体主体颜色的丰富程度，彩色的饱和度越高，主体颜色越丰富。因此，在伪装设计过程中，背景的色调及反射系数是重要的设计依据。

　　对于活动目标而言，背景经常发生变化，针对固定背景、在有限小范围内的颜色特征、纹理特征的分析和提取，难以适用于活动目标用迷彩。但是，完全脱离对背景特征的提取和分析去设计迷彩，也不现实。总体来说，对于活动目标，需要尽可能地对其所处的宽泛背景，进行一些共同的、影响伪装的特征提取。

　　科技进步使人们对世界的认知比以往更加准确和全面。基于经验对地表色调及地形的划分带有很大的主观色彩。借鉴遥感技术实现对中国地表色调进行颜色分析及提取，可以作为迷彩伪装的设计分类和确定主色调的依据；通过便携式地物光谱仪实际测试获得各类地物波谱的规律性结论及实际反射率范围，可以作为迷彩色光谱取值的依据。

6.1　卫星高光谱遥感简介及数据分析方法

6.1.1　多尺度遥感数据系统

　　卫星遥感数据可以涵盖从纳米波到微米波的各个波段的光谱及影像数据，其空间分辨率已经由 1000 m、500 m、200 m 逐渐发展到几十米、几米，比如，4 m 和 1 m，探测精度日新月异。卫星遥感获取的全球地理地表数据作为重要的地球资源与环境遥感数据源，能满足有关农、林、水、土、地质、地理、测绘、区域规划、环境监测等专题分析，已经在军事、农业、测绘、环境、规划等领域得到了广泛应用。

　　根据获得的分辨率和精度不同，常用的卫星遥感数据有以下几种。

　　（1）中分辨率成像光谱仪（moderate-resolution imaging spectroradiometer，缩写 MODIS）。MODIS 数据是指美国宇航局研制的大型空间遥感仪器获得的多波段扫描影像，以了解全球气候的变化情况以及人类活动对气候的影响。1999年，随地球观测系统（EOS）泰拉（Terra）AM 卫星发射到地球轨道，2002年随另一枚地球观测系统水（Aqua）PM 卫星升空。该装置在 36 个相互配准的光谱波段捕捉数据，覆盖从可见光到红外波段。每 1～2 天提供地球表面观察数据一次。它们被设计用于提供大范围全球数据动态测量，包括云层覆盖的变化、地球能量辐射变化、海洋陆地以及低空变化过程。

轨道高度为 705 km。其空间分辨率如下：1～2 波段分辨率为 250 m，3～7 波段分辨率为 500 m，8～36 波段分辨率为 1000 m。波长范围为 0.4～14 μm，分波段获取，共有 36 个波段，不同波段分辨率不同。

MODIS 数据涵盖地域面积广，分辨率相对较低，特别适合对大面积地表特征的大尺度统计分析。

（2）美国陆地卫星 4～5 号专题制图仪（thematic mapper）。TM 数据，指美国陆地卫星 4～5 号专题制图仪所获取的多波段扫描影像。分为 7 个波段，主要特点为具较高空间分辨率、波谱分辨率、极为丰富的信息量和较高定位精度。

TM 影像有 7 个波段，波谱范围包括：① TM-1 为 0.45～0.52 μm，蓝光波段；② TM-2 为 0.52～0.60 μm，绿光波段；③ TM-3 为 0.63～0.69 μm，红光波段，TM1～TM3 为可见光波段；④ TM-4 为 0.76～0.90 μm，为近红外波段；⑤ TM-5 为 1.55～1.75 μm，中红外波段；⑥ TM-6 为 10.40～12.50 μm，为热红外波段；⑦ TM-7 为 2.08～2.35 μm，为远红外波段。

影像空间分辨率除热红外波段为 120 m 外，其余均为 30 m，像幅 185 km×185 km。单波段像元数为 38023666 个（TM-6 为 15422 个），一景 TM 影像总信息量为 230 兆字节），约相当于 MSS 影像的 7 倍。

因 TM 影像具独特优势，成为 20 世纪 80 年代中后期在世界各国广泛应用的重要的地球资源与环境遥感数据源。能满足有关农、林、水、土、地质、地理、测绘、区域规划、环境监测等专题分析和编制 $1：10×10^4$ 或更小比例尺专题图，修测中大比例尺地图的要求。

（3）高分辨率 IKONOS 数据。IKONOS 卫星运行在高度 681km 的太阳同步轨道上，可采集 1 m 分辨率全色和 4 m 分辨率多光谱影像的商业卫星，同时，全色和多光谱影像可融合成 1 m 分辨率的彩色影像。时至今日，IKONOS 卫星已采集超过 2.5 亿平方公里涉及每个大洲的影像，许多影像被中央和地方政府广泛用于国家防御、军队制图、海空运输等领域。从 681 km 高度的轨道上，IKONOS 的重访周期为 1～3 天，并且可从卫星直接向全球 12 个地面站地传输数据。

全色光谱范围为 0.45～0.9 μm；多光谱分段范围：0.45～0.53 μm（蓝），0.52～0.61 μm（绿），0.64～0.72 μm（红），0.76～0.86 μm（近红外）；空间分辨率全色 1 m，多光谱 4 m。单景标称成像模式成像幅宽 11.3 km×11.3 km，连续条带成像模式成像幅宽 11.3 km×100 km。

6.1.2　分析方法

6.1.2.1　分尺度数据分析

利用 500m 分辨率的 MODIS 数据、30m 分辨率的 TM 数据和 4m 分辨率的 IKONOS 多光谱数据，从大尺度到中尺度到小尺度，对中国地表主色调进行分析。首先通过低分辨率的 MODIS 数据在全国大尺度上进行光谱聚类，能够对全国范围光谱类别的空间分布有总体把握。但由于 MODIS 分辨率较高，某些局部细节信息会被忽略，因此，对某些感兴趣区和热点区域，利用中等分辨率的 TM 影像进行光谱聚类，聚出的光谱类别更详细，对光谱类别能够更精细地区分，如植被能够区分出针叶林、阔叶林的光谱特征。对于特定的局部区域，如某个特定城市，进一步利用高分辨率 IKONOS 影像进行聚类分析，能够精细地捕捉到该特定城市的建筑物以及道路信息，为伪装提供有用信息。

6.1.2.2　分类及聚类分析方法

已有很多研究利用遥感影像的多光谱以及大尺度特征进行土地利用 / 覆被变化研究，形成了多套数据产品。这些产品在数据源、处理方法、分类系统以及应用上都不相同，如美国地质调查局为国际地圈生物圈计划建立的全球土地覆盖数据集、美国马里兰大学建设的全球土地覆盖数据集、欧盟联合研究中心空间应用研究所 2000 年全球土地覆盖数据产品以及 2001 年 MODIS 土地覆盖数据产品。中国土地利用 / 覆被变化时空数据平台利用 20 世纪 80 年代中后期、90 年代中期、2000 年末期和 2005 年 TM/ETM 影像建成了 1 ： 10 万的 LUCC 数据库（刘纪远等，2002；刘纪远，2005；刘纪远和邓祥征，2009）。

这些数据分析可通过监督分类和聚类两种方法得到，监督分类基于先验知识和训练样本点的选取，往往带有较大的主观性。对于缺乏先验知识以及训练样本难以获取的区域，聚类方法可以很好地探索当地的光谱分布，为制订分类系统以及选择样本提供便利（Jensen，2004）。

目前基于聚类的土地覆盖制图从区域尺度到全球尺度都有广泛的应用。遥感中最常用的两种聚类方法是 K-means 和迭代自组织数据分析（Richards 和 Jia，2005）。这两种方法都是基于逐像元的迭代直到光谱簇达到收敛，效率较慢，对于越来越高分辨率以及越来越大尺度的遥感影像聚类有待开发新的聚类方法以提高效率（Gong 和 Howarth，1992）。近年来，随着获得时序数据越来越便利以及对时空变化信息挖掘的需要，时间序列聚类也成了人们关注的焦点，它可以基于原始时序数据进行聚类，也可以基于原始时序数据提取出来的特征或模型进行再聚类（Liao，2005）。

不管是用监督分类还是聚类方法，这些数据分析都依赖于地物波谱特征，它是遥感探测的基础，地物波谱特征直接反映了地物颜色信息，因此，利用遥感获得的多波段光谱特征可以探讨地表色调的空间和时间分布规律，这一探索

111

分析可称作地表色调分析。研究中国地表色调的时空分布既能准确了解中国地表色调的变化特点，又能对确定最佳数据获取时机，为捕获最关键地表特征等提供基础支撑。同时，地表色调的时空变化也在一定程度上反映了地表类型变化，可为地物变化检测提供先验信息。为了实现这一目标，有必要先对按统一方法采集和处理的多年遥感资料进行分析，总结其内在结构和空间相似性。总体上，地表颜色由代表水的蓝色、代表植被的绿色和代表土壤的褐色 3 个基本色调混合而成（Ridd，1995）。在中国，由于水面仅占国土面积的 2% 左右，其变化幅度不影响中国色调变化大局。而绿色和褐色随季节变化和年际变化而相互消长，决定中国地表的色调变化全局。

6.2　基于 MODIS 大尺度卫星遥感数据的中国地表特征分析

6.2.1　数据及分析方法

在众多卫星传感器中，MODIS 数据光谱范围覆盖较广且时间频率较高，对于地表波谱的动态变化研究具有很大的优势。收集 2001 ~ 2010 年的 500 m 分辨率的 MODIS 8 天合成反射率数据 MODIS9A1，由于第 5 波段的信噪比较低，且缺失值较多，选用 MODIS9A1 的第 1 波段红波段（620 ~ 670 nm），第 2 波段近红外波段（841 ~ 876 nm），第 3 波段蓝波段（459 ~ 479 nm），第 4 波段绿波段（545 ~ 565 nm），第 6 波段短波红外波段（1628 ~ 1652 mm），第 7 波段短波红外波段（2105 ~ 2135 mm）。

采用基于特征值的灰度向量压缩算法（Gong 和 Howarth，1992）来压缩待聚类数据，并在压缩的数据基础上进行 K-means 聚类（MacQueen，1967），建立一种快速聚类算法 CBEST（Clustering Based on Eigen Space Transformation）。

分别对 2001 ~ 2010 年 8 天合成的 459 景图像进行聚类。每景的光谱簇数按经验设置为 100，则一共有 45900 个光谱簇中心。将这 45900 个光谱簇中心再置入 CBEST 进行重新聚类，这样 45900 个光谱簇在第 2 次聚类后获得 100 个光谱簇，这 100 个光谱簇作为最终光谱簇，并根据这 100 个光谱簇对第 1 次所得的 45900 光谱簇进行合并或修改。每景簇影像再根据合并或修改后的光谱簇进行重新赋值后得到 10 年 459 景簇影像（2001001 表示 2001 年第 1 天，2010361 表示 2010 年第 361 天，其余依此类推）（图 6-1）。经过重新赋值后的光谱簇与第 1 次聚类所得的光谱簇是不同的，这时所有的 459 景光谱簇中的 100 个光谱簇是相同的，不同于之前的聚类形成了 45900 个光谱簇。

6.2.2　主光谱簇色调分布及时空变化

从这 100 个光谱簇中寻找分布面积较大的光谱簇作为主光谱簇。对一年

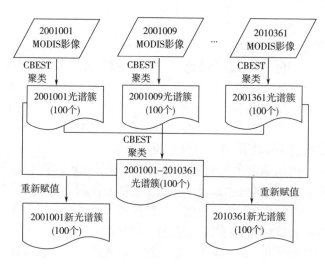

图 6-1 聚类分析流程图

的主光谱簇进行分析，四季都为主色调的 5 个光谱簇在蓝波段到近红外波段反射率逐渐增大，在短波红外波段（1628 ~ 1652 nm）达到最大，在短波红外波段（2105 ~ 2135 nm）降低，呈现出裸土的光谱特征（褐色），这 5 个光谱簇的总分布面积在春季影像上最大，达到 25.3%，在冬季影像上分布面积最小，为 10.8%。

　　三个季度都为主色调的 2 个光谱簇，分布在冬季、春季和秋季。在近红外波段反射率最高，呈现出植被的光谱特征，但低于 0.2。这两个簇的总分布面积在春季影像上最多，为 6.5%，在冬季影像上分布最少，为 3.6%。

　　两个季度为主色调的 9 个光谱簇，包括：1 个光谱簇在蓝到近红外波段反射率都很高，在短波红外波段反射率突降，显示出雪的特征（白色）；两个光谱簇在近红外波段反射率最高，但没超过 0.1，同时，短波红外反射率比近红外稍低，呈现出植被与土壤混合特征（黄色）；5 个光谱簇的光谱曲线相似，从蓝波段（459 ~ 479 nm）到短波红外波段（1628 ~ 1652 nm）一直增加，在短波红外波段（2105 ~ 2135 mm）降低，呈现裸土的特征（褐色）；1 个光谱簇近红外波段反射率最高，符合植被光谱特征（绿色）。这 9 个光谱簇的总分布面积在秋季影像上分布最大，为 25.8%，夏季影像上分布最小，为 11.9%。

　　只在一个季度为主色调的光谱簇共有 16 个。其中：5 个光谱簇从蓝波段到短波红外波段反射率逐渐增高，呈现裸土特征（褐色）；9 个光谱簇在近红外波段反射率很高，呈现典型的植被特征（绿色）；2 个光谱簇在近红外波段反射率很高，到短波红外波段突降，呈现冰雪特征（白色）。其中，只在一个季节为主色调的绿色和褐色，相对比在多个季节显示为主色调的绿色和褐色，反射率较高，是两个颜色较强的光谱。这些光谱簇的总面积在夏季最大，达到 32.4%。

在春季最小，为 18.2%。

将一个季度、两个季度、三个季度、四个季度为主色调的光谱簇按照冰雪（白色）、裸地（褐色）、绿地（绿色）、植被和裸地混合特征（黄色）归并，发现这些主色调在冬春夏秋的影像上分别占中国面积的 53.9%，68.8%，65.8%，69.7%。除了在冬季影像上所占面积偏小外，其余季节主色调面积都将近占中国面积的 70%。冬季影像上，只一个季度为主色调的绿色和四个季度都为主色调的褐色比其余三个季度影像上的分布要小很多。

总而言之，中国地表主色调主要由代表植被的绿色、裸土的褐色、裸土与植被混合的黄色、水体的蓝色以及冰雪的白色这五种颜色组成。分布在西北地区的褐色在一年中四个季节都为主色调；反映植被覆盖率以及绿色程度的植被指数（NDVI）值较低的绿色光谱簇在春秋冬三个季节都为主色调，分布在南方的热带、亚热带针叶林以及灌木区；两季为主色调的植被光谱簇主要分布在夏季和秋季的长江中下游、东南以及华南沿海地区；两季为主色调的裸土以及混合光谱簇主要分布在春季和秋季的华北、东北以及西北部分地区；NDVI 值较高且只在夏季一个季节为主色调的绿色光谱簇，主要分布在秦岭淮河以南以及东北森林区。

6.2.3 地表颜色季节及年际变化

总体上，地表颜色由代表水的蓝色、代表植被的绿色和代表土壤的褐色三个基本色调混合而成（Ridd，1995）。在中国，由于水面仅占国土面积的 2% 左右，其变化幅度不影响中国色调变化大局。而绿色和褐色随季节变化和年际变化而相互消长，决定中国地表的色调变化全局。

将每年（46 个时相）出现频率最高的色调作为一年此像元的主色调，反映一年中地表颜色的整体状况。在秦岭以南地区一年地表主色调为绿色，在西北干旱地区一年地表主色调为褐色，而在半干旱区以及半湿润区，一年地表主色调大部分为黄色，是介于绿色和褐色之间的过渡颜色。

分析多年地表主色调的变化，发现 2002 年比 2001 年多出的绿峰覆盖范围主要分布于内蒙古东北部以及中部、青海南到中部、西藏东到中部、甘肃中到北部以及新疆北部的一小块；可看出 2002 年的绿峰界线相比于 2001 年往西往北推进了。2002 年相对于 2003 年，在西北地区包括新疆、西藏、青海等地的白雪为主色调的区域要大，即 2002 年比 2003 年被雪覆盖时间长的区域要多。2003 年，绿色为主色调的区域比 2002 年在河北、山西向北推进。2004 年，在大兴安岭东部主色调为白雪，说明 2004 年此地被雪覆盖时间很长，比 2001 ～ 2003 年都长。2006 年，在新疆北部地区的主色调多为绿色，而 2005 年此地主色调为黄色或褐色。2008 年，绿色主色调区域相对 2007 年在甘肃、四川向北推进，并且白雪为主色调的区域，在这 10 年中是最多的。综合 10 年的变化，主色调为绿色的区域主要分布在秦岭以南地区以及大兴安岭和东北部分地区，并且在这些地区的年际变化不大。甘肃南部、陕西南部、四川北部、山西北部、河北北部是年际主色调在绿色和黄色之间变化最为频繁的区域，内蒙古东部是年际主色调在黄色和褐色之间变化最为频繁的区域。这些年际主色调变化频繁区域也是中国绿度变化最显著的区域，其中绿度增加显著的区域有陕西、山西及青海、甘肃、宁夏部分地区，绿度降低最显著的区域集中在内蒙古东北部（刘爽和宫鹏，2012）；同时这些区域也是在土地利用/覆被变化分类中易产生错误的地区（冉有华等，2009）。这些区域生态环境脆弱，不仅受到自然因素如温度、降水的影响，也易受到人为活动的干扰（柳艺博等，2012；曹鑫等，2006；王雷等，2012）。

6.2.4　基于遥感的地表地物

根据聚类分析，我国 3 月、6 月、9 月、12 月典型地物类型见表 6-1。

表 6-1　遥感获得的我国典型地物类型

聚类	3 月	6 月	9 月	12 月
1	植被（长江以南）	水体	水体	水体
2	植被（东南）	植被	水体	阴影 水体
3	水体	植被	植被（中部、东南）	植被 + 土壤
4	植被（长江以南）	植被	阴影山地	农业用地
5	植被（山地）	植被	植被（南方）	植被（长江以南）
6	植被（长江以南）	植被 + 土壤	植被	植被（东南、西南）
7	植被（东北、西南）	植被 + 土壤	植被（东南、西南）	植被 + 土壤
8	裸地	植被 + 土壤	植被	裸地 水体
9	冰雪 + 土壤	裸地	植被	裸地
10	裸地	裸地	植被（青藏高原东部）	裸地（东北、青藏高原）
11	冰雪 + 土壤	裸地	裸地	裸地 + 冰雪
12	裸地	云	裸地（北）	裸地
13	裸地	裸地	裸地（西部）	裸地
14	裸地	裸地	薄云	裸地（西部、内蒙古）
15	裸地（西北）	裸地	裸地（东北、青藏高原）	裸地 + 冰雪
16	裸地（青藏高原）	裸地	裸地（西北）	裸地（西部）
17	裸地（青藏高原）	裸地	裸地（西北）	裸地（西部）
18	裸地（西北）	裸地	裸地（西北）	裸地（东北、青藏高原）
19	裸地（西北）	裸地	裸地	裸地（新疆沙漠）
20	裸地（内蒙古）	沙漠	裸地（内蒙古）	裸地（新疆沙漠）

聚类	3月	6月	9月	12月
21	裸地（内蒙古）	裸地	裸地（新疆）	裸地（新疆、内蒙古）
22	裸地（沙漠）	雪	裸地	裸地+云
23	裸地（沙漠）	雪	云	裸地+冰雪
24	冰雪+土壤	雪	雪	裸地+冰雪
25	裸地（高原）	雪	雪	裸地+冰雪
26	冰雪+土壤	雪	雪	冰雪+裸地
27	冰雪+土壤		雪	冰雪
28	冰雪			冰雪
29	冰雪			冰雪
30	冰雪+土壤			冰雪
31	冰雪			冰雪
32	云			冰雪
33	冰雪			

以 3 月 MODIS 数据为例进行光谱类别的特征分析：长江以南地区特别是东南部仍长有较多植被，包括常绿的森林、农田、草甸等，而北方广大区域，气温尚未回暖，因此，东北、西北以及青藏高原地区，仍以裸地类型为主。而青藏高原东部、东北北部、新疆北部，仍有大量积雪。

植被又可分为反射率相对较低的山地林地类植被、反射率相对较高平原农田类植被；裸地主要包括裸土、荒漠、沙漠、戈壁、山地、高原等。

东北，3 月植被刚开始生长，因此，裸土仍是主要的地物类型。新疆以及内蒙古部分地区的主要类别是沙漠，光谱特征较为接近，故聚类结果也表现得较为均一、完整。青藏高原及云贵高原地区，地形复杂，聚类结果也比较破碎，不容易进一步确定。

表 6-2 为 6 月与 12 月的聚类结果，被归类为植被、裸地、冰雪、水体各自的类别数。夏季是植被的生长季，无论是植被的覆盖范围还是植被类型的丰富度，都要高于冬季，尤其在东北和青藏高原部分地区。

表 6-2　聚类获得典型地物类别数

月份	植被	裸地	冰雪	水体
6月	7	12	5	1
12月	5	17	7	1

将中国植被分布图与光谱簇进行叠加，反映出每类植被分布区所对应的光谱簇，针叶林、针阔混交、阔叶林对应的光谱主要是不同绿色的植被光谱，灌丛、草原、草甸、高山植被、栽培植被、沼泽对应着绿色的植被光谱外，还混杂有裸地的土黄色或灰色光谱。

6.3　其他卫星遥感数据的分析

6.3.1　中尺度 TM 遥感数据分析

基于 MODIS 大尺度聚类分析结果，进一步对典型地形，基于 TM 影像数据，进行了更为清晰的特定地域的分析。

（1）西藏的草甸裸地混合地表特征（图 6-2）。西藏地区共分布着典型植被、常年积雪及裸土三类地表特征。其中，典型植被地表也有 3 类特征，包括：①典型植被 1，主要分布于喜马拉雅山脉西北方向的雅鲁藏布江流域，此地区植被类型主要包括阔叶林、针叶林、灌丛等；②典型植被 2，主要分布于雅鲁藏布江以南的藏南地区，植被类型主要包括热带雨林、阔叶林、针叶林等；③典型植被 3，雅鲁藏布江以北，由于气候因素，本区森林逐渐减少，灌丛和草甸增多，裸露土壤增多。此外，还有常年积雪的区域，而该地区的裸地类型多为山地，包括裸露的土壤、砾石、流石滩等。

（2）福建的典型山地森林地表特征。结合 TM 及典型植被波谱库中的植物波谱特征，在福建地区占据优势分布的光谱类型依次是山地阴影中的植被、农田、灌丛、城区、荒地、针叶林、阔叶林。

（3）云南的典型热带雨林林地表特征。地物植被丰富多样。

（4）东北地区的典型针阔混交林地表特征。本区地域上位于小兴安岭，北

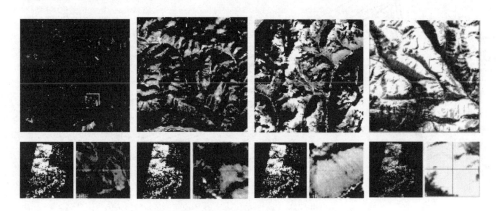

图 6-2　遥感获得西藏各典型地表

临俄罗斯，东北主要为西北东南走向的小兴安岭，气候寒冷而湿润，主要为林业用地，植被类型为温带针、阔叶混交林；西南则以高平原和低丘陵为主，气温略高于小兴安岭，自然植被以森林草甸为主，土壤是肥力较高的黑土，因而农业用地居多，是早熟作物的主要种植区。

（5）新疆的典型荒漠地表特征。所选新疆地区影像主要是处在沙漠地带，主要地物类型为沙漠，夹杂着少量植被与水体，沙漠的光谱曲线由蓝波段到近红外波段反射率值逐渐升高，在近红外波段达到最高，与植被和水体的光谱曲线区分明显。

（6）TM 遥感植被光谱典型特征。目前，典型的地面实际采集的植被及土地类波谱数据库较多，也有不少书籍。与一些常用的波谱数据库中的光谱曲线比较，如 USGS 波谱库，ASTER 波谱库，USGS 波谱库中的几种植物波谱，波谱精度在近红外波段达到 0.5 nm，在可见光波段达到 0.2 nm。对一些常见植物光谱特征曲线，包括白杨（aspen）、黑灌木（blackbrush）、蓝云杉（blue-spruce）、雀麦草（cheatgrass）、干长草（dry-long-grass）、冷杉（fir-tree）、绿色草坪（lawn-grass）、杜松灌木（juniper-bush）、枫树（maple）、矮松（pinon-pine）、金花矮灌木（rabbitbrush）、俄罗斯橄榄树（russian-olive）、山艾灌木（sagebrush）、耐盐植物（saltbrush）、风滚草（沙漠植物，tumbleweed），把这些植物的光谱曲线在波段上进行重采样，使其与遥感 TM 的波段设置一致，可得到重采样后的光谱曲线如图 6-3 所示。可知，绿色植被光谱曲线特征明显。

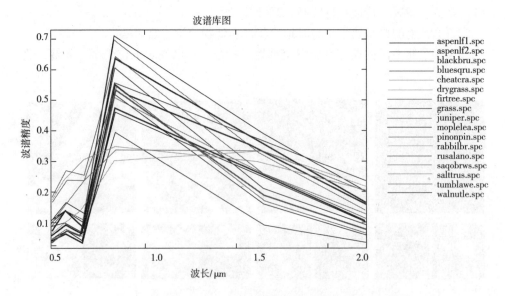

图 6-3　与 ETM 波段一致的多种植被类型重采样光谱曲线

把图像所得的植物光谱与光谱库中实验室所测光谱相比，可看出植被光谱在图像上所得的近红外和绿波段的两个反射峰值比实验室所测光谱要小，这是因为图像的植被光谱像元存在异质性，即有混合像元效应，并且观测条件也有差异。

6.3.2　欧空局中国地区土地覆盖综合数据集

欧空局制作的一套 300 m 分辨率的全球土地覆盖产品分类系统是 UN Land Cover Classification System（LCCS），中国区的地表覆盖类型为 19 类。

荒漠地区在中国的分布是最多的，接下来依次是旱作农田、密集到稀疏（＞15%）草地、镶嵌植被（草地/灌丛/森林）（50% ~ 70%）/农田（20% ~ 50%）、密集（＞40%）针叶常绿林（＞5 m）、后泛滥或灌溉农田、密集到稀疏（＞15%）阔叶常绿或半落叶森林（＞5 m）。

与中国的省级行政区域边界叠加分析各土地覆盖类型在中国的空间分布，同时，也分析中国每个省份地表覆盖类型的直方图。

福建地区以密集（＞40%）针叶常绿林（＞5 m）为主，其次是密集到稀疏（＞15%）阔叶常绿或半落叶森林（＞5 m），镶嵌植被（草地/灌丛/森林）（50% ~ 70%）/农田（20% ~ 50%），密集到稀疏（＞15%）（阔叶或针叶、常绿或落叶）灌丛（＜5 m）。此地区适用的迷彩类型是林地型迷彩服。

西藏地区以密集到稀疏（＞15%）草地为主，其次是裸地，镶嵌植被（草地/灌丛/森林）（50% ~ 70%）/农田（20% ~ 50%），永久积雪和冰，旱作农田，密集（＞40%）针叶常绿林（＞5 m）。此地区为高原地形，适合于山地型迷彩，地表光谱主要呈现为草地与土壤的混合光谱特征。值得一提的是在藏南地区，主要以郁闭度高的阔叶或半落叶乔木、密集到稀疏（＞15%）阔叶常绿或半落叶森林（＞5 m）地表覆盖类型为主。

新疆地区的地表类型以荒漠（裸地）分布最为广泛，其次是密集到稀疏（＞15%）草地，后泛滥或灌溉农田，永久的冰和雪，镶嵌植被（草地/灌丛/森林）（50% ~ 70%）/农田（20% ~ 50%）。此地区使用的迷彩服应为荒漠迷彩和雪地迷彩。

6.3.3　基于 IKONOS 小尺度高分辨遥感数据分析

选用 IKONOS 某一城区的 4m 分辨率的多光谱影像进行聚类分析。先对此高分辨率影像进行分割，然后利用动态聚类方法（XMeans）进行光谱聚类，初步聚类结果为 20 类以后进行类别合并成 12 类（图 6-4）。

选取其中所占比例最高的 8 个类别，作为城市中的代表地物特征，对照各类别的反射特性均值，并对应其在真彩色遥感影像中显示出来的颜色，给出城区内各类别对应的典型色度学指标，见表 6-3。

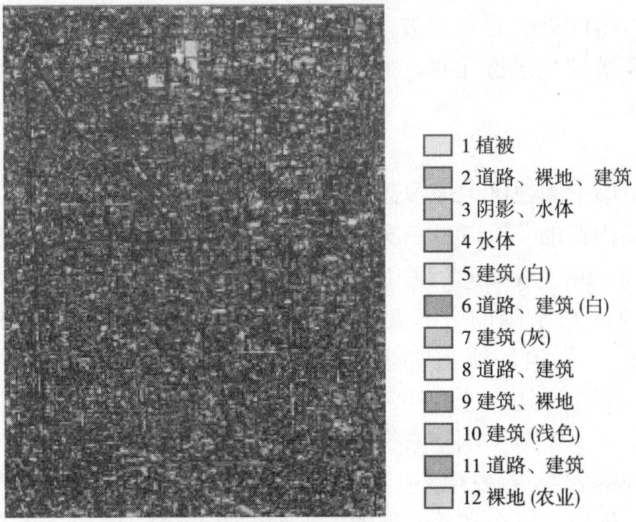

1 植被
2 道路、裸地、建筑
3 阴影、水体
4 水体
5 建筑 (白)
6 道路、建筑 (白)
7 建筑 (灰)
8 道路、建筑
9 建筑、裸地
10 建筑 (浅色)
11 道路、建筑
12 裸地 (农业)

图 6-4　高分辨率特定地区遥感聚类分析图

表 6-3　某特定地区的颜色聚类表

类别	R	G	B	颜色示例	面积比例 /%
1 植被	53	53	34		2.3
2 道路 裸地 建筑	74	67	82		7.8
7 建筑（灰）	98	98	120		28.13
8 道路 建筑	254	231	202		6.96
9 建筑 裸地	170	151	144		10.92
10 建筑（浅色）	171	180	179		7.16
11 道路 建筑	212	205	182		10.33
12 裸地（农业）	204	197	188		10.14

　　由此不难发现，城市中植被颜色以墨绿色为主；而典型的建筑城区地表颜色以灰色、灰蓝色、青色为主，另外，裸地所表现的亮度较高的米色，也为一类代表颜色。

6.3.4　遥感数据的修正

无论是 MODIS 数据，抑或是分辨率更高的 TM、IKONOS 数据，通过聚类得到典型地物（尤其是植被）的光谱特征，依赖于遥感影像的质量。若影像不存在色彩漂移并且用来进行大气校正的模型准确，则影像光谱与地面实测光谱应该较吻合。但由于地面物体被传感器接收受到大气影响，因此，需根据野外实地考察所得典型图像及采集的光谱曲线特征、植被参数用简单的线性加权模型进行光谱混合计算，对典型代表色的色度学指标进行模拟仿真和合理修改，最终确定侧视典型地物的色度学指标和近红外反射特征。

6.4　地物波谱数据采集及分析

不同采用尺度、不同分辨率的遥感数据，对地形、地貌及其覆盖物提供了较为全面的轮廓，也可以分析出地表主色调及其随时间和空间的变化情况。进一步的，通过针对特定地区的、高分辨率遥感数据，可以得到更为精确的光谱、地物特征等信息，作为迷彩伪装设计的借鉴。

6.4.1　典型地物地面反射率测试情况

独立行动的活动小目标，是在地面进行活动的，对其的探测也多是从平行侧面进行。另一方面，如前所述，遥感获得的光谱及颜色只能够提供大致的信息，其精度受到大气等现状影响。因此，需要对地物波谱进行实地采样分析，提炼通用的光谱特征信息。

我国已经有了自己的典型地物波谱数据库及详细的地物波谱知识，并对地面观察和遥感数据进行了分析，这些数据库里面包含了典型农作物、岩矿、水体等的波谱数据。都可以作为参考。

本书中介绍采用便携式可见光光谱数据采集仪，实地到各地区采集获得的各类常见植被及地物的波谱曲线，并进行了特征提炼和归类。

便携式可见光光谱数据采集仪包括 blue-wave UVIS-50 spectrometer、F600-VIS-NIR 光纤、RS-50 光学标准白板（反射率参比）、反射角 10°（收集信息）。测试前，通过光学标准白板进行校准。限于仪器测试精度和范围，该仪器在 900 nm 以后的测试数据出现了一个跳跃峰值，这属于系统误差。部分出现反射率超过 100% 的情况，在数据分析时都剔除了。

2011 ~ 2012 年，在广州、重庆、武汉、兰州、北京、陕西等地区共 10 个具体地点，采用 blue-wave 便携式可见光光谱数据采集仪，采集了 631 种地物植被的光谱反射率数据。具体见表 6-4。

表 6-4　典型地物植被可见光光谱数据采集分析情况

地物植被	数据 / 条
竹子、蕨类、茅草、树叶（嫩叶、中叶、绿叶、枯叶）、树枝、杉树等，地板砖、白水泥、红土、黄土等	90
绿叶、枯叶、黄叶、枯枝	91
滴水观音、锯齿草、橡皮树、石头、树皮树干、树叶（枯叶、普通绿叶、嫩叶）、土壤等	91
树叶、土、榕树	20
沙子、沙漠柳、大叶有刺、针叶茎、植物果实等	25
树叶（枯叶、嫩叶、普通绿叶）、树枝、土壤、青苔	42
地板砖、树干、土、铁、水泥、柏油沥青、石板等	34
柏油路、瓷砖、石板、油漆、土壤、树干、树叶（嫩叶、普通绿叶）等	20
黄角楠、小叶榕、黄果树、银杏、细针叶、石头、带苔藓的土、各类植被叶子和树干、土壤等	64
白鹃梅、碧桃、杜仲、侧柏、古槐、红松叶、金银木、连翘、七叶树、山桃、水杉、绦柳、无目琼花、油松、圆柏、竹叶、梓树、紫藤、紫薇等	119
竹子叶、冬青叶、桃树叶、蒲公英叶、泥土、地砖、水泥地等	29
松刺槐、枯草、松树、柏树、灯笼黄果实、树干、松果、树叶（枯叶、老叶、嫩叶、红叶）、黄土、石头、泥土、雪、水泥等	80
总计	631

结合各地数据分析，可以基本得出以下规律性结论，供迷彩设计借鉴。

6.4.2　绿色植被光谱反射率特点

根据《中国典型地物波谱知识库》，绿色植被光谱的典型特征是，在550 nm处出现绿峰，在710 nm处出现红边。更为详细的划分为，红边区：700 ~ 750 nm；绿色区：500 ~ 550 nm；水分敏感区：950 ~ 1000 nm；近红外区：1100 ~ 1150 nm。实际测试亦是如此，如图 6-5 所示。

绿色植被光谱除具有"绿峰"和"红边"的典型特征外，还具有以下特殊性。

（1）同一植被不同生命期叶子的反射率存在差异。嫩绿、中绿、深绿、黄绿等不同绿色的叶子共存于同一植被，同一片叶子的正反面也存在光谱反射率差异，如图 6-6 所示。具有不同反射率，但是都有明显的绿峰和红边。

（2）同一片叶子的正反面，光谱反射率存在明显差异，如图 6-7 所示。

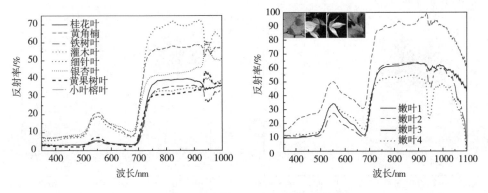

图 6-5　各种绿叶的光谱反射率曲线

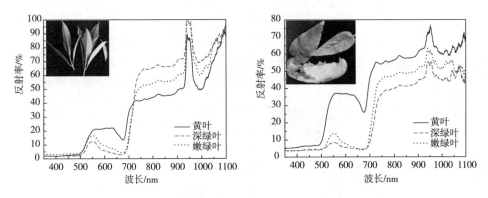

图 6-6　3 月广州同一棵树上不同叶子的光谱曲线

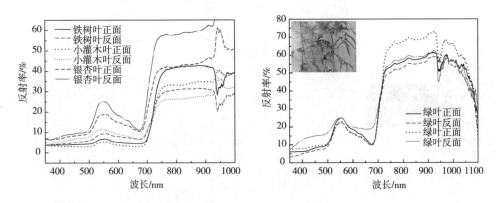

图 6-7　各种树叶正反面的光谱曲线

（3）同一棵植被上不同枯萎程度的叶子，光谱反射率存在显著差异。尤其是含有水分的不同导致的光谱曲线差异。完全丧失了水分的枯萎的黄叶，已经不能呈现绿色植被的特点，反射率在 950 nm 以前，一直处于不断增加的趋势。

123

但是，这些枯萎的叶子一年四季覆盖在林地的地表中，和绿色植被形成了黄绿色的地表（图6-8）。

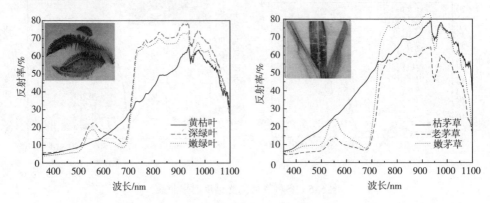

图6-8　不同枯萎程度的叶子的光谱曲线

（4）各类树枝树干的光谱曲线和叶片类似，不含水分的枯树枝和枯叶及枯草的反射率曲线类似；而含有水分的、生命力旺盛的树干也表现出明显的"绿峰"和"红边"效应。如图6-9所示。其中，图6-9（c）中，黄果树的嫩树干

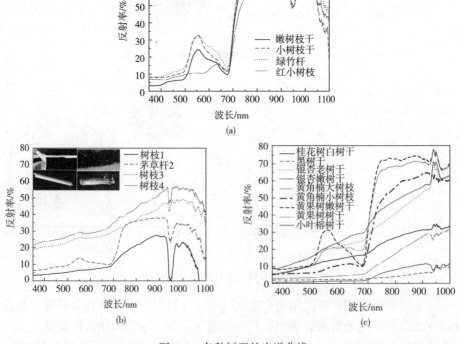

图6-9　各种树干的光谱曲线

表现出明显的绿色反射峰和叶绿素特征曲线，黄果树树干和黄角楠小树枝也出现明显的叶绿素特征曲线。其余树干都没有明显的反射峰。

6.4.3　无生命的地物光谱反射率特征

自然界中存在的无生命特征的地物，包括雪、土壤、沙子、野外的石头、丛林山坡里的水泥地小径等，如图 6-10 所示。只是存在反射率以及典型颜色的颜色峰值差异，并没有绿色植被在近红外区反射率的跳跃现象。而带苔藓的土，由于测试的都是土上的苔藓，所以，在 550 nm 处出现明显的反射峰，在接近 700 nm 处出现叶绿素特有的跃升。黄沙土在 585 nm 黄色处有明显的反射峰。红色砖石在 611 nm、黄色石头在 590 nm 处有不太明显的反射峰。各色石头基本是反射率不同。其中，大理石板在可见光区域内的反射率最高达 41%、白色石头为 24%、土灰石头只有 5.9%。

图 6-11 为在城市市区内测试的地物光谱反射曲线。所有这些城市内的东西，也只是存在反射率差异，反射曲线形状基本一致，反射率在 0 ~ 70% 的范围内，呈现出不同的台阶。且白车油漆反射率最高，其次是白瓷砖，再次是白石板和路面上的白色划线、柏油、铁、土壤、黑瓷砖和树干依次降低。

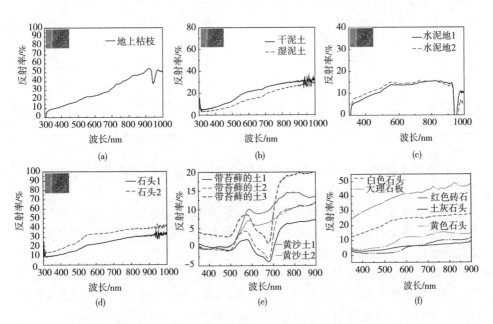

图 6-10　各类土、石头、水泥地等无生命特征地物的反射率曲线

6.4.4　典型颜色的反射率范围

对表 6-4 中采集到的数据进行分析，对前述数据进行归并、整理和分类，

共选取典型特征地物颜色14种，每种颜色对应的地物数量及光谱发射率曲线合格数据百分率见表6-5。

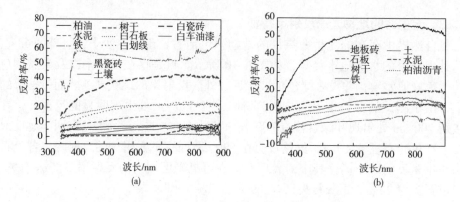

(a)　　　　　　　　　　　　　(b)

图 6-11　城市内无生命特征地物的反射率曲线

表 6-5　典型颜色的光谱曲线数量

地物	数量 /种	合格百分率 /%	地物	数量 /种	合格百分率 /%	地物	数量 /种	合格百分率 /%
浅绿叶	16	92.86	黄砂土	2	100	水泥地	5	100
中绿叶	18	94.44	枯叶	33	81.82	石头	12	91.67
深绿叶	28	92.86	树枝	17	94.12	积雪	6	100
黄叶	14	64.29	泥土	13	76.92	红叶	7	71.43
黄土	6	100	沙子	3	100			

根据上述数据，获得各典型颜色和植被的光谱反射率范围曲线如图6-12所示。

采用前述方式获得的光谱数据，可以作为迷彩服用颜色及其色度学指标确定的依据。鉴于测试误差及选取的地物数量有限，更精确的光谱反射率范围及曲线需要进一步优化和验证。

综上所述，可以得出宽泛背景内、背景颜色及光谱具备的一些通用原则。

（1）除了极其特殊的白色雪地、亮度系数极高的纯沙漠，地表以及实际观察到的主色调，分别以绿色、黄褐色以及这两种颜色的混合色为主色调。

（2）对于绿色，均存在一个典型的"绿峰"和"红边"，即在550 nm处出现一个绿色的吸收峰，在700～750 nm处会出现一个跃升。新叶和老叶存在显著的反射率差异。同一棵植被上，也同时具有浅绿、中绿和深绿三种不同层次的绿，需要多种不同反射率的绿色来表征。

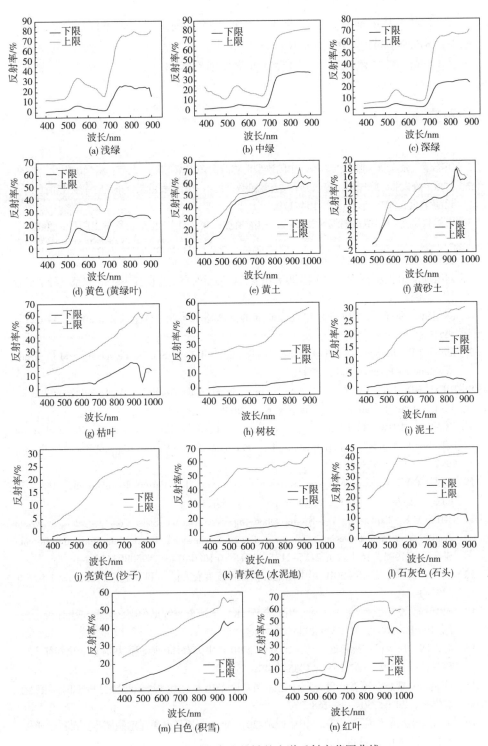

图 6-12　各典型颜色和植被的光谱反射率范围曲线

（3）对于其他地物，也需要在一个较大的范围内，实现不同反射率台阶，满足丰富的地物光谱曲线特征要求。

（4）同一种颜色或地物，也存在光谱反射率区间。

参考文献

［1］王锦地，张立新，柳钦火，等. 中国典型地物波谱知识库［M］. 北京：科学出版社，2009.

［2］付薇，陈焱磊，施梅梧，等. 卫星动态观测数据揭示中国地表色调分布及时序变化特征［J］. 遥感学报，2014，18（1）：154-179.

［3］中国科学院中国植被图编辑委员会. 中国植被图集［M］. 北京：科学出版社，2001.

［4］刘纪远，庄大方，张增祥，等. 2002 中国土地利用时空数据平台建设及其支持下的相关研究［J］. 地球信息科学，4（3）：3-7.

［5］刘纪远. 20 世纪 90 年代中国土地利用变化的遥感时空信息研究［M］. 北京：科学出版社，2005.

［6］刘纪远，邓祥征. LUCC 时空过程研究的方法进展［J］. 科学通报，2009，54（21）：3251-3258.

［7］Jensen J R. Introductory Digital Image Processing：A Remote Sensing Perspective［M］. 3rd ed. New Jersey：Prentice Hall，2004.

［8］RICHARDS J A，JIA X P. Remote Sensing Digital Image Analysis：An Introduction ［M］. 4th ed. Berlin Heidelberg：Springer-Verlag，2005.

［9］GONG P，HOWARTH P J. Frequency-based contextual classification and gray-level vector reduction for Land-Use Identification［J］. Photogrammetric Engineering and Remote Sensing，1992，58（4）：423-437.

［10］LIAO T W. Clustering of time-series data-a survey［J］. Pattern Recognition，2005，38（11）：1857-1874［DOI：10.1016/j.patcog.2005.01.025］.

［11］RIDD M K. Exploring a V-I-S（vegetation-Impervious Surface-Soil）model for urban ecosystem analysis through remote sensing：comparative anatomy for cities［J］. International Journal of Remote Sensing，1995，16（12）：2165-2185［DOI：10.1080/014311695089345491］.

［12］刘爽，宫鹏. 2000~2010 年中国地表植被保度变化［J］. 科学通报，2012，57（16）：1423-1434.

［13］冉有华，李新，卢玲. 四种常用的全球 1KM 土地覆盖数据中国区域的精度评价［J］. 冰川冻土，2009，31（3）：490-500.

［14］柳艺博，居为民，陈镜明，等. 2000~2010 年中国森林叶面积指数时空变化特征［J］. 科学通报，2012，57（16）：1435-1445.

［15］曹鑫，辜智慧，陈音，等. 基于遥感的草原退化人为因素影响趋势分析［J］. 植物生态学报，2006，30（2）：268-277.

［16］王雷，李丛丛，应清，等. 中国 1990-2010 年城市扩张卫星遥感制图［J］. 科学通报，2012，57（16）：1388-1399.

第7章 基于视知觉的活动小目标迷彩伪装设计

7.1 迷彩设计工程

7.1.1 迷彩设计系统工程

迷彩设计是一个系统的工程，需综合运用心理学、物理学、美学、图形学、伪装侦察、概率统计、材料学或计算机辅助技术等多个领域的知识，涉及领域广泛。

迷彩图案的两大核心特征是颜色光谱特性及分布斑块的空间特性，简单而言，即颜色和斑块构成了迷彩图案。在图案的开发过程中需要考虑各种因素，这些因素之间的关系如图 7-1 所示。首先要考虑的是背景环境，图案设计使用的颜色（光谱特性）取决于背景环境的地物波谱特征，包括土壤、植被、地表其他覆盖物等。通常而言，在沙漠和半沙漠地区，会选用棕色、较亮的沙黄色类作为主色调；而在热带丛林地区，绿色、暗棕色等将成为主要颜色。图案中不同斑块的大小（图案的空间特性）由三个因素决定：最可能的观察距离（理论），对方要使用的探测器（人眼或电子探测器）以及背景环境中不同元素的空间分布。

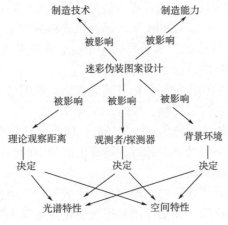

图 7-1 迷彩设计的影响因素

是否需要设计独一无二的迷彩伪装图案还取决于实际的需要，除了伪装外，是否还需要迷彩具有特别的标识属性，比如交战过程中的敌我身份识别。

同时，还需要考虑制造技术和制造能力，是否能够实现所设计的迷彩。比如，多色渐变的立体图案，直到近期才有规模化生产的可能，之前即使设计出来，也难以批量制备。

因此，迷彩设计过程中，涉及工业设计和合成技术、不同军事力量的发展、视知觉基本规律和原则、观测者或威胁的反侦测技术、背景环境的颜色及纹理等特点，同时，需要进一步考虑背景环境的空间物理特性和非空间物理特性（如环境刺激的光谱学特性等）。

7.1.2　迷彩设计流程

最早，艺术家根据对周围地形的观察手绘制备的迷彩，难以适应现在复杂背景下的伪装需求。随着大数据、深度学习、计算机数据处理等技术的发展，迷彩设计，尤其是仿造迷彩设计，基本都是基于对背景数据的大量分析和统计基础上获得并实施的。同时，仿真数码摄像技术在摄像素材的颜色色彩的饱和度和分辨率等方面都有了飞速的发展，这也为基于计算机的数码迷彩模版设计提供了高精度的原始影像素材。

以目前大量使用的仿造数码迷彩设计为例。数码迷彩设计利用视觉心理学原理，增加迷彩服与自然色的拟合程度，减少斑块与背景环境的差别来加强其隐蔽性。与传统迷彩相区别的是，数码迷彩是通过对数码单元进行"点阵"排列来组成图案，而数码单元通常为直线条的方形小块，这样组成的图案边缘模糊，易与背景融合。

通过计算机处理实现的迷彩设计，是基于计算机图形学和视觉认知心理学，重构迷彩颜色和斑块图案的过程。通过计算机算法可以从大量的原始摄像素材中提取出具有普适性背景的模版，计算机建模的技术使数码迷彩设计得到了快速的发展。基于计算机技术的数码迷彩模版设计基本步骤如图7-2所示。数码迷彩模版的计算建模过程如下。

（1）采用高分辨率相机拍摄目标及其周围背景的图像素材，获取大量相同或相似情境的素材（如热带雨林、林地、沙漠等）。

（2）对原始数码影像进行颜色空间转换，使之更符合人的视觉特性。

（3）对数码图像进行计算机处理，计算出图像中的数码单元尺寸，并提取出背景主色调和斑块图案信息。

（4）通过计算机算法获取的图像颜色单元进行背景颜色的重新填充，最后生成了数码迷彩图案模版。在数码迷彩模版的建模过程中，迷彩的颜色和斑块（digital camouflage colors and plaque）图案信息是构成模版的关键成分。

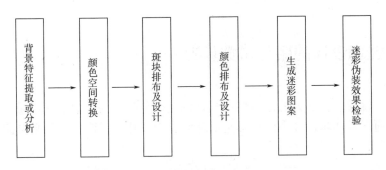

图 7-2　利用计算机进行迷彩设计的步骤

（5）对生成的迷彩图案进行伪装效果评价、优化及修改，直到满足需求。

计算机作为图像处理、迷彩制备过程中印花配色及制板等不可缺少的工具，已经成为迷彩设计与评价不可或缺的工具。即使是采用手工绘制的迷彩图案，也要通过计算机处理实现工业化的批量生产。也存在计算机颜色空间与人眼视觉空间的转换、计算机对图像的重构等环节。因此，图 7-2 的设计流程虽然是以计算机迷彩设计为例，但也是其他迷彩设计的通用流程，只是某些部分或顺序可以合并。

7.1.3　固定和活动目标迷彩设计差异

固定目标背景明确，基于背景融合伪装理论，可以采用 7.1.2 所述方法进行。先获取大量的背景图像资料，根据伪装目标大小进行精度选择；然后将图像颜色转换为人眼视觉接受的颜色空间；对大量的背景图像进行图像处理，基于不同的计算机方法，提取背景纹理特征，提取主色调颜色，形成初步的斑块大小和形状；重新排布颜色和斑块，生成数码迷彩图案；将迷彩置于背景图像中，进行伪装效果评价，对图案进行优化，直到达到理想效果为止。

活动目标，背景范围大且不能明确，需要提取的信息特征复杂而多样，很难做到与背景的融合伪装。目标越小，能够干扰其伪装的背景特征越多。这使得难以单纯根据背景特征进行有效的迷彩设计。针对该类目标，一方面需要对背景进行宏观的特征提取，比如遥感远距离的表面色调等分析，同时也要根据探测距离，进行不同距离下的背景特征提取；另一方面，需要分析地物波谱的通用规律性特征，包括如第 6 章所述的光谱反射率分布曲线范围等；另外，需要结合视知觉理论，尝试采用视错觉、视觉填充等知识，设计可以分割、扭曲目标、具有隐真示假功能的迷彩图案。

因此，固定目标的迷彩设计更多地依赖于背景的光谱及空间特性；而活动目标的迷彩设计，难以单纯依赖背景的光谱及空间特性进行设计。

7.2 迷彩设计的颜色知觉基础

迷彩设计的主要目的是伪装军事目标，避免敌方的视觉或光学侦测设备的观察。通常，迷彩设计中的色彩是从环境影像图片中提取出来的主色调的颜色成分。

7.2.1 颜色知觉产生的机制

颜色（colors）是自然界广泛存在的视觉刺激，颜色知觉是人们对可见光不同波段光波感知觉的认知神经过程。视觉是由于光波的刺激作用于眼球后转变为神经冲动经传导通路行至大脑视觉中枢而产生的。

从解剖学角度，眼球由眼球壁和眼球内容物构成。眼球壁最外层为纤维膜，支持和保护眼球；中间层为血管膜，具有营养及遮光作用；最内层为视网膜，分为盲部和视部。盲部无感光作用，视部则接受光波刺激并将其转变为神经冲动。视部主要有 3 层神经细胞，外层为视锥细胞和视杆细胞，负责感光；中层为双极细胞，负责传导；内层为节细胞，其轴突构成视神经。作为感光细胞，视锥细胞主要分布在视网膜中央部，在中等和高等强度照明下起作用，主要感受物体的细节和颜色，视杆细胞则主要分布于视网膜周边，弱光下起作用，主要感受物体明暗（杨开清，2005）。视觉对环境变化的适应性会直接影响人们对目标的知觉，这种影响在人们的感知觉认知过程中具有普遍性，视觉适应现象受到环境照明、色彩、昼夜变化以及季节和气候变化等诸多因素的影响。这也为不同环境、气候和季节变化的迷彩设计提出了更复杂的要求。

从心理学的视觉颜色知觉的角度，研究者提出了一系列颜色知觉加工的理论。关于颜色视觉的理论主要有三色理论和对立过程理论（又称四色理论）。三色理论由 Thomas Young 提出，经 Hermann von Helmholtz 扩展，该理论认为人的视网膜有红色、绿色和蓝色三种感受器，长波将引起红色感受器最大限度的兴奋，中波和短波分别引起绿色和蓝色感受器最大限度的兴奋。后来，Marks 等人的研究证实了该假定，他们发现视网膜上的确存在三种类型的视锥细胞，分别吸收了更多的长波、中波和短波，可以把它们称为 L、M 和 S 视锥细胞，且 L 和 M 视锥细胞多于 S 视锥细胞。对立过程理论最早由 Hering 提出，认为视网膜存在黑—白、红—绿和黄—蓝三对视素，在光照和黑暗两种不同的条件下，每对视素产生不同的反应，例如，光刺激时，黑—白视素产生白色经验，而在黑暗条件下则产生黑色经验。行为实验和电生理学实验结果表明两个理论都是正确的，对颜色的编码分两阶段进行，第一个阶段是三种视锥细胞吸收不同的波长，第二阶段是对立视素对颜色编码（朱滢，2000；彭聃龄，2004）。

7.2.2　常见的颜色知觉现象

颜色作为物理刺激，其特性包括光波的波长、波长的强度（即亮度）以及光波的纯度，引起的感觉分别为色调、明度和饱和度，其中明度不仅取决于物体本身亮度，还受照明强度的影响。需注意的是，物理刺激与其引起的感受并非完全一致，需要区别对待。

首先，刺激在物理参数指标方面的变化速率与心理值的变化速率并不一致，实验发现，光刺激强度加倍上升，感受的明度却没有如此大的变化，强度较高时，此现象更明显，称为反应的凝缩。基于此现象，需要建立颜色知觉的心理物理量表（彭聃龄，2004）。该现象对迷彩服颜色空间计算模型的建立至关重要。

其次，在颜色的视觉现象中存在颜色的对比问题，这种对比不仅发生在空间上也发生在时间上。光波强度在空间上的不同分布会影响对目标物的明暗知觉，即目标物的明度在周围环境衬托下显得更亮或者更暗，同理，同一颜色在不同颜色背景下会产生不同的颜色感觉，即目标色调在周围颜色影响下向背景颜色的补色方面变化。时间上的对比则会产生后像，所谓后像是指刺激物对感受器的作用停止，但其引起的感觉并未停止的现象。颜色视觉一般为负后像（彭聃龄，2004）。这种现象将影响数码迷彩的设计和效果评估。无论哪种颜色空间，其计算公式都是建立在理论状态下，实际上，迷彩服所运用的场景各不相同，在设计时需分别考虑其背景的主色调。比如，荒漠和林地就是颜色截然不同的两种背景，荒漠迷彩和林地迷彩因对比受到的影响也是不同的。设计时，应对颜色对比导致的色差进行修正。

再次，由于视锥细胞和视杆细胞的作用不同，人眼会产生普肯耶（Purkinje）现象，视觉的视锥细胞对 550 nm 可见光谱最为敏感，视觉视杆细胞对 500 nm 可见光谱最为敏感，当人们从白天或强照明环境（视觉锥体起作用）向黑暗或弱照明环境（视觉棒体起作用）转变时，人眼对光谱的最大感受性将向短波方向移动，因而会引起视觉加工颜色的明度发生变化。例如，白天相同明度的红花和蓝花在黄昏时却一暗一亮（朱滢，2000；荆其诚，焦书兰，纪桂萍，1987）。迷彩服在白天夜晚均需穿着，在设计上，这些昼夜环境变化也需要考虑这种视觉适应的现象。

最后，目标物的固有颜色及对其的熟悉程度也会影响对颜色的知觉，比如，同一个灰色刺激，如果其形状像香蕉则显得稍黄，形状像树叶则显得稍绿。这种主观经验对客观颜色的影响被称为记忆色（memory color）（朱滢，2000；荆其诚，焦书兰，纪桂萍，1987）。而以往数码迷彩设计过程中，斑块设计与颜色填充之间并没有充分考虑视觉知觉现象的影响。

7.2.3 颜色的色彩学模型

通过计算机或者相机获取的图像均采用 RGB 模型，RGB 空间分为红、绿、蓝三个分量，每个分量上的参数表示亮度，其优点在于颜色值获取方便，便于存储计算，缺点在于此颜色空间不均匀，色差度量不精确，并不符合人的视觉感知特性（杨振亚，王勇，杨振东，王成道，2010）。因此，需对其进行颜色空间的转换。如上所述，从心理学角度，人对颜色的知觉主要从明度、色调和饱和度三个方面进行。三者对视知觉的影响力不同，明度影响力最大，色调次之，饱和度最小（王博，王自容，孙晓泉，2002），且三者之间也存在相互影响的关系。另外，刺激强度与人的感受性并非是线性关系。视觉明度（100 光量子时）的韦伯分数为 0.016，但此系数仅适用于中等程度刺激。有研究表明，在亮度这一分量上，在图像灰度中等的条件下，人眼的分辨能力最强，灰度过低或较强都会减弱分辨能力（贾其，吕绪良，吴超，吴厚超，2010）。所以，符合人类视觉特性的颜色空间必须综合考虑各方面因素。

目前，常用的颜色空间有 HSI 空间和 CIE1976$L^*a^*b^*$ 空间。HSI 空间反映了人的视觉系统知觉颜色的方式，其模型如图 7-3 所示，包含了色调 H（hue）、饱和度 S（saturation）和强度 I（intensity）三个分量。H 分量值用弧度表示；S 分量为圆的半径，其值越小，H 值越不稳定；I 分量用中心轴方向上的高度表示，其值越小颜色越暗（张振升，朱名日，2011）。此模型较符合人的视觉特性，对颜色信息和亮度信息可以进行独立的操作，体现了颜色和亮度的差异（徐英，2007）。其缺点在于没有考虑现实刺激与主观感受的非线性关系，导致颜色分布的变化与人的视觉效果的变化不一致，且从 RGB 空间转化时，HSI 空间只保留了部分信息，对其他信息的丢弃也是其缺点之一（张勇，吴文健，刘志明，2009）。

CIE1976$L^*a^*b^*$ 空间是 1976 年国际照明委员会推荐的均匀颜色空间，包含的色彩范围最广。CIE1976$L^*a^*b^*$ 空间共有三个通道，L^* 表示明度通道，a^* 和 b^* 表示色彩通道（图 7-3）。相较于其他空间，$L^*a^*b^*$ 空间在颜色转化过程中，能保留 RGB 空间的所有信息，在明度分量上符合人的视觉特性，但是其色调和饱和度的均匀性较差，因此，根据此空间模型计算出来的数据与人的视觉感受存在一定差距（郑元林，杨淑蕙，周世生，曹从军，2005）。

显然，目前没有任何一个颜色空间能够将物理刺激与人的感觉完全拟合，为了改善基于计算机的迷彩设计，除了进一步改善颜色空间的算法外，另一方法就是利用颜色空间算出颜色后利用行为实验进行后期修正，以便理论模型与实际感知觉评估的结合。

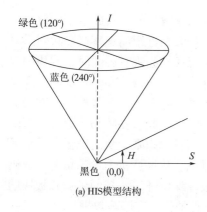

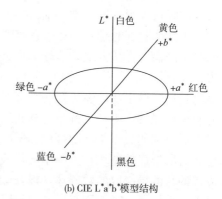

(a) HIS模型结构

(b) CIE L*a*b*模型结构

图 7-3　常用的颜色空间模型

7.3　迷彩斑块设计的知觉基础

　　斑块（Plaque）是通过人为或计算机算法从环境影像图片中提取出来的环境背景的图案组成单元，通常，这些斑块图案是由不同颜色组成的，具有不规则性，并且与相应的环境背景的纹理具有高度的一致性。迷彩设计中的斑块设计也正是基于这样的原理达到整体的伪装和隐蔽性能。

　　从心理学上来说，知觉具有选择性，使人能够分离出目标和背景，影响选择的因素有：目标鲜艳，与背景对比明显；目标在空间上接近、连续；有研究发现如果目标边缘长而连贯，即使再模糊也能被人眼视觉系统察觉（Beaudot & Mullen，2003）；知觉者的状态。数码迷彩的设计则从前两个因素着手，采用数码单元组成点阵从而形成斑块，利用视觉原理提高隐蔽功能。下面详细阐述可能影响斑块设计物理光学和视觉心理学因素。

7.3.1　感觉阈限与混色现象

　　感觉阈限是心理量和物理量之间的绝对最小可觉察量或差别最小可觉察量，感觉阈限分为绝对感觉阈限和差别感觉阈限。绝对感觉阈限是指人们是否能够感受到环境刺激的临界水平（其操纵定义为 50% 的概率能够感受得到，50% 的概率感受不到的临界值）；差别感受阈限是指人们能否感受到环境刺激的物理属性的差异变化的最小可觉察量。在迷彩设计中，希望达到的迷彩服的颜色和斑块设计与环境背景能够达到最小可觉察量的临界或阈限下水平，也就是迷彩设计与环境背景的最优化融合，达到最佳的迷彩伪装和隐蔽效果。

　　数码单元之所以能组成斑块，是由于人的视觉系统存在感觉阈限，当超过一定的距离时，人眼就不能觉察出间隔，比如，近距离呈现黑白相间的栅条图

135

形，肉眼可以观察得非常仔细，一旦距离拉远到阈限之外，人眼就不能对细节进行感知，看到的是一个比黑色略淡的正方形。人在近距离观察棋盘状图形时的视觉画面，格状方块均清晰可见；当远距离观察棋盘视觉画面时，方块间界限模糊逐渐融为一体，形成了一个大方块（双晓，2012）。这种改变一方面是因为超过了最小视敏度，另一方面是由于发生了混色现象，即几种不同波长的光叠加后能够产生与某种单色光相同的颜色感觉。因此，在数码迷彩设计时除了考虑局部的数码单元的颜色，同时应考虑人的感觉阈限，从而修正数码单元融合后所形成的斑块在人眼中所形成的视觉颜色。从计算机图形学角度，数码设计的目的是提取的数码迷彩设计能够最大限度保留环境背景的色彩和板块的元素，并使之与背景具有高度一致性，达到最佳的伪装和隐蔽效果。

7.3.2　知觉的整体性与知觉组织的原则

知觉具有整体性是人的知觉系统具有将环境信息单元组织为整体的能力，是人和动物客观认知环境和适应环境的一种重要的基本认知能力。在知觉心理学研究中，心理学家发现了知觉组织遵循着如下原则（图7-4）。

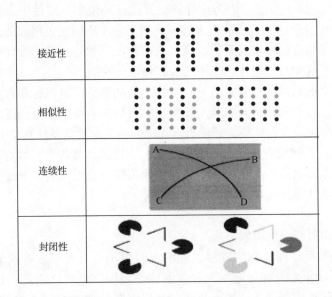

图7-4　知觉的整理知觉原则（*Gestalt Principles*，Baumbach J，2010）

（1）接近性原则：空间或时间上靠近的成分容易组织为一个整体。

（2）相似性原则：相似的成分易组织为整体。

（3）连续性原则：具有良好连续性的成分易组织为整体。

（4）对称性原则：对称的部分易组成图形。

（5）共同命运原则：按共同方向运动的成分易被知觉为一个整体。

（6）封闭性原则：封闭的线段易组成图形。

（7）线条朝向原则：相同朝向的线条易组织为一个整体。

（8）简单性原则：结构简单的成分易组成图形（彭聃龄，2004）。

利用这些原则可将数码单元加以排列，使数码迷彩设计与环境背景的纹理梯度符合上述原则，就可以使目标与环境背景色彩和图案融合为一体，达到较好的迷彩伪装效果。

另外，局部知觉又依赖于整体知觉，且对整体的知觉可能优先于对局部的知觉。Navon（1977）的实验发现了整体优先现象，相较于局部差异，人们更容易发现整体的不同之处。对数码单元组成的斑块的知觉即为整体知觉，对单个的数码单元的知觉即为局部知觉，考虑整体优先现象，在设计时也应该首先考虑整体效果。如图7-5所示的魔方与背景结构和纹理梯度具有接近性时，在一定程度上干扰人们对魔方的整体知觉。

图7-5 整体局部的知觉（Baumbach J，2010）

7.3.3 知觉加工模式

视觉知觉作为人们认识客观知觉的主要认知过程，知觉是以感觉为基础，是对感觉信息的有机整合。知觉的加工依赖于物体及感知的主体，由此，心理学家发展了两种加工模型：自下而上的加工（bottom-up processing）模型和自上而下的加工（top-down processing）模型。自下而上的加工依赖于对物体特性的加工，又叫作数据驱动加工（data driving processing）。因自上而下加工又称概念驱动加工（conceptually driven processing），受知识经验、期待、兴趣等影响，又称为概念驱动加工（彭聃龄，2004）。认知模型在数学建模方面存在较大困难，目前，视觉心理学的研究重心放在自下而上的加工模型上，用于目标检测（桑农，李正龙，张天序，2004）。

自下而上的加工在一定程度上反映了人们对客观对象的自动化加工程度，

通常与意识活动的水平密切相关，自下而上的加工通常带有自动化和意识活动水平低的性质，因此，加工速度较快（如无意识迅速发现天空中出现的流星）。如果设计的目标容易引起自下而上的加工，就很容易被对方发现，所以，在迷彩设计中，颜色、斑块和纹理梯度的组合应该避免引起观察者的自下而上的加工过程。

自上而下的加工则需要一定意识努力，需要有意识的注意才能够发现目标，所以，在设计中，需要遵循的基本原则是，目标不会引起自下而上的加工，同时，即使激活自上而下的加工，也需要付出很大意识的努力去辨别目标，尽可能地使目标设计达到干扰和混淆自上而下的加工过程的目的。使观察者从背景中不能发现或者发现目标的概率大幅度降低。这就达到了迷彩设计与隐身隐形设计的目的。

7.3.4 视觉注意现象的影响

注意是人的心理活动，除了受到注意者本身的影响外，目标物的特点也会影响注意。目标物越集中、排列越规律，注意的广度将越大；在一定范围内，目标物越复杂，注意的稳定性越好（梁宁建，2006）。

关于视觉选择注意的机制有三种：一是基于位置的理论：又称聚光灯模型，注意只能聚焦于视觉空间中的某一个区域，注意的分布从焦点到外周连续递减；二是基于物体的理论：又称特征整合理论，以格式塔知觉心理学理论为基础，将注意分为前注意阶段和注意阶段，在前注意阶段，物体的各个特征即被平行加工，在整合的基础上进行注意的操作；三是偏向—竞争模型：多个物体同时呈现时会产生竞争，来自位置的信息更占优势时，主体会采用自上而下的加工资源；来自物体的信息更占优势时则引起自下而上的加工方式。

注意的现象是复杂的，除了注意的基本品质——稳定性、集中性和分配性外，注意加工过程还存在诸多的注意现象，如注意瞬脱、非注意盲、变化盲和返回抑制等现象也会影响对目标的知觉加工（张学民，2011）。

（1）注意瞬脱（attentional blink，简称 AB）是指若两个目标在短时间内相继呈现，则对第二个目标的正确报告率将显著下降（Raymond，Shapiro，Arnell，1992）。其经典研究范式为快速系列视觉呈现，被试需在系列分心物中识别出两个目标刺激，分别记为 T1 和 T2。Ghorashi，Smilek 和 Di Lollo（2007）基于此范式开展对 T2 作视觉搜索任务的研究，结果发现搜索效率与 T1、T2 间的时间间隔无明显相关，而且视觉搜索在注意瞬脱阶段无法进行，只有等到 T1 加工完毕。还有研究发现，对 T1 投入的注意资源多少与瞬脱效应大小存在相关（Shapiro，Schmitz，Martens，Hommel & Schnitzler，2006）。

（2）非注意盲（inattentional blindness，简称 IB）是指观察主体的注意资源被其他刺激分散因而注意不到明显的非预想刺激（Mack，Rock，1998）。其经典研究范式过程为：多个物体在某区域内随机运动，运动至边框时会反弹，被试追踪具有某特征的物体反弹次数，进行多个试次，其中某些试次会出现非预想刺激，要求被试报告是否发现非预想刺激并描述。研究表明，非注意盲受到相似性效应（非预想刺激与目标刺激相似）及观察主体注意定势的影响（Most，Simons，Scholl，Jimenez，Clfford ＆ Chabris，2001），与此相类似的还有多目标追踪范式（Pylyshyn ＆ Storm，1988）和多身份追踪范式（Oksama ＆ Hyönä，2004）。研究发现目标追踪成绩受目标的数量（Oksama ＆ Hyönä，2004）、物体运动的速度（Liu，Austen，Booth，Fisher，Argue，et al，2005）和运动所参考的框架（Liu et al，2005）所影响。

（3）变化盲（change blindness，简称 CB）是指观察者没有观察到客体或者场景的变化（Simons，Levin，1997），影响因素主要为注意（张晨，张智军，赵亚军，2009）。变化盲现象较为普遍，例如，屏幕闪烁时就可能发生变化盲，因此，该现象对数码迷彩伪装的侦察具有参考意义。

（4）返回抑制（inhibition of return）是指某线索在一位置呈现后，观察者对再次出现在该位置的刺激将出现反应迟滞现象（Posner ＆ Cohen，1984）。其影响因素包括线索的性质（Andrea Berger ＆ AvishaiHenik，2000）及任务难度（王均，王玉改，王甦，2000）。

此外，注意加工普遍存在着正启动（positive priming）和负启动（negative priming）现象，即促进和抑制目标加工的现象。上述注意现象在迷彩设计中的巧妙运用，都可以抑制目标的加工，并达到伪装和隐身的效果。

7.4 视觉错觉在迷彩上的应用

错觉是视觉知觉中的常见心理现象。错觉现象在人们的生活中是普遍存在的，也被广泛应用到各种特殊情景中，如在 3D 电影中看到逼真的场景（如快速地接近或远离的人物或场景图像，3D-VR 设计的效果等）。在迷彩设计中，错觉的主要作用是使敌方对目标的知觉产生视觉偏差或不真实的视觉知觉，或者通过错觉的知觉原理将目标与背景融合，从而让侦察方产生知觉错觉，达到伪装的目的，如动物伪装色的仿生学设计兼具了知觉融合和视觉错觉的因素，达到动物的自我保护和生存防御的作用。

在伪装设计中，错觉原理主要应用于斑块形状所形成的错觉图案以及单元排列引起的明度、距离和色彩上的错觉迷彩设计。

7.4.1 斑块形状所形成的视觉错觉
迷彩伪装的灵感始于原始的仿生意识，人们截取大自然中动植物的特征信息设计迷彩图案，其中较经典的有越南虎纹迷彩和美军的 M81 林地迷彩。研究表明，无论在动态或是静态场景，仿生迷彩图案均能有效提高伪装效果（张勇，吴文健，刘志明，2009）。数码迷彩设计如能将仿生元素融入势必能获得更好的伪装效果。图 7-6 就是几何图形的颜色和纹理梯度可以产生视觉的不稳定知觉错觉（如炫目和动态感会给知觉造成一定的知觉偏差或困难），同样，这种错觉现象可以应用到迷彩图案的颜色和斑块组合设计中，实现更好的伪装效果。

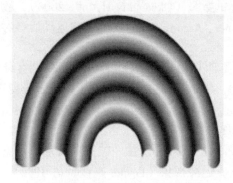 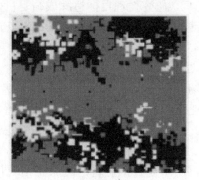

(a) 几何图形的深度纹理梯度和明度变化　　　　　　(b) 类似错觉的迷彩模板

图 7-6　视觉错觉及其应用（Baumbach J.，2010）

7.4.2　距离视觉错觉

距离上的错觉则源于对斑块单元的处理。将单元设计为颜色深浅交错以及相互叠加，大小不一，从而在平面上构造出立体的错觉，提高了对现实环境的模拟程度，有利于伪装。深度知觉和常性误用理论对此错觉的产生做出理论解释。人在知觉三维世界时，对物体位置的知觉依赖的线索很多，其中包括遮挡和相对高度。一般而言，人们习惯将遮挡物知觉为离自己距离较近，将被遮挡物知觉为距离较远，此为遮挡提供的线索。相对高度，即视野中两个物体位置高的那个显得距离远，位置低的显得距离近。当人将知觉三维世界的特点应用于知觉平面物体时就会引起错觉（彭聃龄，2004，见图 7-7）。斑块单元正是利用这一点从而引起错觉，使得斑块能更好地与背景融合，边缘模糊化，目标轮廓难以被发现，此外，由于深度线索应用于平面设计可能会导致观察者对目标距离的错误判断。

7.4.3　色彩视觉错觉

迷彩的隐蔽性功能决定了色彩设计需要运用色彩错觉来削弱人们对迷彩色的知觉感受性，既要考虑远距离宏观视角下迷彩与周边环境色之间的错觉效果，也要推敲近距离微观视角下迷彩自身色彩搭配的错觉效果。色彩错觉主要因色彩的对比和不同色彩在空间上混合而产生颜色知觉错觉，运用得当的色彩错觉

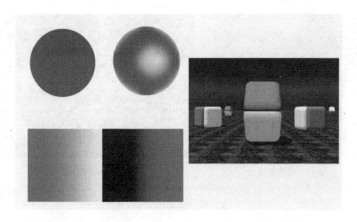

图 7-7　深度线索在一定程度上会改变人们对距离的感知（Baumbach J，2010）

可以在不同距离内产生有变化的视觉知觉错觉，从而影响视觉知觉的准确性。

　　远距离观察迷彩的最佳错觉效果是迷彩色被环境色所吸收，融为一体，也就是说被环境背景"同化"。多地形迷彩涉及密林、草原、戈壁、沙漠，不同地域环境因为色彩"同化"会在观察者的视域内形成各自的总体性色彩印象（包含色相、纯度、明度），但是，整合多个地貌来看，都具有黄灰色的总体印象。这意味着迷彩色必须具备黄灰色的颜色色调，将它放在不同地域环境中，才会产生色彩融合现象。迷彩要实现自身色彩与环境"同化"，需要不同色彩之间要有效地处理色相的同化、颜色饱和度的同化、明度对比度的同化，同时，将色块处理为柔和模糊的边界，有助于色彩之间产生融合的视觉错觉效果。

　　在实现迷彩色"同化"视觉错觉的同时，还要进一步强调"距离"错觉。叠放色彩因为明度对比差异，产生色彩在深度和距离上的错觉，以便于控制色彩的纵深知觉，从而使迷彩基于二维（2D）图形产生三维（3D）化效果，有利于塑造凹凸不同的视觉错觉现象，加入色块方向和色度渐变变化，会产生波动视觉错觉，产生图像在波动的幻觉，影响对目标的准确知觉。

7.4.4　视觉错觉图案应用

　　由不同大小的同心圆形产生的视觉错觉图案，如图 7-8（a）所示；视觉错觉透明度 5%，会产生深度动态的螺旋错觉知觉效果，如图 7-8（b）所示。面料上某些点的明亮程度会有一定的增加，面料的审美效果更好。

　　在迷彩基础上加入视觉错觉图案，如图 7-9（a）所示，以一个圆形为中心，向外发射状的圆形视觉错觉图案。同种颜色，其处于视觉错觉图案上的实体和空白部分的明度会有一些差别，产生放射性运动错觉，在主观上产生视觉错觉的同时增加迷彩图案的动态错觉和层次感，实现混淆视觉知觉的效果，如图 7-9（b）所示。

141

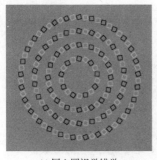

(a) 同心圆视觉错觉   (b) 实际应用迷彩

图 7-8   同心圆视觉错觉图案及其应用

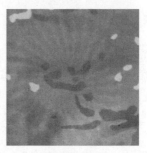

(a) 放射状视觉错觉   (b) 实际应用迷彩

图 7-9   放射状视觉错觉图案及其应用

下面图案在迷彩图案基础上，增加了波浪形的视觉错觉图案［视觉错觉图案见图 7-10（a）］，会对整体知觉产生边界模糊和抑制的效果。在伪装面料上呈现出有规律的波浪形状，能实现一定程度的视觉错觉效果，同时，该图案的加入能使面料上同一斑块、不同位置上的颜色产生一定的颜色对比的差异变化，增加面料的视觉错觉效果，使深度和层次感更强烈，既可以获得迷彩的效果，同时增加了美感。视觉错觉图案在迷彩上应用的效果如图 7-10（b）所示。

(a) 波浪形视觉错觉   (b) 实际应用迷彩

图 7-10   波浪形视觉错觉图案及其应用

7.5 探测距离对迷彩图案设计的影响

探测器、作战背景明确的条件下，观察距离对迷彩设计至关重要。最好的设计是满足不同观察距离下的伪装需求。

7.5.1 人眼最小视敏度及迷彩斑块尺寸

7.5.1.1 人眼最小可见尺寸

视敏度（V）是视觉区分对象形状和大小的微小细节的能力。视敏度与距离、亮度、对比度等相关。超过一定的距离限度，对物体的细节再也无法识别；亮度达到一定程度，视敏度便接近饱和，不再增加。

$$V = \frac{1}{\alpha} = \frac{A}{D} \times 3438 \qquad （7-1）$$

式中：V 为视敏度；α 为视角（分）；A 为物体的长度；D 为物体到眼睛的距离。

在正常视敏度或正常视力下，当可分辨的细节单位与眼睛成 1 分视角时，物体在视网膜上的成像尺寸约为 0.004 mm，接近于视锥细胞的直径。根据式（7-1），计算得到不同距离下，眼睛可分辨的物体的最小尺寸（表 7-1）。

表 7-1 不同距离下的最小可分辨尺寸

距离 /m	10	20	30	40	50	100	150	200	250
最小可分辨尺寸 / cm	0.29	0.58	0.87	1.16	1.45	2.9	4.35	5.8	7.25

143

7.5.1.2 部分现有迷彩斑块尺寸

11 种林地迷彩、7 种荒漠迷彩、2 种多地形迷彩、2 种通用型迷彩的颜色、特点及迷彩图案见表 7-2 和图 7-11 ~ 图 7-18。

可见，这些迷彩斑块各有不同，大的斑块尺寸多在 10 ~ 40 cm，以 20 ~ 30 cm 的居多；最小的基础斑块，比如数码迷彩的一个最小单元多为毫米级别，常用的斑点尺寸有 0.1 cm × 0.1 cm、0.1 cm × 0.1 cm、0.4 cm × 0.4 cm 等。非数码迷彩的最小单元普遍略大且不规整，如 0.6 cm × 0.8 cm，0.3 cm × 0.2 cm 等。

7.5.2 林地类开阔背景下的辨识度

对表 7-2 的各类迷彩，在林地背景下，采用观察者打分方式，在不同观察距离下对斑块及颜色进行辨识打分。观察者评价标准见表 7-3。

表 7-2 迷彩斑块尺寸特征

迷彩类型	迷彩名称	颜色	特点	图案
林地迷彩	07 数码林地迷彩	四色（绿、棕、黑、灰）	数码斑块、边缘数码化；色斑块较大、20 cm×20 cm 大斑块过大；颜色混色不够、浅色部分明度高；服装背部为 2 片拼接并分成四块、拼接处图案不自然；最小数码点为 0.4 cm×0.4 cm 小斑点	图 7-11（a）
	俄罗斯林地数码	四色（浅绿、绿、棕、黑）	小而细碎的数码、0.1 cm×0.1 cm 小斑点、四色、混杂、图案零碎	图 7-11（b）
	加拿大 CARPAT 林地迷彩	四色（浅绿、中绿、黑、粉）	四色数码 0.2 cm×0.2 cm 小斑点、同一颜色斑块小、最大 10 cm×6 cm；粉色极少、最大粉色斑块 5 cm×2 cm；有少许横纹趋势	图 7-11（c）
	海军 MARPA 数码迷彩	四色（灰、绿、浅棕、黑）	四色数码，浅棕色和绿色为主要颜色，浅棕色并形成连续斑块，其他颜色的斑块穿插其中，较大的绿色斑块约为 11 cm×6 cm，最小数码点尺寸为 0.2 cm×0.1 cm	图 7-11（d）
	美国 M81 林地迷彩	四色（绿、棕、浅黄、黑）	大斑块，边缘光滑，主要斑块颜色为绿、棕、浅黄，黑色斑块产生分叉，最大的斑块尺寸为长 36 cm，宽 3.5 ~ 17.5 cm，黑色斑块的尺寸约为 20 cm×2 cm	图 7-12（a）
	英国 DPM 林地迷彩	四色（绿、棕、浅黄、黑）	黑色图案出现分叉、边缘部分有点状；小黑树枝样 8 cm×2 cm 穿插；较大斑块，多为 10 cm×20 cm 一个斑块；整体明度不高	图 7-12（b）
	Duckdot 林地迷彩	五色（卡其、绿、深绿、浅棕、棕）	第二次世界大战时的五色迷彩、斑块状、边缘光滑；大斑块为 6 cm×6 cm，小斑块为 0.5 cm×1 cm；整体明度偏高	图 7-12（c）
	越南虎斑林地迷彩	四色（绿、棕、黑浅黄）	图案边缘大部光滑，斑块末端有小分叉，大斑块为长条形；大板块长度在 20 ~ 40 cm，宽度在 2 ~ 3 cm；以绿色和黑色为主，绿色部分明度高	图 7-12（d）
	汇丽大斑块林地迷彩	四色（绿、棕、浅黄、黑）	以绿、浅黄色为主，斑块边缘平滑；最大斑块约 40 cm×10 cm，最小斑块约 4 cm×6 cm；相同图案的重复距离约为 20 cm	图 7-12（e）
	德国 Flectarn 林地迷彩	五色（黑、棕红、深绿、中绿、浅绿）	无明显大斑块，多为 2 cm×1 cm、1 cm×1 cm 圆形、20 cm×10 cm 最大斑块；图案边缘光滑呈弧形	图 7-13（a）
	意大利 Vegetata 林地迷彩	四色（中绿、浅绿、红棕、深棕）	无黑色、浅绿少、图案边缘光滑、呈圆点或叶边小锯齿状；有 20 cm×20 cm 明度和饱和度不高的大斑块；浅棕色斑块最大	图 7-13（b）

144

续表

迷彩类型	迷彩名称	颜色	特点	图案
荒漠迷彩	07 数码荒漠迷彩	四色（卡其、浅棕、棕、黑）	数码斑块，斑块边缘数码化，斑块较大；服装背部有 2 块拼接而成，拼接处图案不自然，最小数码点为 0.4 cm×0.4 cm 小斑点	图 7-14（a）
	美国数码荒漠迷彩	四色（灰、浅棕、棕、深棕）	数码迷彩，边缘数码化，以棕和灰为主色调，小数码斑块以深棕为主；较大斑块的尺寸约为 20 cm×20 cm，最小数码点为 0.2 cm×0.1 cm	图 7-14（b）
	DPM 荒漠迷彩	两色（卡其、棕）	斑块迷彩，斑块边缘光滑，斑块颜色为棕色，部分斑块分叉；斑块尺寸大都在 15 cm×8 cm 左右；棕色小点点缀在棕色斑块周边；整体明度偏高	图 7-15（a）
	虎斑荒漠迷彩	四色（灰、浅黄、棕、深棕）	横纹迷彩，边缘光滑，以灰和棕为主要色调；较大的棕色斑块尺寸为长 20 ~ 30 cm，宽 2 ~ 4 cm；纯棉部分棕色斑块内点缀有浅黄小斑块，最小斑块尺寸约为 0.2 cm×0.1 cm	图 7-15（b）
	美国巧克力芯荒漠迷彩	六色（灰、浅绿、浅黄、浅棕、棕、黑）	边缘光滑，大斑块以灰、浅绿、棕、深棕为主，浅黄和黑色小斑块点缀于大斑块内；大斑块尺寸较大，最大尺寸约为 56 cm×36 cm，最小斑块约为 0.3 cm×0.2 cm；明度偏低	图 7-15（c）
	美国三色荒漠迷彩	三色（浅绿、浅黄、棕）	边缘光滑，斑块较大，斑块数量少，以浅绿和浅黄为主；斑块最大尺寸为 55 cm×36 cm(浅绿)，最小斑块为 21 cm×2 cm；浅色部分明度偏高	图 7-15（d）
	德军 Flectarn 荒漠迷彩	三色（卡其、绿、棕）	斑块状，边缘光滑，卡其色为主，绿色和棕色斑块点缀其上；较大斑块尺寸约为 17 cm×9 cm，最小斑块尺寸约为 0.6 cm×0.8 cm	图 7-16（a）
	意大利 Vegetata 荒漠迷彩	四色（乳白、浅绿、浅棕、棕、深棕）	无明显斑块轮廓，以浅棕、棕、深棕色调为主，乳白色和绿色斑块穿插点缀；斑块尺寸小，最大斑块尺寸约为 12 cm×4 cm，最小斑块尺寸约为 0.1 cm×0.1 cm	图 7-16（b）
多地形迷彩	美国 Multicam	七色（深绿、灰绿、浅绿、深棕、中棕、浅棕、乳白）	无黑色、边缘光滑、图案自然；颜色部分渐变、深棕色点缀穿插，整体颜色偏浅明度偏高；较大的斑块尺寸约为 21 cm×7 cm	图 7-17（a）
	虎斑多地形迷彩	七色（灰、乳白、浅绿、绿、浅棕、棕、深棕）	横纹迷彩，斑块边缘光滑，末端有突出和分叉，混色良好，深棕色小点点缀穿插；整体颜色偏浅，明度偏高，无大斑块，斑块长度和宽度分别在 10 cm 和 3 cm 左右	图 7-17（b）

145

迷彩类型	迷彩名称	颜色	特点	图案
通用型迷彩	美国陆军现役数码迷彩 ACU	三色（乳白、灰、深灰）	两种颜色、浅色系；平时穿用；边缘数码化，数码斑块小，大部分斑块的长宽均在 5 cm 以下，较大斑块的尺寸约为 10 cm×5 cm，最小数码点尺寸为 0.2 cm×0.1 cm；整体明度偏高	图 7-18（a）
	美国军用虎斑数码迷彩 ABU	三色（乳白、灰、深灰）	两种颜色、浅色系；平时穿用；虎斑迷彩，斑块边缘数码化，长条形斑块，蓝灰色斑块比较明显；大斑块的尺寸约为 30 cm×4 cm，最小数码点尺寸为 0.1 cm×0.1 cm；整体明度偏高	图 7-18（b）

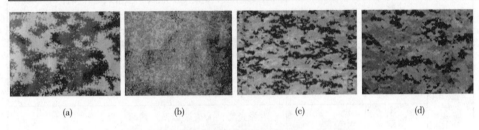

(a)　　　　　　(b)　　　　　　(c)　　　　　　(d)

图 7-11　林地数码迷彩

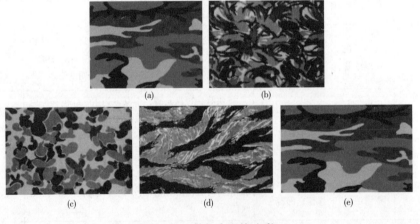

(a)　　　　　　(b)

(c)　　　　　　(d)　　　　　　(e)

图 7-12　林地大斑块迷彩

146

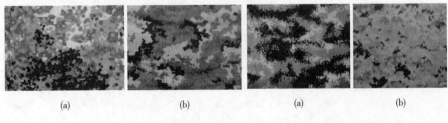

(a)　　　　　　(b)　　　　　　(a)　　　　　　(b)

图 7-13　林地较小斑块迷彩　　　　图 7-14　荒漠数码迷彩

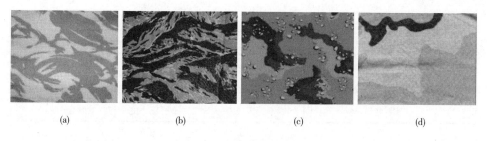

图 7-15　荒漠大斑块迷彩

图 7-16　荒漠较小斑块迷彩　　　　图 7-17　多地形较小斑块迷彩

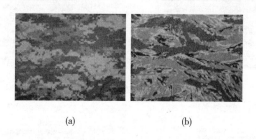

图 7-18　通用型迷彩

　　以上颜色、图案、整体辨识分别求得平均分数后，即可按照分数进行颜色、图案、整体辨识的总体评价。

　　如图 7-19 所示，给出了部分林地迷彩在不同观察距离下的迷彩斑块和颜色的辨识度。

表 7-3　迷彩实地观察评分标准

评分分数	评分标准		
	颜色辨识度	图案辨识度	整体辨识度
5	各种颜色均清晰可见	边缘轮廓清晰可见	清晰可见（颜色及斑块均清晰可见）
4	主要颜色 2～3 种可见	边缘模糊但是图案斑块清晰可见	较为清晰（大致颜色和斑块可见）
3	整体颜色可见	斑块模糊可见	模糊可见（整体颜色及斑块模糊可见）

评分分数	评分标准		
	颜色辨识度	图案辨识度	整体辨识度
2	深浅或明暗可见	看不清楚斑块	大致可见（深浅或明暗可见）
1	看不见颜色	看不见斑块	不可见（完全与背景融合）

由图 7-18 可以得出以下基本结论。

（1）具有 20 cm×20 cm 大斑块、且斑块颜色对比强烈的 07 林地迷彩，在 100 ~ 150 m 观察距离下，依然可见清晰的斑块；而斑块尺寸较大、单颜色对比不强烈的虎斑林地迷彩（以绿色和黑色为主，大斑块长度在 20 ~ 40 cm，宽度在 2 ~ 3 cm，绿色部分明度高）在 100 m 处的辨识度远远好于 07 林地迷彩。

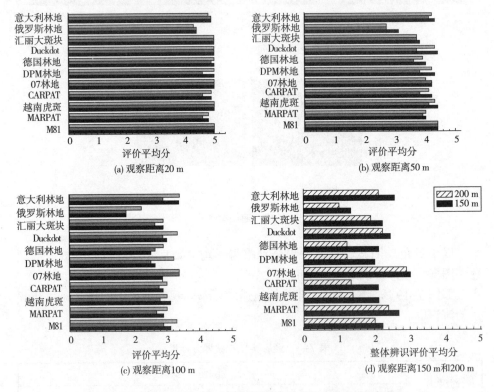

图7-19　林地迷彩在林地背景不同距离下斑块和颜色的辨识度

（2）由 0.1 cm×0.1 cm 小斑点、四个相近颜色混杂构成的俄罗斯林地迷彩，则在 30 m 观察距离下，就基本只能够观察到明暗，看不清楚斑块颜色。

（3）四色对比不强烈、整体亮度系数偏暗、部分 8 cm × 2 cm 小黑树枝样穿插、较大斑块尺寸多为 10 cm × 20 cm 的英军 DMP 林地迷彩；以及 0.2 cm × 0.2 cm 小斑点、同一颜色斑块小（最大 10 cm × 6 cm）、极少粉色点缀（5 cm × 2 cm 粉色最大尺寸）的四色数码 CARPAT，在 50 m 观察距离下，大部分斑块不可见。

（4）斑块较远距离不能够分辨、整体亮度和背景相似的迷彩，最不容易被发现。

7.5.3　荒漠类开阔背景下的辨识度

图 7-20 给出了部分荒漠迷彩在不同观察距离下的迷彩斑块和颜色的辨识度。

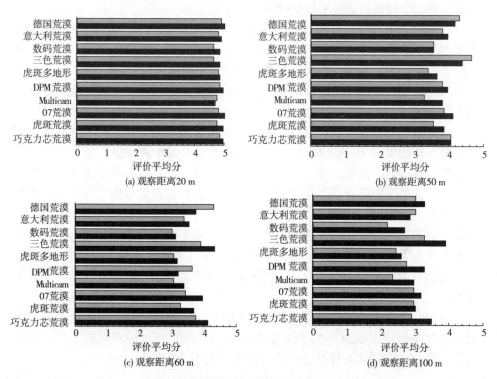

图 7-20　荒漠迷彩在荒漠背景不同距离下斑块和颜色的辨识度

■ 图案　　■ 颜色

四色颜色对比不强烈、由 0.4 cm × 0.4 cm 数码小斑点构成的 07 数码迷彩，由较大斑块尺寸约为 20 cm × 20 cm、最小数码点为 0.2 cm × 0.1 cm 的四色美军荒漠迷彩，无论是在 20 m 还是 100 m 观察，颜色和斑块辨识度均不高。

而边缘光滑、斑块较大且数量少、以浅绿和浅黄为主、斑块最大尺寸为 55 cm × 36 cm（浅绿）、最小斑块为 21 cm × 2 cm、浅色部分明度偏高的美军三色荒漠迷彩；边缘光滑，大斑块以灰、浅绿、棕、深棕为主，浅黄和黑色小斑块点缀于大斑块内，大斑块尺寸较大，最大尺寸约为 56 cm×36 cm，最小斑块约为 0.3 cm×0.2 cm，明度偏低的美军巧克力芯荒漠迷彩；斑块状、边缘光滑、卡其色为主、绿色和棕色斑块点缀其上、较大斑块尺寸约为 17 cm×9 cm、最小斑块尺寸约为 0.6 cm×0.8 cm 的德军 Flectarn 荒漠迷彩；这三种迷彩，在 100 m 处依然清晰可见斑块及其颜色。

7.6 活动小目标迷彩设计原则

7.6.1 活动小目标伪装要求特征分析

从探测角度而言，侦察方采用各种光学器材如望远镜、微光夜视仪等，对置于背景下的活动小目标进行侦察。在这个系统里面，涉及侦察者、目标、背景三个要素。为了实现良好伪装，需要从这三个要素进行分析。

（1）从侦察者的视觉搜索而言，作战背景应该是开阔、立体、复杂的背景为主。

当侦察者开始在背景中搜索目标时，从由近距离逐渐过渡到较远的地方进行侦察，即距离为 10 m，20 m，…，200 m。在一定距离侦察，摄入侦察者的视觉搜索范围的必然是开阔、复杂、立体的背景，而不是搜索中止时、集中于某一个具体的小范围背景。所谓开阔背景是指在一定搜索范围内没有大的或密实的或者挡住视线的遮挡物，否则，搜索将被中断，如图 7-20（a）所示，被树叶遮挡严实的背景，侦察者难以深入搜索。所谓复杂背景，是摄入视线的地物都是侦察者搜索的范围，构成了多种地物共存的复杂背景。所谓立体背景，是指侦察者由近及远的搜索时，不同距离平面下的背景层层叠合，是立体多维度的。

由此，活动小目标的设计应基于一个开阔的、三维立体、多种地形及地物混杂的复杂背景，如图 7-21 所示，而不是以往的、极近距离观察下的、直接关注于特定区域的单调封闭的背景，如图 7-22 所示。

图 7-21 典型的开阔背景

图 7-22　典型的封闭背景

（2）从目标的能动性而言，活动小目标迷彩设计应以地面和近地面背景特征为主。

以发现目标为目的的伪装，只对静止的目标有效，对运动的目标基本无效。对于静止的目标，可分为站姿、蹲姿和卧姿三类。如果是站立状态，前面应有遮挡物，否则会尽快移动；如果呈静止蹲姿，前面大部分也应有一定遮挡物。实际场景中，在有遮挡物的前提下，具有主观能动性的活动小目标必然寻找遮挡物进行掩护；而在无遮挡物的、较为平坦开阔的地形下，最佳姿态是蹲姿或卧姿。也就是说，实际场景中有效的隐蔽，活动小目标应该是卧着或蹲着或隐藏在某个遮挡物后面。由此，活动小目标迷彩图案的设计应基于地面及近地面背景；而不是高大的、单调的树木或砂石等背景，如图 7-23 所示。

(a) 卧姿　　　　　　　　　　　(b) 蹲姿　　　　　　　　　　　(c) 站姿

图 7-23　活动小目标的三种典型姿态

无论何种典型地形，都应该以该地形中的地面特征作为主要背景来提取，生长于地面上的树木色等是点缀色；地表裸露的土壤色、分布在地表的落叶、枯树枝、地表生长的矮灌木及小草等是伪装借助的主要元素。如第 6 章所述，通过遥感获得地表色调后，最终还要通过实地地面背景进行特征分析和提取。

（3）从背景自身而言，地物颜色丰富，层次感强，是丰富的、渐变的、多样化的。

自然界的植被及地表土壤等特征千差万别，但是，也有原则可寻。第 6 章中，在华南、华中、西北、西南等地的光谱特征采集也很好说明了这一点。以绿色植被为例，且均存在一个典型的"绿峰"和"红边"，即在 550 nm 处出现一个绿色的吸收峰，在 700 ～ 750 nm 会出现一个跃升；新叶和老叶存在显著的反射率差异，且同时存在嫩绿色、中绿和深绿色，其在 550 nm 的反射率在 5% ～ 25% 变化，在 750 nm 处反射率在 30% ～ 60% 变化。对于土壤、普通的白石头、树干等，存在代表颜色的吸收峰差异和反射率差异。

（4）从视觉认知的角度而言，活动小目标的迷彩设计难以完全仿造背景特征，而应该采用视知觉原理，使迷彩融入大部分背景。

7.6.2　活动小目标伪装背景分类

根据传统的地形分类，迷彩服通常分为林地型、荒漠型、雪地型、丛林型、海洋型等，同时，还有代表各个军兵种的兵种迷彩，如美国海军用藏青色迷彩等。这些迷彩应用的典型地形及其特点见表 7–4。

表 7–4　传统的迷彩设计用背景分类

背景类型	特征	地面伪装背景分析
林地型	南方型：常绿阔叶树为主，黄土、褐土、黄红土为主 北方型：针叶林为主，黑土、褐土、棕土为主 草原型：牧草和灌木为主，黑土、栗钙土、棕钙土	地面上低矮的植被、裸露的土壤、落叶和枯树枝、阳光下的阴影
荒漠型	荒漠灌木为主、棕钙土、砂砾钙土、灰棕漠土和棕漠土为主	土壤、植被颜色，混杂背景
沙漠型	沙漠：黄土色和灰棕色 戈壁：大面积青色的石头，间隔稀疏的低矮灌木	纯沙漠为单调背景；戈壁用接近单调的背景
雪地型	积雪背景，稀疏针叶，黑土和褐土为主	以白色为主的单调背景
城市型	建筑物、马路、树木等	大量遮挡物的背景
山地型	丛林、山峰、岩石	混杂型背景
海洋型	沙岸、泥岸	—

如前所述，活动小目标的伪装背景划分应该基于如下原则。

（1）因其主观能动性、背景复杂多变性，导致其难以像装备伪装一样，采用仿造迷彩，完全模拟背景环境特征。

（2）基于前面分析的活动小目标伪装背景特征，活动小目标迷彩设计应以地面及近地面特征为主。

（3）活动小目标的伪装背景应该是开阔的，不是单调封闭的背景。

同时，基于这两点，从伪装角度而言，提出新的活动小目标迷彩设计背景划分，见表 7–5。

表 7-5　背景划分及实例

大类	特征	实例	对应的迷彩设计要求
开阔单调背景	单调的颜色和地形特征	以白色为主的雪地	白色为主的雪地迷彩
		地表绿色植被覆盖率大于 50% 以上的草原、常绿灌木地；	绿色占一半以上的林地迷彩
		以亮黄色为主、亮度系数高的纯沙漠地	亮度系数极高的黄色占一半以上的沙漠迷彩
开阔混杂背景	地面颜色斑驳、混杂着石头、土壤、植被、水体等的混杂背景	绝大部分我国北方的阔叶林地我国南方地表绿色植被覆盖率低于 50% 的林地、丛林地带我国北方秋冬季节以棕色调为主、带有植被的荒漠夹杂着低矮植被的戈壁	黄棕色和绿色间杂为主色调的多色渐变迷彩视错觉设计迷彩非主色调迷彩
有大量遮挡物的背景		大量遮挡物的城市背景大量树木遮挡的、茂密的丛林背景	可以充分利用遮挡物进行遮蔽，迷彩设计应该遵循视知觉中避免视觉注意的原则

此外，在没有阳光照射的茂密的丛林，任何伪装都是有效的；在有阳光照射进来的丛林，带有光影的斑驳的地面是伪装借助的主要背景。

7.6.3　基于视知觉的迷彩设计原则

结合前述伪装背景特征分析及分类、各类现有迷彩服在各背景下的伪装效果分析及评价、各尺寸和颜色迷彩斑块在不同观察距离下的辨识度以及视觉认知的一些基本原则，提出如下活动小目标迷彩设计理论。

（1）作为活动小目标，迷彩设计应通过图案和颜色的自身融合以及视觉错觉设计，尽量和大多数背景融合，或者使侦察者发生误判，或者无法引起侦察者的视觉注意；而不是过分强调和特定背景的颜色融合，也不是通过强烈的对比形成目标分隔来实现伪装。

（2）迷彩图案自身的斑块和颜色，需要遵循近地面自然背景的基本规律，包括背景图案形状和颜色的立体化、多样性、无序性。

（3）迷彩图案和颜色，自身需要避免引起视觉注意的设计，包括容易引起视觉注意的特征（比如，规则图案、对比强烈的颜色和斑块）、容易引起局部知觉的特征（图案中突出和跳跃的颜色）、超过视觉阈限的斑块尺寸等。

153

7.7 活动小目标迷彩图案设计

7.7.1 特定单调背景的迷彩图案设计特征

特定单调背景，是指具有明显特征的背景，比如一望无际的沙漠、雪地、地面覆盖大量植被的林地等；也指在某一个可以提取明显特征的地区背景，比如点缀着岩石的沙漠、高大的阔叶林等。第一次世界大战及第二次世界大战的迷彩图案的多样化，正是来自特定作战背景的不停变化。

第二次世界大战至今，大多数迷彩图案往往根据某种特定类型地形的伪装需求而进行设计。图7-24给出了5种外军单一地形的普通迷彩图案。图7-24（a）为美军的"巧克力芯"荒漠迷彩，图案块状面积大，分布较为均匀，底层形态模仿的是荒漠丘陵的光影关系，上层分布大小不一的白色块及黑色边缘的点状形态，模仿戈壁碎石块及其边缘阴影，对大块面进行分割处理。图7-24（b）和（c）分别是美军虎斑荒漠迷彩和意大利荒漠迷彩，虎斑荒漠迷彩图案底层形态形似起伏不定的丘陵地貌，山壁的岩石走向化作细碎的线条分割底部形态；意大利荒漠迷彩，上层采用疏密组合的苔藓状形态对底部大的形态进行分割。图7-24（d）和（e）分别展示的是美军M81林地迷彩的图案和英军分裂型（DPM）林地迷彩，明显是对树林植被的光影再现，底部形态模拟林地光影和大块面的地面，用上层树枝权似的条状进行叠加和分割。

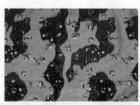 

(a) 美军Chocolate Chip荒漠迷彩　　　　(b) 美军虎斑荒漠迷彩

(c) 意大利荒漠迷彩　　　(d) 美军M81林地迷彩　　　(e) 英军DPM林地迷彩

图7-24　各国单一地形迷彩

以上满足单一地形伪装需求的普通迷彩具有以下共同设计特点：注重对地貌的抽象提取，针对特定地貌鲜明的形态特点；进行了不规则的体面分割，形态相似但不相同；注重相互干扰形体的单纯性和方向性，避免形成规律性的视知觉，在色彩上也极力模仿该地区的色彩面貌；多为四套色彩和明显的两个构图层次关系。

从图案的表现形式而言，也具有以下共同特点：斑点、条纹或斑块彼此间界限分明、边缘清晰；每一种斑块的颜色单一、显著；斑块之间具有较为明显的对比特征。

7.7.2　多背景下的迷彩图案设计特征

如前所述，在各个地貌执行军事任务时，会依据地貌特征设计迷彩，由此出现了林地迷彩、荒漠迷彩、城市迷彩、雪地迷彩等单一地貌迷彩。显然，迷彩要具备与背景环境特征相似的效果，在静态隐蔽和动态行进中，无论是色彩还是图形都要与环境实现最佳融合，不易被察觉。与普通迷彩适应特定、单一地形不同，对于需要适合多种地形地貌的活动小目标迷彩而言，要适应多种不同地形，且都要得到良好的隐蔽效果，图案功能性的设计难度极大。不仅在图案形态提取上需要兼顾各种地貌的特点，还要涉及图案形象的形状（轮廓线）、情态（方向、动势）、面积（比例尺度）、空间（层次、透视）、色彩（比例、虚实）等各个方面的谋篇布局。

因此，考虑具体颜色的色度学指标，需要通过作战背景地植被的电磁波谱特征来决定。仅从图案设计而言，适合于活动小目标的迷彩图案，其设计应该满足以下基本要求。

（1）图案形态需要适应不同地形。首先要有针对性地研究不同区域的地形地貌。由于各种地貌植被的形态截然不同，图案形态不能是具象形象的组合，需要处理成为辨识性低的抽象形象，能兼顾体现各种地貌形态特点，形态类型多样，多是不规则的几何形，数量上不能低于两类，具体根据适应的地形地貌数量确定。比如，美军多地形迷彩 Multicam 模拟了裸露的土地、低矮草皮、间或生长的高大乔木。多地形图案形态更为多元化，彼此之间的空间关系更为复杂。

（2）图案需要呈现出"立体空间"的视觉错觉效果。作为迷彩使用者，为了避免被发现，经常要蹲或卧于地面，自身形成了单一的大体块，与复杂立体、层次丰富的背景环境相比较，显得孤立而突出。要想实现良好的隐蔽效果，迷彩图案应该碎片化，能塑造大小不一、多少不均的"立体形态"，这些不规则的中小型图案更易于与自然界的地面形态相接近，在视觉上产生就地消失的效果。

（3）图案应该能够接受外部环境色光的干扰。图案需要呈现出易受不同客观环境色光的干扰，即能随着不同环境色和不同时间光线的变化进行"变色"伪装的效果。当处在不同地形情况下，自身可以进行不同色面积的"扩张"和

"缩减"，以实现"图底转化"，与周围环境色光融为一体，使观察者对迷彩穿着者在一定视觉距离中产生"盲视"效果。

只有具有上述三个特点，迷彩图案才能够从视觉上，通过一个图案满足多种地形背景的伪装需求。当观察置于各类背景中的迷彩时，会觉得它是自然界的一部分而忽略它。

该类迷彩图案充分利用人与外部环境互动时，人对形态和色彩的视觉错觉来实现与多种不同作战背景的环境融合。多地形迷彩图案是色彩学与图案形态学结合的设计结果，是严谨而缜密的规律设计。

7.7.3 基于视知觉的多背景迷彩设计方法

利用非规则特征提取法、视空间知觉法、图底转换法和色彩视觉错觉法等形态设计手法，可实现兼具多种地形特征的迷彩图案设计。

7.7.3.1 非规则特征提取法

迷彩图案形态是在观察并模仿自然生态环境的基础上进行抽象化处理后提取而来。首先需要进行地貌勘察，对作战背景的林地、荒漠、沼泽、戈壁滩等地形的自然生态、水纹地貌的地理特性进行自然生态分析。关注植被生长状态、沙土石的状态、丘陵地势走向以及它们的空间面积分布情况，涉及空间分布、形态特点、三维深度等方面；其次关注受风力、水流影响而造成的形态之间的涡旋、搅动等动态特点，这样更有利于图案的情态表达。

不同区域地貌特点不同，美军、英军等军队迷彩在图案形态上呈现出各自独有的特点（图4-6）。尽管是抽象形象，仔细辨认还是可以看出，美军多地形迷彩图案是由高低错落的植被、沙石、开阔的土地共同构成，植被既有草皮也有灌木形态，间或有高大孤立的树木，片状的裸露土地和四处散落的石块，与两伊地区的地理地貌极为吻合，因此，在伊拉克战争中，美军的迷彩服取得很好的实战效果，得到认可。

设计细节也是决定其隐蔽效果的关键。

一是自然环境的生态地貌多呈现不规则和非均匀状态，因此，图案形态需要拒绝纯几何化造型，诸如三角形、方形、正圆形等规则图形。

二是形象的轮廓线不能出现长直线。结合人眼辨识最小尺寸，尽量不要出现长于5 cm的直线，例如，美军多地形迷彩图形都是不规则的曲线，英军多地形迷彩图形是由不规则短折线塑造而成，轮廓线以不规则曲线组成，单一形体长度不超过20 cm。

三是迷彩要实现立体视图，需要利用不同视点提取形态重构而成，拒绝塑造方向感。

7.7.3.2 视空间知觉法的应用

三维视觉的形成可以依靠许多客观条件和机体内部条件并综合已有视觉经

验而实现。设计师往往利用单眼线索制造迷彩图案中的深度空间关系，从而使二维的图案实现立体视图效果。在美军和英军迷彩设计中行之有效的是遮挡手法、质地梯度手法和空气透视手法。

（1）遮挡手法。是指如果一个物体被另一个物体遮挡，遮挡物看起来近些，而被遮挡物则觉得远些，从而创造距离知觉。美军迷彩非常注重遮挡手法的应用，利用明暗对比强烈的点状、条状进行穿插性遮挡，与被遮挡形象之间产生前后的层次空间感。

（2）质地梯度手法。利用密度上的强弱产生向远近的距离知觉，在美军迷彩图案的循环单位里，利用六组不同强弱密度的组合模仿有机体的视觉经验。

（3）空气透视手法。是针对远处物体在细节、形状和色彩上的衰变现象，由于空气的散射，当人们观看远处物体时感觉能看到的细节越少，物体的边缘越远越不清楚，越来越模糊。如图 7-24 所示，美军迷彩图案在大色块的轮廓处理上，采用多色彩、交错虚化轮廓线，使不同形象相互融合、过渡，虚虚实实空间交错出现，产生不确定性的远近虚实关系。诸如在一块形状上，左边是橄榄绿，逐渐过渡到棕色，上面是棕色，下面变成米色；形状没有完整的轮廓线，当一侧借助色彩的明暗对比呈现清晰的边界，另一侧会与底色相融合，或利用点状扩散效果，使其边界消失。形状之间的前后关系变成不确定的、相互可以变化的关系。

图案的方向性是扰乱视觉的思考角度，需要进行多方向的设计。如图 7-25 所示放大的美军多地形迷彩图案，其多方向性是指水平方向和垂直方向的交错应用，图案的下层形态总体方向上暗含着多层不断推开的水平方向排列，上层形态以暗色调进行垂直方向的错落分布。英军迷彩图案则利用翘曲的形状进行错落性安排。

图 7-25　放大的美军多地形迷彩图案

7.7.3.3　图底转换法的应用

图底转换是把图与底作为可以相互转化的具有双重图像的正负图形来设计。普通纺织品的图案设计往往强调图与底的稳定性。在迷彩设计中，强调随着所处环境的转变，需要二者之间可以灵活转换。观察者在客观环境因素影响下，综合自身的心理因素，会把迷彩中与环境色相关的图形作为主"图"来识别，产生迷彩与环境之间的同色系效应，使之与环境易于成为一个整体，从而提高隐蔽效果和质量。

考虑多地形迷彩图案由多种地貌组成。比如，图案中，林地和荒漠面积最大，戈壁和沙漠的面积为其次时，每种地貌特征的提取都需要实现由"底"转化为"图"的视觉效果。要实现这种视觉效果，实现彼此之间的图底转换，需要在构图时，尽量避免图形之间简单的重合叠加，使每一个图形与图形之间做到你中有我，我中有你的透叠安排。从设计细节角度而言，要把每个图形的上下左右确定为"头"和"尾"的关系，"头"是其他图形的"图"，"尾"是其他图形的"底"，这样才能使多地形图形彼此交织在一起，形成极为丰富的图底层次，如图 7-25 所示的实面和虚面配合的造型处理。

7.7.3.4 色彩视觉错觉法的应用

多地形迷彩的设计需要充分利用色彩视觉错觉，具体手法是设计中大量运用色点组成的虚面，虚化图形的轮廓，使其与其他图形叠加在一起，利用色彩同时对比时，相邻的虚面色彩会改变或失掉原来的色彩属性，向对方色彩转换的错视效果。这种现象是意大利帕多瓦大学视觉科学家鲍拉·布莱森发现的地牢错觉现象，图案均由同样的色点构成，但在不同背景影响下，它们却呈现出不同的颜色，绿色背景下为绿色，蓝色背景下又变成蓝色。如图 7-25 所示是美军迷彩的主要用色，卡其色、橄榄绿和棕红，是灰色调的对比色。为了塑造易受不同客观环境因素干扰的色彩，以实现色面积的"扩张"和"缩减"，橄榄绿或棕红色以色点的形式印制在对方形态之上。在超出 5m 的视距范围后，虚面会与相邻的色彩发生心理性视觉错觉现象。比如，受客观环境色的影响，虚面会失掉原来的色彩属性，趋向环境色，削弱自身的面积，使与环境色相似的色彩面积扩大。如果客观环境色与之相似，虚面会强化自身色彩，扩大色面积。

7.7.4 迷彩图案的审美性

迷彩图案设计在强调功能性的基础上，还需要关注其审美性。在保障功能性的基础上，图案造型及色彩的异同关系、主次关系、明暗关系等需要进行细微的处理，需要遵循形式美法则的基本要求。

图案形式美的总则是变化与统一，也称多样与统一，它是一切艺术领域中处理形式的最基本原则，是构成形式美的重要法则之一。变化与统一借助对比与调和手法相互依存，没有调和的对比只会导致图案呈现分离、排斥的效果，没有对比的调和则会产生贫乏、单调的视觉效果。

迷彩图案的艺术美体现在变化与有序之间的结合，变化使其生动、活泼、丰富；统一则使形态间避免紊乱，呈现视知觉美感。迷彩图案的变化体现在造型要建立丰富的对比关系。造型之间要具有如下几种对比关系，在形状之间、尺度之间、空间之间、层次之间建立变化组合；构成造型的视觉元素之间都要进行主次对比、大小对比、强弱对比、粗细对比、藏露对比、肌理对比的处理；造型构图的对比关系包含方向对比、聚散对比、虚实对比、图底对比、比例对比，在安排空间关系时，再以反复、交替、渐变、突变等手法进行处理。三者综合在一起，才能将变化的多样性鲜明体现出来。

统一指众多变化之间存在有规律的组合关系。造型在形状、动态、色彩、肌理诸方面都包含同一性要素，使所有造型之间建立起密切关系，从而使丰富的变化组合中暗含着强烈的律性，例如，采用造型的群化手法，尽管形状上没有完全一样的造型，但是，轮廓线都使用曲线配合圆角处理，促使所有造型像某类生物体一样，虽然外貌各有不同，但是，都有相同的构造。对构图的统一关系处理中，先将所有造型确立三至四个层次关系，在此基础上，建立这几个层次的主次关系、从属关系，规律性的布局无形中塑造了节律性，借助这些调和的手法建构了丰富的统一关系，在视觉审美上，形象的整体感、协调性自然充分体现出来。

参考文献

［1］BAUMBACHJ. Psychophysics of human vision and camouflage pattern design ［C］. 2nd CIE Expert Symposium on Appearance，Belgium，2010，9：8-10.

［2］喻钧，双晓，胡志毅，等. 基于光学伪装的数码迷彩技术 ［J］. 计算机与数字工程，2011，39（12）：142-146.

［3］杨开清，视器，见柏树令，等. 系统解剖学 ［M］. 6 版. 北京：人民卫生出版社，2005.

［4］朱滢. 实验心理学 ［M］. 北京：北京大学出版社，2000.

［5］彭聃龄. 普通心理学 ［M］. 北京：北京师范大学出版社，2004.

［6］荆其诚，焦书兰，纪桂萍. 人类的视觉 ［M］. 北京：科学出版社，1987.

［7］杨振亚，王勇，杨振东，等. RGB 颜色空间的矢量—角度距离色差公式 ［J］. 计算机工程与应用，2010，46（6）：154-156.

［8］王博，王自荣，孙晓泉. 迷彩涂层斑块颜色研究 ［J］. 光电对抗与无源干扰，2002（4）：3-5，13.

［9］贾其，吕绪良，吴超，等. 基于人眼视觉特性的红外图像增强技术研究 ［J］. 红外技术，2010，32（12）：108-112.

［10］张振升，朱名日. 基于 HSI 颜色空间的蔗糖结晶图像分割方法 ［J］. 计算机工程与应用，2011，47（11）：190-193.

［11］徐英. 基于背景代表色提取的迷彩伪装颜色选取算法 ［J］. 光电工程，2007（1）：100-103，144.

［12］张勇，吴文健，刘志明. 仿生迷彩伪装设计 ［J］. 计算机工程，2009，35（6）：35-37，40.

［13］MathworksInc.Matlab ［EB/OL］. http：//www.matlab.com，1994-07-10.

［14］郑元林，杨淑蕙，周世生，等. CIE 1976 LAB 色差公式的均匀性研究 ［J］. 包装工程，

2005（2）: 48-49, 65.

[15] BEAUDOT W H A, MULLEN K T. How long range is contour integration in human color vision? [J]. Visual Neuroscience, 2003, 20（1）: 51-64.

[16] 双晓. 基于双重纹理的数码迷彩研究与设计 [D]. 西安: 西安工业大学, 2012.

[17] 桑农, 李正龙, 张天序. 人类视觉注意机制在目标检测中的应用 [J]. 红外与激光工程, 2004（1）: 38-42.

[18] 梁宁建. 心理学导论 [M]. 上海: 上海教育出版社, 2006.

[19] 张学民. 实验心理学 [M]. 3版. 北京: 北京师范大学出版社, 2011.

[20] RAYMOND J E, SHAPIRO K L, ARNELL K M. Temporary suppression of visual processing in an RSVP task : an attentional blink? [J]. Journal of Experimental Psychology : Human Perception and Performance, 1992, 18（3）: 849-860.

[21] GHORASHI S M, SHAHAB Smilek, DANIEL Di Lollo, et al. Visual search is postponed during the attentional blink until the system is suitably reconfigured [J]. Journal of Experimental Psychology Human Perception & Performance, 2007, 33（1）: 124-136.

[22] SHAPIRO Kimron, SCHMITZ Frank, MARTENS Sander, et al. Resource sharing in the attentional blink [J]. Neuroreport, 2006, 17（2）.

[23] MACK A, ROCK I. Inattentional Blindness [M]. Cambridge, MA : MIT Press, 1998.

[24] MOST S B, SIMONS D J, SCHOLL B J, et al. How not to be seen : the contribution of similarity and selective ignoring to sustained inattentional blindness [J]. Psychological Science, 2001, 12（1）: 9-17.

[25] STORM R W, PYLYSHYN Z W. Tracking multiple independent targets : evidence for a parallel tracking mechanism [J]. Spatial Vision, 1988, 3（3）: 179-197.

[26] OKSAMA L, JUKKA Hyönä. Is multiple object tracking carried out automatically by an early vision mechanism independent of higher, rder cognition? An individual difference approach [J]. Visual Cognition.

[27] LIU G, AUSTEN E L, BOOTH K S, et al. Multiple-object tracking is based on scene, not retinal, coordinates [J]. Journal of Experimental Psychology : Human Perception and Performance, 2005, 31（2）: 235-247.

[28] SIMONS D J, LEVIN D T. Change blindness [J]. Trends in Cognitive Sciences, 1997, 1（7）: 261-267.

[29] 张晨, 张智君, 赵亚军. 注意和工作记忆提取对变化盲视的影响 [J]. 应用心理学, 2009, 15（4）: 312-316.

[30] POSNER M I, COHEN Y P C. Components of Visual Orienting In Bouma H & Bouwhuis D（Eds.）, Attention and Performance X [M]. Erlbaum, 1984: 531-556.

[31] BERGER A, HENIK A. The Endogenous modulation of IOR is nasal-temporal asymmetric [J]. Journal of Cognitive Neuroscience, 2000, 12（3）: 421-428.

[32] 王均, 王玉改, 王甦. 任务难度对于返回抑制出现时间的影响 [J]. 心理科学, 2000（3）: 319-323, 383.

[33] http : //blog.sina.com.cn/s/blog_5223ef410100lix4.html.

第8章 迷彩织物制备与印染技术

8.1 迷彩织物制备及要求

8.1.1 从设计到制备

　　如何将设计好的迷彩图案，通过印花技术，转移到具有一定理化性能的基布上，是制备迷彩织物的关键环节。鉴于计算机图案设计、分色配色等强大功能，目前，从图案到实物的过程，基本都是在计算机上进行配色、图像修改，再通过分色系统，将图案分层分色；根据分层，采用光刻等技术制备花辊，根据分色调配染料或涂料等，通过印花工艺转移到织物上。整个大的流程如下：

　　设计好的图案（或者实物扫描图案）→计算机分色→计算机描稿→制网→印花→迷彩织物

　　其中，分色是指将多色迷彩，按照不同颜色一层一层分出来，如图 8-1 所示。一个包含棕色、绿色、中灰和浅灰四色的迷彩图案，至少需要分成棕色、绿色、中灰这 3 个不同的颜色层，加上浅灰底色基布，4 层叠合起来，就成为一个完整的迷彩图案。

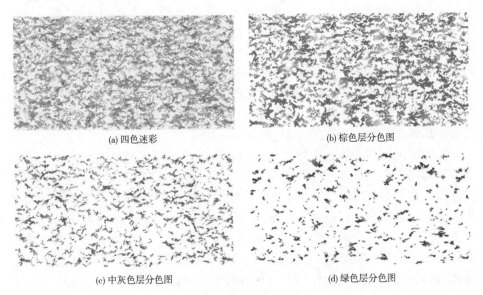

(a) 四色迷彩　　　　　　　　　　　　　(b) 棕色层分色图

(c) 中灰色层分色图　　　　　　　　　　(d) 绿色层分色图

图 8-1　四色迷彩的分色图稿

分色后，需要对每一层的轮廓进行修改和完善，便于后续加工以及能够很好地复原成完整的迷彩图案。

然后，根据每一层的图案，采用带有孔眼的花网，将颜色部分镂空、其他部分掩盖住，制备花辊。这样，染料或颜料从镂空部分转移到织物上。其中，花网的目数会影响图案的精细度。目数越大，即单位面积的孔数越多、孔眼越小，图案越精细。对于具有渐变效果的图案，花辊的孔眼密度分布也需要梯度渐变，以实现从深到浅的颜色过渡。

将制备好的花辊，安装在印花机上，有几种颜色就有几个花辊。根据分色提供的颜色指标，配置染/涂料，进行后续的印花加工。

在这个环节中，计算机设计的图案呈现的机器颜色，如何转变成织物上可见的反射光颜色，是颜色复现的关键环节，也是非常困难的环节。大多数情况下，都是印花工厂的技术人员，凭借对颜色的敏感和对染化料的了解，通过多次打样、配色、调色后，才能够达到理想的颜色复现。

8.1.2 迷彩印花要求

从最初模拟自然环境的颜色和形状的较大斑块和图形尺寸的三至六色迷彩图案，发展到 20 世纪 90 年代借助计算机技术设计的、基于边缘像素化、广泛使用的四色数码迷彩图案，到阿富汗战场最新装备的渐变迷彩图案，迷彩图案的发展趋势如下。一是各图形斑块的尺寸逐渐变小。这点在数码迷彩中最为突出。数码迷彩借助计算机图形处理技术，使得边缘尺寸和独立单元的尺寸最小化，在印花技术许可下，应该可达到人眼分辨率的极限尺寸。二是图形色彩中，深色斑块逐渐减小。无论是美现役陆军数码迷彩还是 Multicam，都不约而同地采用了饱和度和明度较低的颜色，整件服装远看是很浅淡的颜色，包括美空军数码迷彩。三是图形之间的轮廓越来越不明显。除了以标识为目的的迷彩，迷彩图形斑块间的轮廓越来越不明显，大斑块已经很少见。四是颜色有增加趋势。从最初的五色、四色，到大量使用的四色林地迷彩以及三色和六色沙漠迷彩，到目前七色的 Multicam，颜色有增加趋势。五是图形的各斑块之间呈现融合趋势，而不是以往的强烈对照。

从图案的角度而言，图案的变化对印花提出了越来越高的要求，尤其是渐变迷彩的出现，有大量的云纹和泥点效果，难以采用平网和圆网印花实现。从迷彩服面料的角度而言，从早期的全棉织物到涤/棉和锦/棉织物，以及越来越多的高强耐磨阻燃织物等，面料中包含的纤维品种也呈多样化和特殊化，特殊的纤维对染化料和工艺提出了更新、更高的要求。从迷彩服承载的功能而言，多频谱伪装是趋势，对热红外、雷达隐身的需求也要逐渐考虑，除了采用结构设计实现外，吸波涂料、低红外发射率的涂料也需要通过印花技术实现。

有别于普通印花织物，军警迷彩织物具有自身显著特点。一是颜色特殊。模拟绿色植被的绿色和模拟沙土的棕色或棕褐色，成为世界各国绝大多数迷彩必不可少的颜色。二是图案自成体系。包括第二次世界大战时发源和流行起来的大斑块迷彩，20 世纪 90 年代起源的数码迷彩和近几年开发的多地形渐变迷彩等。三是大部分战时伪装用迷彩具有近红外伪装功能。四是基体织物的功能性要求高，比如，阻燃迷彩作战服，需要具有阻燃和迷彩伪装功能；高的断裂和撕破强力、良好的印花牢度等都是基本要求。

军警迷彩织物的特点，导致了对印花的高要求和特殊性。

8.1.3　近红外光谱要求

近红外伪装主要体现在对绿色植被在近红外波段的光谱曲线上的模拟。如图 8-2 所示，含水分的绿色植被的光谱，有着明显的"绿峰"和"红边"效应，即在可见光 550 nm 处出现绿色的反射峰、在 670 ～ 750 nm 处反射率出现一个跃升。而普通的染化料，无论是酸性染料、分散染料，还是还原染料，尤其混合出来的绿色，虽然在可见光部分会出现"绿峰"，但在近红外区域的反射率难以和绿色植被的光谱特征吻合，比如，绝大部分染化料在近红外区域的反射率往往高出绿色植被，且跃升的区间不同。这样，当用绿色检验镜或彩色近红外相机照相时，普通绿色织物还是显示绿色，而绿色植被则显示红色，或者两者显示出不同的灰度，如图 8-2 所示。

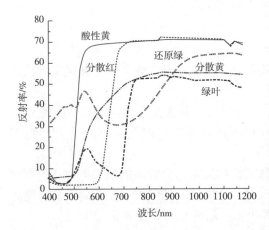

图 8-2　绿叶和染化料的光谱曲线及面料在绿色检验镜下的效果

目前，大部分战场伪装用迷彩服都具有近红外伪装功能。该功能的实现可以通过两条途径：一是降低基布的近红外反射率，比如，在织物中加入部分黑色纤维，如图 8-3 所示，加入黑色纤维的坯布的近红外反射率要比普通坯布的反射率低 10%；二是通过在印花过程中加入可以降低近红外反射率的涂料来实现。

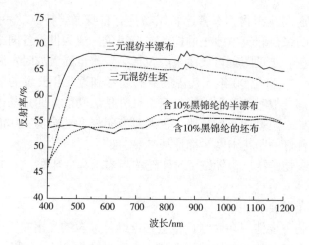

图 8-3   加入黑色纤维的坯布和普通坯布的光谱曲线

迷彩往往具有至少四种以上的颜色，且为了实现近红外区域的反射率的分散性，尽可能符合自然界背景的光谱分散性，需要对不同的颜色加入不同含量的、降低近红外反射率的涂料，以实现各种颜色在近红外反射率的分散性，而不是都如普通的分散染料一样具有相同的近红外反射率值。这要求迷彩印花，在分散／还原一浴两相法的基础上，进一步加入部分涂料同时印制。如前所述，涂料加入量、涂料的选择等都需要满足分散／还原印花的工艺条件。比如，涂料需要耐还原剂，加入过程中要防止涂料的结块等。

8.1.4   其他理化性能要求

为了实现迷彩服的迷彩效果、服用性能及功能性，迷彩印花和民用织物印花相比，具有以下特点。

一是印花色牢度要求高，比如，日晒牢度，绝大部分颜色均要求达到 5 级；耐洗色牢度、耐干磨牢度、耐汗渍牢度大部分要求 4 级以上；黑色耐湿摩擦牢度要求 3 级以上。

二是为了满足日常作训要求，该类织物通常具有较高的断裂强力和耐磨性等力学方面的要求。比如，平方米质量为 200 g/m^2 的织物，经纬向断裂强度高达 1000 N/5 cm；撕破强力也在 50 N 以上；耐平磨次数在 2000 次以上。

三是部分基体织物比较特殊，比如，多元协效阻燃混纺面料。对于阻燃迷彩织物，其垂直燃烧性能需要满足特定需求，比如，A 级阻燃织物，阴燃和续燃不大于 2 s、损毁长度不大于 50 mm，不熔融不滴落。

此外，迷彩织物还需要具有一定的尺寸稳定性、易去污性能，部分也需要防水透湿、防风等性能。

8.2　迷彩色的跨介质复现技术

迷彩色的跨介质复现技术主要指计算机屏幕的颜色表达系统（发光色、加法混色）到布基色样（非发光色、减法混色）的颜色复制。首先是基于数码相机获得的背景资料和迷彩设计理念，迷彩图案和颜色的设计者将在计算机上设计出符合设计师视觉感知要求的迷彩斑块颜色；然后，迷彩图案最终需要通过印染技术体现在纺织品上，或通过喷绘、涂刷技术体现在车辆、船舶、军械等钢铁或其他材料上。颜色在复制过程中，由于显色方式的改变（从发光色到非发光色）、载体材料形貌的改变（从屏幕的光滑平整表面到小尺度起伏的纺织品表面或军械大尺度的非平整几何形状）等，要保持设计的视觉感知效果在最终产品上不失真、不畸变，需要有一系列技术手段，来保证所设计的迷彩视觉感知得到有效复现。如果没有良好的颜色跨媒体复现技术，则从电脑设计稿到最终产品的制作过程将非常困难，极难达到期待的设计效果。

本节将围绕计算机显示器颜色和纺织品颜色、颜色转换过程以及颜色再现性评价三个方面进行介绍，并从中分析颜色跨介质复制过程中存在的问题，为迷彩颜色的跨介质复制提供参考依据。

8.2.1　计算机屏幕色与纺织品颜色

颜色是人眼视觉系统对物体形状、大小等形象感觉之外的又一种感觉，是光作用于人的视觉系统后所产生的一系列复杂的生理和心理反应的综合结果。在我国的国家标准 GB/T 5698—2001《颜色术语》中将颜色定义为："光作用于人眼引起除形象以外的视觉特征"。GB/T 198—2008《纺织品 颜色表示方法》中规定用颜色的三属性，即色相、明度和彩度来表示纺织品的颜色，其中色相（色调，hue）表示红、黄、绿、蓝、紫等颜色的特性，用符号 H 表示。明度（value，lightness）表示物体表面颜色明暗程度的视知觉特性，以绝对白色和绝对黑色为基准给予分度，用符号 V 表示。彩度（chroma）用距离等明度无彩色点的视知觉特性来表示物体表面颜色的浓淡，并给予分度，用符号 C 表示。同时，规定纺织品的颜色由无彩色系和有彩色系组成。

这种对颜色的描述与颜色科学中显色系统表示法（color appearance system）一致。颜色的三属性是人们观察色彩时产生的视觉心理量，虽然其分别与主波长、光强以及光谱能量分布有关，但其实并不是光的物理属性，表征形式与度量都取决于人类的视觉。通常显色系统表示法是在大量汇集各种色彩样的基础上，直接按颜色视觉的心理感受，将颜色进行系统性有规律的归纳和排列，并给色彩样以相应的文字和数字标记以及固定的空间位置，实际上是建立在真实样品基础上的色序系统。常见的显色系统主要有孟塞尔（Munsell）系统，奥斯瓦尔德（Ostwald）系统，色谱表示法，日本 CC5000 色彩图以及美国 OAS 匀色标（美国光学学会均匀颜色标尺系统）等。而混色系统表示法（color mixing system）是基于不同色彩由三原色光即红、绿、蓝三种色光匹配出来的一种系统，不需要汇集实际彩色样品。色彩混合理论主要包括色光加色法和色料减色法。利用混色系统表示颜色时，通常采用的方法有两种，一种是采用光谱特性的方式，另一种就是直接采用测量颜色的三刺激值的方式。物体之所以能够呈现出不同的颜色，就是因为其对于不同波长的入射光波反射与透射不同，从而可以利用物体光谱曲线来表征物体颜色，而且采用物体的光谱曲线记录物体的颜色，能直接反映出彩色物体表面的颜色特性，并不会因周围的照明体、观察者或者复制方法的不同而受到影响，因而具有"指纹"特征。三刺激值的方法是以物体的三个颜色坐标或数值来简单描述物体颜色在观察者或感应器中是如何表现的，如 CIE 色度系统。可见，光谱数据比三刺激值在颜色交流方面，更具有优势。

纺织品作为一种常见的不发光物体，其颜色是由反射光/透射光的颜色决定。当光照射到纺织品的表面会发生如下作用：光在纺织品的表面发生反射（包括规则反射和漫反射），光在纺织品与空气组成的界面折射进入纺织品内部后，发生散射，产生散射反射光和散射透射光，同时在内部产生吸收。最后，没有被耗散完的直接在纺织品与空气组成的另一界面透过，形成直透射光。不同的纺织品与光的这四种作用不同，使得除光源特性（光谱功率分布）外，纺织品本身的组成与结构等所造成的吸收、反射和透射特性也是其颜色形成的重要因素。迷彩作为一种纺织品，其显色机理同上述光与纺织品相互作用，只不过借助了涂覆在其表面的伪装涂料或染料等，改变了原始迷彩基布的波谱特性，其色料混合为减色混合。如图 8-4（a）所示，由青、品红、黄色为色料三原色以不同比例混合得到各种不同的颜色，通过色料对不同波长的可见光进行选择性吸收后而呈现出颜色。减色混合的本质也是通过控制红、绿、蓝色光的比例，通过色料间接实现混合，在染色和印花中的色彩调合属于减色法应用，使用 CMYK 颜色空间。

对于迷彩这种具有特殊功用的纺织品而言，迷彩的设计是迷彩伪装的基础和前提，对于伪装效果的发挥起着至关重要的作用。迷彩印花中的设计过程比较复杂，要在基于伪装目标背景的数字图像基础上，结合美学、视错觉等，利用计算机设计出电子图稿，在计算机之间传递并呈色。然而，对于所设计出来的满足或达到伪装要求的迷彩图案和各个色块（均匀的或渐变的），必须经过适当的转换，才能在纺织品上实现。计算机的显示器通常主要有阴极射线管（CRT）、液晶显示器（LCD）、等离子显示板（PDP）和发光二极管（LED）等类型。通常按照工作原理将显示器分为两大类：主动显示器（发光型）和被动显示器（受光型）。前者可在外加电信号作用下，依靠器件本身产生的光辐射进行显示；后者则是在外加电场作用下，依靠器件本身产生的光学特性变化，使光透过或反射，从而使照射到其上面的光受到调制，而人眼看到的则正是这种带有规定信息的调制光。目前，应用最为广泛的 LCD 液晶显示器即属于后者。可见，显示器的显色是通过自发光或者调制照射光来实现的，最终都是由红、绿、蓝色光三原色以不同比例空间混色形成任意人眼可见的颜色，混合后色光的光谱分布是每个组成色光光谱分布的相加，属于如图 8-4（b）所示的加色混合。显示器采用 RGB 颜色空间，RGB 的范围都为 0 ~ 255，RGB 颜色模型经过将颜色点色域描述，颜色空间呈现为一个规则立方体。

不同颜色空间包含的颜色范围称为色域，色域也是指一种物理设备能够表现颜色的最大范围。颜色空间越广阔、能显示的色彩种类就越多，色域范围也就越大。从图 8-5 可以看出，典型的 RGB 色域与 CMYK 色域明显不同，这就是不同介质颜色复制系统总是要包括色域映射的原因。因此，在迷彩印花中，要考虑显示屏设备的色域和印花涂料或染料色域，由计算机设计出的迷彩图案在纺织品上的实现需要经过适当的色域转换。

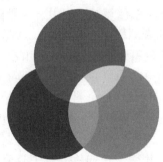

(a) 色料减色混合　　　　　　　　　　　　(b) 色光加色混合

图 8-4　颜色混合理论

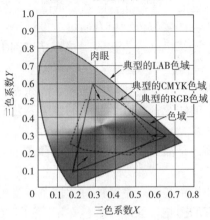

图 8-5　不同设备的色域范围

8.2.2 颜色转换过程

计算机显示屏颜色到纺织品实物颜色之间的转换，其实现方式主要分为两种：一种是人工配色控制颜色转换，即专业配色人员对照标准样反复进行颜色调配实现颜色在显示屏与纺织品上的一致；另一种是计算机控制颜色转换，比如纺织品数码印花机通过计算机数字信号控制技术实现颜色的转换。

8.2.2.1 人工配色控制颜色转换

以计算机显示屏颜色为标准色样，对照显示屏颜色反复调配色浆，以期望最终显示屏颜色与纺织品上呈现的颜色一致。具体是由专业的配色人员凭借长期积累的经验或者根据企业原有的相近色配方进行配色预估，企业一般会根据每种布料分类保存常用的颜色配方及相应的颜色样品布。配色人员在进行配色预估时，会首先从这些已有的配色数据资料中根据相应的布料选择接近的颜色进行初步预估。在印花设备上打好小样后，在标准光源条件下，比对试验样与客户的标准样的色相、彩度和明度，若存在差异，根据配色原理反复调整，使试验样和目标样颜色尽量接近。

在此类颜色复制过程中，一般显示屏上图像的颜色与实际纺织品的颜色通常不会拥有同样的光谱分布，这是因为不同的颜色介质或设备的光谱属性不同，对于色料介质和光介质，由不同的颜色介质来表现同一种颜色，其数值不同，光谱分布通常也不相同。为了使来源于 R、G、B 三色光形成的某种颜色与由 C、M、Y、K 色料混合出的某种颜色色彩一致，只需调整到视觉上的相同，即只要能复制颜色的色相、明度和彩度，不需要复制颜色的光谱成分，这就实现了颜色在不同介质上的一致性传递。对于颜色外貌相同的光，不管光谱组成是否相同，在颜色混合中具有相同的效果，也就是颜色的代替率和等效率。几乎所有颜色的复制技术都是通过颜色的代替实现的，不需要复制颜色的光谱成分，只要能复制颜色的三属性特征。综合来看，此类颜色复制过程中，实际上直接复制的是颜色的属性特征，保持的是视觉上颜色的一致。

除了对照显示屏颜色调浆配色，也有通过"设计 + 潘通色卡"的方式进行调浆配色，主要是根据计算机软件直接或间接自动识别出迷彩图案及色块的色度学指标或潘通（pantone）色号或者是从布基潘通色卡人工挑选得到潘通色号，然后传递给印花调浆人员进行配色实现织物印花。颜色由显示屏转移到潘通色卡，最后实现在织物上的印花，实际上复制的也是颜色的属性特征，保持的同样也是视觉上颜色的一致。

无论是根据显示屏还是潘通色卡调浆配色均存在一定的误差，原因主要有以下几方面。

（1）颜色的测量和显示是一个复杂的过程体系，受到光源、温度、湿度以及测量仪器等多种因素的影响，如同一颜色在不同的测色仪器上可能测量结果不同，这就是有些企业甚至采用在不同地域建立相同环境的颜色实验室或通过利用标准色卡对测试仪校色等方式来保证远程颜色传递准确性的原因。

（2）显示屏和迷彩织物的显色机理不同，颜色空间不同。

（3）色域的不同，迷彩印花还要受到印花涂料或染料色域的限制，可能会造成显示屏上存在部分颜色在纺织品上无法表达。

（4）不同显示屏或不同基材潘通色卡的色相偏差、印花调浆人员的对色误差等，比如，同一种颜色在不同的显示屏上显示效果可能存在差异；另外，显示屏自身是否达到标准颜色状态也会影响颜色呈现，如显示屏亮度、饱和度的高低直接影响颜色外观的呈现。从而如何高保真地在纺织品上再现所设计的迷彩配色，也就是在显示屏和纺织品这两种异质介质之间进行颜色传递并复制再现颜色，已经成为迷彩生产加工中亟待解决的关键技术问题。

8.2.2.2　计算机控制颜色转换

利用扫描仪、数码摄像机、数码照相机或者设计软件等，在计算机上输入或形成印花图案，经过图像软件处理后，在计算机的控制下通过数码喷墨印花机直接将印花墨水喷射到织物上，印制出所需的图案，实现颜色在不同介质上的转换。

通常，纺织品喷墨印花的实际效果与计算机显示屏上显示的效果存在较大差异，这除了与所用的面料和染料墨水有关外，显示屏与喷墨印花机采用的色彩模式不同也是一个重要原因。为了保证不同设备间印花图案颜色的一致性，需要进行合适的色彩空间转换和色彩管理。色彩管理在计算机控制颜色的转换中是非常重要的一个环节，它是通过建立一种标准的描述设备颜色特性的文件，并以一个与设备无关的色彩空间作为色彩空间转换的中间桥梁，通过第三方软件控制和管理色彩，完成色彩在不同设备之间的复制并保持颜色传递的一致性，一个基本的色彩管理系统工作流程如图 8-6 所示。这个中间颜色空间起连接设备色彩转换的作用，称为特性文件连接色空间。在特性文件中记录了设备色彩数值和设备无关色彩值之间的对应关系或相互转换关系，图 8-7 表示了特性文件的设备控制信号值及 CIE LAB 颜色空间里相应的颜色值。目前，色彩管理已经在网络、印刷、摄影等行业得到广泛应用和发展，在纺织品行业的应用主要是数码喷墨印花和数码印花产品屏幕软打样，适合小批量、多品种，生产具有无须制版，周期短，色彩艳丽，层次丰富等特点。但受染料限制等原因，数码印花在迷彩上的推广应用相对较滞后。

在数码印花中，其主要是把与设备不相关的 CIE LAB 颜色空间作为中间转换颜色空间，以及通过一定的色彩匹配程序和色彩空间转换方法进行色彩的控制和管理，以减少失真。涉及的颜色空间有 RGB、CMYK 以及作为特性文件连接的 CIE LAB，若需将 RGB 颜色空间的颜色数据转换到 CMYK 颜色空间中，需先将颜色信息从 RGB 颜色空间转换到 CIE LAB 颜色空间，然后再由 CIE

169

LAB 颜色空间转换到 CMYK 颜色空间，实现颜色信息在不同颜色空间之间的转换过程。CIE LAB 颜色空间是一个均匀的颜色空间，它是不依赖于设备的，只和人眼感知颜色有关，是经常用于颜色空间转换的中间色空间。此类颜色复制过程中，实际上复制的也是颜色的三属性特征，利用的是同色异谱现象，才使得来自红、绿、蓝三色光混合成的某种颜色与由青、品红、黄、黑色料混合出的颜色调整到视觉上的相同，实现了颜色在不同介质上的一致性传递。与人工配色控制颜色转换的不同点在于这里是由计算机信号控制颜色的输出，原色墨水组成是固定的，不需人工反复调配墨水。

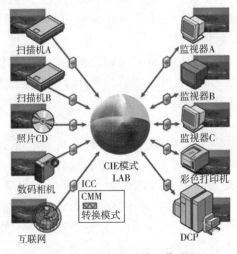

图 8-6　色彩管理系统工作流程

	R	G	B		L	a	b
	0	191	191	⇒	75	−44	−14
	191	0	191	⇒	54	81	−46
	191	191	0	⇒	80	−17	75
	191	0	0	⇒	48	68	60
	0	191	0	⇒	71	−78	63
	0	0	191	⇒	30	64	−92

图 8-7　特性文件的设备控制信号值及 CIE LAB 色空间里相应的颜色值

　　此外，如前所述，反射光谱相比三刺激值能更好地反映和表达颜色，从而使迷彩印花产品的光谱匹配标样的光谱才能最完美地再现标样的色彩，也就是无条件匹配。但是，这种配色要求印花产品的基布与标样要绝对相同，在实际生产中应用不多，而且以屏幕色作为标样，也无法获取其光谱曲线。而复制颜色三属性特征的条件等色，只能是在特定的观察者和特定的照明条件下的等色，如果这两个条件中任何一个发生了改变，与达到等色时的前提不符合，等色就会被破坏，原来看起来一样的颜色就可能不再一样了，所以，目前已经在向多光谱技术的测试和配色发展。

8.2.3　颜色再现性评价

为了判断计算机设计颜色与迷彩织物实物颜色之间的接近程度，需要对其开展颜色再现性评定，评价方法主要包括主观评价和客观评价以及主客观评价结合的方法。

8.2.3.1　主观评价

主观评价是指由经验丰富的人员作为观察者，对屏幕色在纺织品上再现的质量进行评价，主观评价是最原始也是最基本的方法，但是对人员要求高，同时，还存在诸如不可避免受到人为主观因素的影响以及效率低、重复性差等问题。

8.2.3.2　客观评价

客观评价是指用仪器分别测得显示器屏幕和纺织品的颜色值，并通过选择合适的色差公式给出具体色差值，也就是以物理测量结果为基础，但颜色毕竟是一种综合了人的视觉和心理的感觉，对其再现性的评价最终还应该以人的评价为准，当然，计算的色差值最好能与人的实际感觉相符合，也就是说当客观评价与主观评价之间建立了良好的相关性时，就可以用客观评价来代替主观判断，使得客观评价更具实际价值。常见的色差公式有 CIE LAB、CMC 和 CIE DE 2000 等。其中 CMC 和 CIE DE 2000 都是 CIE LAB 的改进版，通过引入不同的参数因子，在不同程度上矫正了所用颜色空间（CIE LAB）的不均匀性，具体可参见相关书籍介绍，下面简单介绍 CMC 和 CIE DE 2000 色差公式。

CMC（k_L : k_C）色差公式是在 CIE LAB 色差公式的基础上，引入明度权重因子 k_L 和彩度权重因子 k_C，用于调整不同的观察条件对色差的影响，以适应不同应用的需求，是 CIE 推荐使用的标准色差公式，也是我国国家标准 GB/T 8424.3—2001《纺织品色牢度试验》色差计算中规定采用的色差公式，在印染行业中被普遍采用。预测纺织品中色差是否在可接受范围内时，k_L 和 k_C 的值分别取 2 和 1。而如果是为了预测纺织品的色差是否在可感知范围内，k_L 和 k_C 的值则常取 1。虽然 CMC 色差公式在预测灰色及蓝色区域的色差时存在错误，但其在很大限度上超越了 CIE LAB，具体计算公式如下：

$$\Delta E_{CMC} = \sqrt{\left(\frac{\Delta L^*}{lS_L}\right)^2 + \left(\frac{\Delta C^*_{ab}}{cS_C}\right)^2 + \left(\frac{\Delta H^*_{ab}}{S_H}\right)^2} \tag{8-1}$$

式中：ΔL^*、ΔC^*_{ab}、ΔH^*_{ab} 分别表示明度差、彩度差和色相差，可以通过 CIE LAB 公式计算得到；S_L、S_C、S_H 分别为修正系数；l 是明度权重因子，c 是彩度权重因子。

171

为了进一步改善色差评价的视觉一致性，DE 2000 色差公式对明度、彩度和色相的权重函数做了修正，增加了彩度差和色相差的交互项，调整了 CIE LAB 的 $a*$ 因子，它是目前为止最新的色差公式，相比于前面的公式要复杂得多，但同时也大大提高了色差精度，尤其是在蓝色及近中性轴区域。其简单计算过程如下：

$$\Delta E_{00} = \sqrt{\left(\frac{\Delta L'}{K_L S_L}\right)^2 + \left(\frac{\Delta C'}{K_C S_C}\right)^2 + \left(\frac{\Delta H'}{K_H S_H}\right)^2 + R_T\left(\frac{\Delta C'}{K_C S_C}\right)\left(\frac{\Delta H'}{K_H S_H}\right)} \qquad (8-2)$$

式中：$\Delta L'$、$\Delta C'$、$\Delta H'$ 分别表示修正后的明度差、彩度差和色相差，具体计算参见相关书籍，S_L、S_C、S_H 为权重函数，K_L、K_C、K_H 为实验条件和目视评价标准条件偏离的校正因子。

8.3 迷彩织染技术

8.3.1 坯布技术

大部分迷彩织物用坯布和常规坯布并没有显著不同，只需要满足使用方提出的技术指标即可。为了实现多色迷彩在近红外波段的不同反射率分布需求，除了通过施加印花涂料外，还可以通过在坯布中添加深色纤维来实现。

采用不同深色涤纶，以一定比例加到纱线中，并通过合适的组织结构设计，获得具有不同近红外光谱反射率的坯布，见表 8-1。其中，含深色纤维纱线和普通纱线的搭配、组织结构、深色纤维含量及颜色、后处理等都会引起坯布的近红外光谱反射率的显著改变。

表 8-1　试制的不同织物

编号	经纱	纬纱	组织	编号	经纱	纬纱	组织
D03-1	A	A	3/1 破斜	X03-1	A	A	2/1 ↗
D03-2	B	B	3/1 破斜	X03-2	B	B	2/1 ↗
D03-3	A：C=1：1	A：C=1：1	3/1 破斜	X03-3	A：C=1：1	A：C=1：1	2/1 ↗
D03-4	B：C=1：1	B：C=1：1	3/1 破斜	X03-4	B：C=1：1	B：C=1：1	2/1 ↗

（1）纱线搭配对近红外光谱反射率的影响。图 8-8 中，无论是用于夏季的轻薄型坯布，还是用于冬季的厚重型坯布，四组不同有色纱线和白色纱线搭配织造的坯布的近红外反射率差异显著，其中 X03 系列在 60% ~ 75% 的范围内

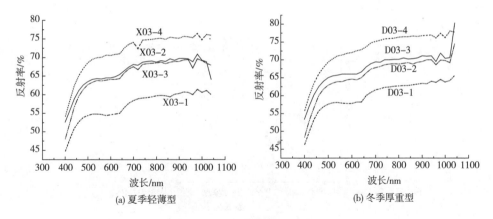

(a) 夏季轻薄型　　　　　　　　　　(b) 冬季厚重型

图 8-8　不同坯布的近红外反射率

变化，D03 系列的近红外光谱反射率也在 60% ~ 75% 变化。可见，不同的纱线搭配会导致坯布近红外反射率发生高达 30% 左右的变化。

（2）组织结构对近红外光谱反射率的影响。对比 X03-1 和 D03-1，两者近红外光谱反射率差异不大，分别为 57% 和 60%；对比 X03-2 和 D03-2，两种近红外光谱反射率均在 67% 左右，几乎没有差异。同理，对比 X03-3 和 D03-3，以及 X03-4 和 D03-4，因纱线排列一致，尽管一个为 2/1 右斜纹，一个为 3/1 破斜纹，但是，两组各自的近红外光谱反射率也几乎一致。表明，组织结构对坯布的近红外光谱反射率影响不大。

（3）有色涤纶颜色对近红外光谱反射率的影响。X03 和 D03 系列，采用的深灰色涤纶，深色纤维含量在 4% 以上，其近红外光谱反射率在 60% ~ 75% 的范围内变化。而采用黑色涤纶，有色纱线中黑色涤纶加入量高达 8% 的坯布，其近红外光谱反射率在 40% ~ 70% 的范围内变化。可见，黑色涤纶加入导致的近红外反射率的变化要远大于深灰色涤纶。

（4）有色涤纶含量对近红外光谱反射率的影响。图 8-8 的 X03-1 和 X03-2 的深灰色涤纶含量分别为 4% 和 2%，近红外反射率分别在 57% 和 67% 左右，相差了将近 10%；D03-1 和 D03-2 的深灰色涤纶含量也分别为 4% 和 2%，近红外反射率分别在 60% 和 67% 左右，相差接近 7%。

（5）后处理对近红外光谱反射率的影响。所有的坯布都要经过煮、炼、漂等处理，处理后的坯布会去除杂质、泛黄等，颜色会变得洁白，便于后续染色和印花加工。图 8-9 表明，经过处理后的坯布近红外光谱反射率会略有提高，但是其影响几乎可以忽略。

8.3.2　近红外染色技术

为了实现近红外区域的反射率的分散性，尽可能符合自然界背景的光谱分散性，需要对不同颜色加入不同含量的、降低近红外反射率的染料或涂料，以

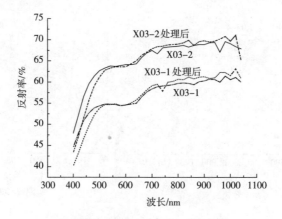

图 8-9　坯布后处理前后的近红外光谱反射率

实现各种颜色在近红外反射率的分散性，而不是都如普通的分散染料一样具有相同的近红外反射率值，如图 8-10（a）所示。

　　该类染料或涂料，应该满足以下条件：一是不影响可见光阶段的色调，比如，原本为绿色的区域，不能够因为加入了降低近红外反射率的物质而改变其在 550 nm 处的峰值；二是不能够过多影响织物其他性能，包括色牢度、耐水洗尺寸变化率等。

　　这要求迷彩印花，在分散 / 还原一浴两相法基础上，进一步加入部分涂料同时印制。如前所述，涂料加入量、涂料的选择等都需要满足分散 / 还原印花工艺条件。比如，涂料需要耐还原剂，加入过程中要防止涂料的结块等。通过在印花浆料中加入不同含量的、可以有效降低近红外反射率的涂料类物质，最后可以实现近红外光谱曲线反射率的 5 档台阶，如图 8-10（b）所示。

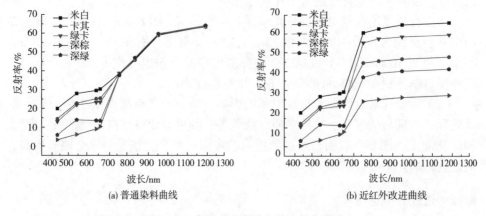

(a) 普通染料曲线　　　　　　　　　(b) 近红外改进曲线

图 8-10　多地形迷彩的光谱反射率曲线

8.3.3　高色牢度分散/还原一浴两相印花技术

自 20 世纪 80 年代以来，我军迷彩面料由涤/棉混纺面料发展到高强耐磨的涤/棉/维三元混纺面料。为了达到军警使用的高印花色牢度需求，军警迷彩印花开始探索采用分散/还原一浴两相多套色印花工艺，并于 90 年代成熟、稳定至今；从印花方式而言，随着技术进步，也由台板印花、滚筒印花、平网印花发展为现在的圆网印花。

分散/还原一浴两相印花圆网工艺以色彩饱和浓郁、优异的色牢度，较好地满足了部队的使用需求。对于现行迷彩及类似的传统斑块和数码迷彩印花，其典型工艺流程如下：分色—描稿—制网—坯布检验—缝头—烧毛—退煮漂—丝光—预定型—印花—焙烘—蒸化水洗—烘干—定型—检验—成品检验。

这种印花工艺的优点如下。

（1）该工艺使用分散和还原染料，先经过焙烘或高温汽蒸使分散染料固色，然后再经还原浴快速汽蒸，使还原染料在棉或维纶上固色，织物经还原浴处理时，还原液将沾污在棉纤维上的分散染料清洗，从而提高了面料的色泽鲜艳度和色牢度。

（2）印浆中不加碱剂与还原剂，避免了印浆的不稳定性和给色量低的缺点。同时，印浆中造成分解的可能性极少，过度还原情况可完全避免。在通常条件下，印浆可长期储藏、不变质。

（3）二相法印花时，可不考虑相对空气湿度、温度及烘燥条件等的影响。印后织物可任意堆放若干时间不致变化，生产时易于调度。特别有利于产量较低的网印印花等，可集中一定数量后再还原蒸化。

（4）对于需要染底色的产品，在还原染料悬浮体轧染的浅底色上，经二相法印制还原染料深色花型后，可一起浸轧还原液与汽蒸，工艺较简单。

该工艺对使用的设备、糊料、染化料等都提出了较高的要求。在糊料的选择上，优选海藻酸钠、甲基纤维素等，其共同特点是遇有弱碱如碳酸钾即可凝结，有利于提高印制效果，但价格较贵，影响生产成本。在染化料上，要求染料粒径在 2 μm 以下，这样对大分子量、大粒径的还原染料提出了更高要求。在设备方面，轧还原液需要在快速蒸化机上进行。此外，为满足印制深色和一些特殊功能的需求等，往往需要与涂料等同印，会带来种种不利因素。如涂料加入量超过 5%，搅拌不易均匀，有局部结粒情形；对某些含有对位硝基的色素（培司），如红 RL、红 B 等，在还原槽中遇保险粉色光会变深；若与其他染料（如阳离子）同印，需选择能耐还原剂的，等等。

根据前面的迷彩图案，军用迷彩多为满地花型，加之采用了二相法印花工艺，印花面积达到 100%，吃浆量大，且对于部分特殊迷彩如武警特战迷彩，深色占整个布面的 75%，增加了印花难度。

上述工艺的技术特点和要求使得军警迷彩面料具有极好的色牢度，满足了军警迷彩服使用频率及对耐穿、耐洗性能高的要求。

8.3.4 转移和数码印花在迷彩上的应用

8.3.4.1 转移和数码印花特点

转移印花是 20 世纪 60 年代兴起的印花工艺，是继圆网印花后的一次革命，并逐渐发展分化为热转移（干法转移）印花和始于 80 年代的冷转移（湿法转移）印花两种工艺。热转移工艺是将印有花纹图案的转移印花纸与涤纶织物在一定温度、一定压力条件下一起经过热压，纸上的图案即染料升华转移到织物表面，瞬时扩散进入纤维内部，并以物理化学作用固着，达到印花的目的。热转移印花目前只能在涤纶织物上进行，酸性染料对毛织物的热转移印花正在开发中。冷转移是将印有花纹图案的转移纸与带有水分、充分润湿过的棉类织物在常温、压力条件下接触，面料上的水溶解载体上的染料，使得转移纸上的染料转移到润湿过的织物表面。现有的冷转移印花多采用活性染料，适用于棉等纤维素织物、锦纶织物等，分散染料、酸性染料等的冷转移印花技术正在开发之中。无论是何种转移印花，都体现出对图案极佳的表现力，最初采用凹版制版，制版后印到转移纸或膜上；当数码打印机出现后，通过数码打印图案到转移纸上，就形成了现在的数码转移印花技术。

数码印花包括数码转移印花和数码直喷印花，是完全不同于传统平网和圆网印花的新型印花技术。与传统的印花工艺相比，具有两大优势：一是数码印花工艺在色彩层次、清晰度、色域上都达到了如打印相片的精细度和表现力，在多色立体图案的表现力上达到了传统印花工艺难以企及的高度；二是这种印花工艺占地面积小，工艺流程短，省时省力省水，特别适宜小批量、多品种的生产。

数码直喷是直接将图案通过打印机打印在织物上，目前，多在光洁的织物表面打印，织物表面的毛羽会产生堵头等现象。

因此，数码转移和直喷印花都具有同样的技术优势，即对图案的高精细度的表现力和直接喷印无需制版，两者适合于不同的面料品种。目前，军警的部分产品，如雨衣迷彩面料、鞋材和军警用包材等率先采用了数码热转移印花技术，一批军品生产企业相继购买了相关设备。

8.3.4.2 转移和数码印花用于迷彩的探讨

在军警迷彩印花方面，由于迷彩图案的多色化、精细化及渐变化，尤其是多色渐变迷彩图案，对传统印花提出了挑战，而数码印花技术以其对图案的极佳表现力体现出诱人的应用优势。尽管如此，转移和数码印花还有一些需要深入研发、解决的问题，才有望用于军警迷彩的印花。

（1）还原染料以其优异的色牢度一直是军警迷彩印花不可或缺的染化料之一，也是其他染化料难以超越的。由于其价格昂贵、工艺复杂，民用市场上并不常用。目前，活性染料、酸性染料和分散染料的数码印花墨水都得到了商业化，但是，还原染料墨水还处于研发阶段。解决了还原染料墨水，配合传统圆网印花的蒸化工艺，才能够实现军警迷彩印花的高色牢度的要求。

（2）军警迷彩面料对印花的颜色及花型的一致性要求远高于普通印花面料，传统的制版圆网印花能够很好地保持一致性要求。目前，数码印花的印制精度能够达到 1440 dpi，可以获得照片的效果，这一优点可能并不利于颜色一致性的要求。相对于传统筛网印花只能达到 200 dpi 的精度而言，数码印花的精度过高。织物上的图案并不需要达到照片一样的效果，适当降低精度利于扩大墨水、面料的适应性以及颜色一致性的要求。

（3）军警迷彩面料逐渐向多组分、特殊功能纤维面料发展，比如，多组分的阻燃面料、高强耐磨面料等，这意味着会有一些难以上染的纤维，如芳纶等；或者存在上染条件不同的多种纤维混纺面料，比如，维纶在高温长时间处理发硬，而聚芳噁二唑则需要 130 ℃上染等。对于这种情况，通常需要加入涂料解决。因此，在数码印花上实现分散、还原及涂料的同时印花，对喷头提出了高要求。同时，对于热红外、雷达隐身伪装，也或多或少需要通过涂料印花技术解决，同样提出了这个问题。

除了上述几点军警迷彩的特殊要求外，数码印花还需要进一步提高印花效率和速度，印花批次的一致性等方面有所突破，这也是其在民用印花领域推广的基本要求。转移印花如果能够解决对特殊基布的上染性能以及深色上染问题，则非常适合批量大、花型层次丰富的迷彩印花。

8.3.5　小结

一方面，随着军警迷彩图案向多色渐变方向发展，传统圆网印花对渐变效果的表现力受到挑战；另一方面，由于冷转移印花对原料的适应性不够宽以及数码还原染料墨水的缺乏使得现有的转移印花和数码优化技术均难以实现军警迷彩印花高色牢度的需求。此外，军警迷彩基布材料的多样化和特殊化也对常规印花提出了要求。

就现有技术而言，传统印花还将持续保持其在军警迷彩印花上的优势，尤其是针对现行的斑块迷彩和数码迷彩。转移和数码印花尽管在花型表现力上极具优势，但是，多元混纺面料转移印花染化料及其技术和高色牢度墨水的缺乏、过高精度的打印导致的一致性差、不同染料和涂料的同时印制等问题限制了其在军警迷彩上的批量应用。无论是转移印花，还是数码印花在军警迷彩上的应用都还需要一段时间。

参考文献

［1］吕继红，鄢友娟，汝新伟，等. 军警迷彩图案和面料印花技术的现状及发展［J］. 纺织学报，2015（2）：158–163.

［2］徐艳芳. 色彩管理原理与应用［M］. 北京：印刷工业出版社，2011.

［3］薛朝华，贾顺田. 纺织品数码喷墨印花技术［M］. 北京：化学工业出版社，2008.

［4］王玉文. 基于色彩管理的迷彩印花颜色传递方法［D］. 上海：东华大学，2020.

［5］金肖克，张声诚，李启正，等. 色差公式的发展及其在织物颜色评价中的应用［J］. 丝绸，2013，50（5）：33–38.

［6］许宝卉. 显示器色彩管理技术研究［M］. 北京：印刷工业出版社，2009.

［7］魏庆葆. 印刷色彩控制技术：印刷色彩管理［M］. 北京：中国轻工业出版社，2012.

［8］GULRAJANI M L. Colour Measurement：Principles，Advances，Industrial Applications［M］. Cambridge：Woodhead Publishing Limited，2010.

第9章 基于视知觉的迷彩伪装效果评价

在战争中，目标的成功伪装是其在战场上生存的关键，因此，对迷彩的伪装效果进行正确的评估至关重要。常用的侦察手段包括利用人眼、望远镜、雷达、高速摄像机和红外热像仪等。其中，目视和望远镜是最基本的侦察手段，主要涉及知觉的加工和注意的有关现象。

热红外成像仪用于热红外伪装探测，实验室多通过考核材料的红外发射率、红外温度差或红外斑块构成，实地考核则通过红外热图进行判读；雷达伪装性能也多通过材料的雷达反射率及装备的雷达散射截面来考核，实地考核则通过雷达成像图来判读。在红外和雷达成像图判读过程中，也涉及知觉加工和注意有关现象。这两部分会在多频谱迷彩伪装一节中提到。

迷彩伪装效果的评价是困难的。实地考核中，目前多通过发现概率来进行，存在很多主观影响因素。本章介绍基于视知觉的迷彩伪装效果评价方法，无论是在迷彩设计过程中，还是迷彩的实际应用中，都是必不可少且至关重要的。

9.1 现有各类伪装视觉评价方法

根据评价结果差异，对迷彩伪装效果的评估主要分为定性评价和定量评价。根据评价手段不同，可以分为实验室测试评价和实地测试评价，其中，实验室测试评价又多借助计算机进行。

9.1.1 实验室测试评价

目前，报道较多的实验室伪装效果评价方法主要有：①用计算机程序，提取迷彩伪装与背景的明度、纹理、几何特性等图像相关性参数，并根据不同的算法建立评价模型，通过计算和比较迷彩伪装与背景的相似度、特征波形等，对迷彩伪装效果进行评价；②从人类视觉特性或心理学特性出发，建立图像评估模型，评价迷彩伪装与背景的差异；③先通过肉眼和光学仪器做定性评估，然后实施实验分别测目标发现概率、目标能见度、目标与背景亮度对比以及混色距离等,再对这些参数进行修正;④利用计算机对图像匹配度或者像素变化值进行计算;⑤采用计算机模式识别的方法对迷彩设计的模版在不同情境下的可识别性进行识别评价,通过不断的模式识别再次评估,可以从算法和技术上找到不同环境下的最佳迷彩设计模版。

这些评价方法具有以下不足:一是都采用计算机算法对迷彩伪装和背景的特性进行模拟和评估,缺少观察人员通过视觉系统的观察和主观评价,这和战场上人眼是观察主体的伪装效果评价存在显著不同;二是不同研究者采用的算法、选取的图像相关性参数不同,不同参数的权重不同,对结果评价影响较大;三是研究者一般比较的是迷彩伪装和背景的部分图像相关性参数,缺少全局性的比较。

在美军迷彩图案设计和评价中,使用了对迷彩伪装进行主观评价的方法。如美军纳蒂克研究中心通过采用实验室主观评价方法,评价了17种迷彩服样品在不同背景环境下的伪装效果。在阿富汗地区拍摄多幅山地、林地、荒漠背景照片,在天气晴朗的条件下拍摄迷彩服图案照片,迷彩服的图案照片经前期处理和调整大小后插入背景照片中。测试照片两两出现在屏幕上,观察者通过对比观察两张照片评价迷彩服图案与环境匹配程度的好坏,进而对迷彩图案的伪装效果进行评价。美军在对装甲车辆的迷彩伪装评价中也采用了类似方法。在野外环境下,从不同距离、不同角度对目标进行拍照,照片经前期处理后呈现在30名观察者面前的显示器上,观察者根据观察判断目标位置并用鼠标进行选择,通过发现概率判断不同距离下迷彩图案的伪装效果。

9.1.2 实地测试评价

通常,需要对迷彩服在实地背景下进行直接的伪装效果检验。在实际背景场景下,规定人数的受试者穿着迷彩服伪装后随机分布在背景中,由有侦察经验的侦察员进行观察、搜索,得出发现概率,作为伪装效果评价的指标。该方法具有一定的准确性,但是存在如下缺点:一是无论如何选择,用以测试评价的场景都是特定的,而实际使用中,迷彩服需要在各种不同的特定背景下提供伪装;二是需要众多的受试者,配合人员众多,试验一次的成本较高,不适合在设计阶段对迷彩服进行筛选评价;三是该方法为野外测试,容易受到外界光照、能见度、天气状态等的影响而导致误差。

9.2 基于视觉心理的伪装评价方法

在伪装效果评价方面,可以考虑采用心理物理学方法,对斑块与背景融合的临界值进行测试,对迷彩的设计与评估均有重要意义。在利用计算机建立搜索模型这方面，应综合考虑视觉认知的现象，使迷彩目标在视觉搜索任务中得到更好的伪装。

9.2.1　心理物理学的评价方法

心理物理学方法是在感知觉与工程心理学（Engineering Psychology）研究领域广泛应用的方法，心理物理法主要用于测量感知觉的绝对感受阈限和差别感受阈限以及心理量与物理量之间的关系。常用的心理物理学方法有最小变化法、平均差误法和恒定刺激法。在迷彩设计中，目标与环境背景的融合实际上就是目标与环境背景在色彩、明度和纹理梯度等物理属性方面的差异最小化，达到了差别感受性以及临界感受能力以下的水平。所以，可以通过心理物理学的实验方法测量迷彩设计模版与环境背景之间的最小可觉察量，具体可以采用最小变化法和平均差误法，通过目标图片物理属性的差异变化的调节与环境背景图片的进行比较，或者采用目标图案的色彩饱和度和明度的调节找到目标与环境背景融合色彩饱和度和明度指标，最后找到与环境背景融合得比较好的目标迷彩设计，再通过对目标迷彩设计的色彩、明度和纹理梯度等进行色彩学、光学和计算机图形学的分析，获得迷彩设计模版的上述物理属性的物理量指标，以此作为设计迷彩方案的依据。

此外，采用心理物理学的方法，也可以对目标与环境之间边界的处理效果进行测量，找到目标与环境背景边界最佳的过渡和融合效果，这也可以在一定程度上使迷彩设计能够在边缘色彩和图案线条处理方面达到伪装和隐蔽的效果。

9.2.2　认知心理学的实验评估方法

在迷彩方案设计的测量评估方面，视觉搜索实验范式（visual search）、动态信息加工实验范式（如多目标追踪，multiple objects tracking）、阈下知觉启动（subliminal priming）的实验范式等认知心理学的方法可以对已有的迷彩设计方案的伪装效果进行有效的评估，这些方法的具体评估程序介绍如下。

（1）视觉搜索范式在迷彩设计评估中的应用。视觉搜索范式是用于视觉注意与知觉加工常用的认知心理学实验方法。采用视觉搜索范式，可以研究视觉对视野范围内目标的有效加工的情况及其影响因素。在迷彩设计方面，可以将迷彩设计方案作为目标，将各种相同或相似的环境背景作为背景或干扰刺激，通过在不同复杂程度的环境背景中呈现迷彩目标图案，并记录观察人员对不同迷彩设计方案在环境背景中的识别反应速度和正确率，并根据正确率和反应时的结果，找到反应速度最慢、正确率最低的迷彩目标，也就是伪装效果最好的迷彩设计方案。

（2）动态信息加工实验范式的应用。动态信息加工实验范式中的多目标追踪范式也同样适合评估迷彩设计方案的隐蔽效果，通过多目标追踪的实验方法可以将迷彩设计方案制作成为 1～N 个目标（通常为 1～5 个，一般 5 个为注意的容量上限），然后，通过多目标追踪的实验方法，在环境背景图片中呈现 1～N 个目标，并记录目标的觉察正确率，根据目标的觉察正确率和追踪的容量，就可以评估迷彩设计方案的效果，正确率和容量都较低的迷彩设计方案就是伪装效果最好的设计方案。

（3）阈下知觉启动范式的应用。阈下知觉启动范式主要是用于研究人在无意识知觉加工中对目标刺激的知觉水平，该方法主要用于研究人的无意识知觉和内隐认知加工过程。在战场上，军人经常是要靠经验和直觉对周围环境中的信息进行迅速判断和做出反应。采用该范式，可以将不同迷彩设计方案作为目标，并以视觉很难捕捉到的速度在环境背景上呈现（根据目标的大小不同，通常呈现的时间为 10～50 ms），然后，通过对目标再认的方式，回忆哪些刺激是看过的，哪些是没有看过的，这样可以记录观察人员对目标的回忆正确率，根据回忆正确率来评估迷彩方案的伪装效果。

除了上述的方法之外，在视觉认知的研究中，常用的非注意盲实验范式、快速视觉呈现范式（RSVP 方式）、注意瞬脱范式、变化盲的实验方式、知觉融合技术等常用的实验范式都可以应用于迷彩设计的评估。在视觉认知心理学研究领域，针对各种视觉现象，还有很多不同的实验研究方法和范式，在以后迷彩设计研发与评估中，可以有针对性地根据设计的要求，采用多种评估方法从多角度对迷彩设计的伪装性和防护效果进行更为客观的评估。

9.2.3 其他研究与评估方法

（1）反应时技术。从刺激呈现到作出反应的时间间隔能够反映内在信息加工的过程。多年来，反应时技术发展了减法法、三类反应和加法法。通过比较不同的实验条件下反应时的差异，可以考察注意加工过程。在反应时方法中，除了视觉搜索范式，常用的空间线索范式、注意启动范式、点探测范式、目标融合技术等都可以用于迷彩设计的评估。

（2）眼动技术。使用眼动仪能够记录观察人员的头部运动、眼球的转动和微动，瞳孔的运动和变化等，能够与程序控制下的视觉刺激呈现相结合，对视觉注意进行研究。通过眼动技术，可以评价在观察不同的迷彩设计在背景中的眼动活动情况和注意指向，从而了解观察者在探测不同的迷彩设计目标时的注意指向，以及是否有效地发现迷彩目标的位置等。也可以通过眼动的注视点、注视时间、眼跳距离或角度、眼动模式、瞳孔大小变化等指标，综合分析迷彩设计对注意指向和注意捕获的影响。

（3）心理物理学方法与迷彩设计。传统心理物理学测量绝对感觉阈限和差别感觉阈限的方法，可以用来测量观察者对迷彩设计的绝对感受能力，以及对迷彩设计中的明度变化和色彩变化的差别感受能力，根据测量结果，可以设计更适合不同情境伪装效果的迷彩设计。

现代心理物理学方法——信号检测论也可以用到迷彩设计中。迷彩目标的探测过程就是信号侦测的过程，一个好的迷彩设计可以大大降低观察者的击中率，提高观察者的虚报率，达到很好的伪装设计效果。

9.2.4 视觉搜索

视觉搜索是常用的主观评价方法，通过人眼观察，在特定区域内搜索目标是否出现及出现位置、形状、内容等信息，广泛用于工农业生产、军事、生活等领域。如生产线上进行产品外观瑕疵的检查，地勤人员对飞机裂缝、腐蚀等的检查，机场地铁等处安检人员对物品进行的 X 光安检，无人机对地面目标的搜索、浏览网页搜索信息等。视觉搜索实验范式是用于研究视觉注意与知觉加工常用的视觉认知心理学实验方法。采用视觉搜索实验，可以研究视觉系统对视野范围内目标的有效加工情况及其影响因素。

在视觉搜索实验中，观察人员的视觉注意和视觉知觉对结果均有影响。视觉注意是视觉认知中常见的心理学现象。人的视觉注意系统在一定时间段内加工信息的容量是有限的。双加工理论认为，对任何信息的选择识别都需要消耗有限的认知资源，人对信息的加工分为无意识或低意识的自动化加工和有意识的加工。自动化加工需要的认知资源很少，而有意识的加工需要消耗更多的认知资源。此外，根据视觉注意的探照灯模型和透镜模型，注意在任何时刻都只能聚焦于视觉空间中的某一个区域，且注意资源的分配从焦点中心向外周逐渐减少。观察人员的视觉系统通过像探照灯一样扫描测试照片，发现线索目标后视觉系统会对其进行选择性加工，并做出判断。迷彩图案的大小、形状、色调、明度、斑块等都可作为注意的有效线索，而周围环境中也会有较多的无效线索，如石块、土堆、低矮灌木，或者是阳光透过繁密的树枝后投射到地面的阴影和亮斑等。观察人员在进行视觉搜索实验时，有效线索与无效线索会对观察人员的认知资源分配形成竞争。如果迷彩图案与背景环境的融合不好，观察人员很容易就能发现有效线索并将其作为焦点，注意资源也会集中分配在有效线索上，并忽视周围的无效线索，很快做出正确判断。而迷彩图案与背景环境的融合较好时，无效线索会消耗大量的认知资源，相应地减少处理有效线索的认知资源，增加发现迷彩图案的时间，或使观察人员做出错误判断。

视觉知觉是人们认识客观知觉的主要认知过程，是以视觉感觉为基础，对感觉信息的有机整合。知觉与观察人员的知识、经验是密切联系的。目前，心理学上有自下而上和自上而下两种加工知觉模型。自下而上的加工是基于物体特性的加工，具有自动化或意识水平低的特点，加工速度快；自上而下的加工是根据线索，基于知识、经验等的加工，需要一定意识努力。在迷彩伪装评价中，迷彩伪装与环境融合好，更能引起观察人员视觉知觉上自上而下的加工，所需要的时间、发生错误的概率等都会大于自下而上的加工。此外，人的视觉知觉具有整体性，因此，当看到物体的某一部分时，人脑会在这部分物体的信息基础上，根据知识和经验进行加工和完善，在脑中想象补充成完整的物体，这种整体性有时会造成观察人员视觉认知上的错觉。

9.3 用于伪装效果评价的视觉搜索实验方法

在前期研究中，我们发展了新的伪装效果评价方法——视觉搜索实验方法。该方法是一种基于视觉认知心理学的实验室主观评价实验方法，具有方法及设备简单、实验耗费小、可全天候进行、评价全面准确等特点。其用于迷彩图案伪装效果评价的基本原理是：多名观察人员在经过一定的训练熟悉、操作后，观察随机生成的、含有着迷彩服人体的站姿及蹲姿的大量测试照片，搜索其中的迷彩图案，并根据认知和经验判断人形迷彩图案的姿势。

视觉搜索实验是一种基于视觉注意和视觉认知的实验方法。在单位时间内，人的认知资源是有限的，能加工处理的信息量也是有限的。视觉搜索实验的目的是在背景中判断着迷彩的人体位置及姿态姿势，因此，迷彩图案是目标，背景物是干扰搜索的无效线索。在视觉搜索过程中，目标和无效线索会对观察者认知资源的分配进行竞争。迷彩图案与背景的融合效果越好，观察者处理加工的信息量就越大，所需消耗的认知资源越多，做出错误判断的概率也越大。

9.3.1 具体评价方法

具体的评价步骤主要包括测试照片准备、视觉搜索实验及结果评价三部分。

（1）测试照片准备。在自然光照射充足的条件下，用高分辨率的数码相机拍摄迷彩图案，然后，将迷彩图案做成人形站姿和蹲姿照片，根据背景调整迷彩图案人形照片的大小后，通过 Photoshop 插入到背景照片中制成测试照片。也可以指定人员穿着迷彩服后，在自然光照射充足的条件下背对相机，拍摄其站姿和蹲姿照片，根据轮廓裁剪出其中的人形图像，调整大小后通过 Photoshop 插入到背景照片中制成测试照片，如图 9-1 所示。背景照片可在自然光照射充足的条件下实地拍摄，也可从现有照片素材中选取，如图 9-2 所示各类背景照片及内含着迷彩服人员的实验实例。

（2）进行视觉搜索实验。选取多名视力或矫正视力正常、颜色知觉正常的成年观察人员进行搜索实验。在正式实验前，观察人员先进行数次练习，熟悉

图 9-1 合成的迷彩图案人形照片

(a) 林地单调背景

(b) 林地开阔背景

(c) 荒漠单调背景

(d) 荒漠开阔背景

(e) 城市背景

图 9-2 合成的实验用图片示例

实验规则和操作。合成的测试照片随机出现在电脑屏幕上，观察人员要在搜索时限内找到迷彩图案人形照片的状态，判断其姿势是站姿或蹲姿，并通过键盘按键反馈给程序，由程序记录观察人员的反应时和正确率。每张照片都有相同的搜索时限，超过搜索时限，系统自动判定为错误。实验过程中可根据测试照片数量安排几次短时间休息，减少观察人员的疲劳。

（3）实验结果评价。根据视觉注意机制和视觉知觉，以观察人员对迷彩图案在不同环境背景中的反应时和正确率，作为判断迷彩图案伪装效果好坏的重要依据。反应时是观察人员从看到测试照片到做出判断需要的时间。实验结束后，通过统计软件处理测试数据，得出各迷彩图案在不同背景环境下的搜索正确率、反应时，反应时最长、正确率最低的迷彩图案，可认为是该背景下伪装效果最好的迷彩图案。

假设选取了某一类型背景环境下的 n 张背景照片，在其中插入样品 X 的迷彩图案人形照片，则其正确率和反应时计算公式如下：

样品 X 的正确率计算公式：

$$A_X = \frac{\sum\limits_{i=1}^{n} Q_i}{m \times n} \qquad (9-1)$$

式中：n 为背景数量；m 为观察人员总数；Q_i 为某一背景下判读正确人员数量。

样品 X 在某一背景照片 Y 下的反应时计算公式：

$$t_{XY} = \frac{\sum\limits_{i=1}^{m} t_{XYi}}{m} \qquad (9-2)$$

式中：m 为观察人员总数；t_{XYi} 为第 i 名观察人员的反应时。

样品 X 的平均反应时计算公式：

$$t_X = \frac{\sum\limits_{Y=1}^{n} t_{XY}}{n} \qquad (9-3)$$

视觉搜索实验用于迷彩图案伪装效果评价，具有以下三方面优点。一是设备及方法简单。与现场实验需要大量配合人员、器材相比，实验室视觉搜索实验需要的设备和方法都比较简单、灵活，实验耗费大大减少。二是实验结果可信度高。实验室视觉搜索实验结果是经过大量观察人员通过观察评价大量测试照片得到数据，并经统计处理后得到实验结果，结果可信度较高。三是评价全面。可在多种背景环境下对多种迷彩图案的伪装效果进行评价，全面评价迷彩图案在不同背景下的伪装效果。

9.3.2 迷彩的伪装效果评价准备

在相同的光照条件下，对 10 种外军迷彩服或迷彩面料实样图 9-3 进行图片拍摄，制成人形素材照片；优选典型环境照片，并与人形素材照片进行合成；进一步采用视觉搜索实验，对迷彩服的伪装效果进行评价。

实验共招募了 60 名观察者，年龄范围为 18 ~ 27 岁，视力或矫正视力大于 1.0，色觉、知觉正常。

实验中所呈现的照片由迷彩图案人形照片及背景照片通过 Photoshop 合成

而来。各类迷彩服或迷彩面料实样则在自然光照射充分、无反光的条件下拍摄成照片。每种迷彩图案照片处理成站姿和蹲姿人形素材照片各一张。背景照片共分为城市类、林地类、荒漠类三种，每种各30张照片，共90张背景照片。城市背景以灰色调的建筑物为主，部分背景中包含一些绿色植物或砖瓦土堆等；林地背景以树木、草原、灌木丛等为主；荒漠背景以土黄的岩石、山坡、戈壁、荒漠等为主。每张背景照片均设4个搜索位置，通过Photoshop软件将迷彩图案人形素材照片以站姿或蹲姿的形式随机放入其中的1个搜索位置，并根据背景调整人形素材大小。每张照片中，只会出现一个人形素材照片。同一迷彩图案只会在同一背景照片中以站姿或蹲姿人形素材照片出现一次。同一背景照片中，相同姿势的迷彩图案人形素材大小相同。共合成900张测试照片。

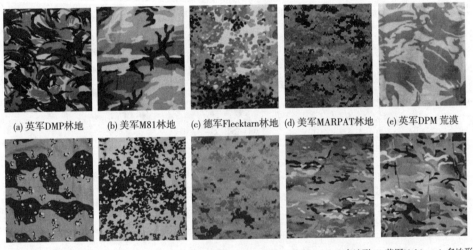

(a) 英军DMP林地　(b) 美军M81林地　(c) 德军Flecktarn林地　(d) 美军MARPAT林地　(e) 英军DPM 荒漠

(f) 美军巧克力芯荒漠　(g) 德军Flecktarn荒漠　(h) 美军MARPAT荒漠　(i) 美军Multicam多地形　(j) 英军Multiterrain多地形

图9-3　10种迷彩服或迷彩面料实样

观察者在正式实验前听取实验要求和实验操作讲解，并进行练习实验，熟悉操作。每名观察者单独处于一个房间内进行实验，避免外界干扰。

正式实验分为四个时间阶段，每个时间段观察225张照片。每两个时间段间观察者休息1 min。合成的测试照片随机出现在电脑屏幕上，观察者要在规定的搜索时限内判断迷彩图案样品的状态（站姿或蹲姿），并通过键盘按键反馈给程序，由程序记录观察者的反应时和判断正误。照片呈现在观察者面前到观察者做出判断的时间为反应时。搜索时限为1.5 s，超过搜索时限未做出判断，系统自动判定为观察者判断错误。实验结束后通过统计软件处理得出各迷彩图案在不同类型背景下的搜索正确率平均值和反应时平均值。以搜索正确率平均值作为判断迷彩图案伪装效果好坏的主要依据。

9.3.3 迷彩的搜索正确率及反应时

9.3.3.1 各迷彩图案的搜索正确率平均值

视觉搜索实验是一个刺激—反应过程。该过程可分为三个阶段：第一阶段是刺激信息的接受和传导，当测试照片出现在观察者（观察人员）面前时，观察者通过观察搜集其中的信息如目标信息、无效线索等并传导至大脑皮层。第二阶段是信息在大脑皮层中进行加工，观察者根据观察，结合认知和经验对信息进行加工。第三阶段是做出判断，观察者根据加工的信息，做出判断。正确率可以反映观察者的判断情况，进而对迷彩图案在不同背景下的伪装效果进行评价。

图9-4为各迷彩图案在不同环境背景下的搜索正确率平均值（下文简称"正确率"）。在城市背景下，搜索正确率较低的为DPM林地迷彩、Multiterrain多地形迷彩，而DPM荒漠迷彩和Flecktarn荒漠迷彩的搜索正确率都相对较高。

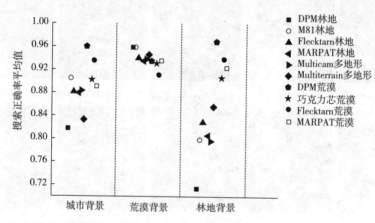

图9-4 各迷彩图案在不同环境背景下的搜索正确率平均值

在荒漠背景下，迷彩图案的搜索正确率分布较为密集，没有明显的差距，Flecktarn荒漠迷彩的搜索正确率相对低于其他迷彩。这可能是由于荒漠背景下，背景物体主要为土坡、岩石等，背景物单调，搜索难度相对较小。林地迷彩在荒漠背景的搜索正确率基本都大于荒漠迷彩，DPM林地迷彩和M81林地迷彩在荒漠背景下的搜索正确率最高，这可能与其图案中含有较大绿色斑块，轮廓清晰，在荒漠背景更加明显，更容易吸引观察人员的注意。

在林地背景下，DPM林地迷彩的搜索正确率远远低于其他迷彩图案，其次为M81林地迷彩图案和Multicam多地形迷彩图案。林地背景主要为绿色的树木、草丛、灌木，搭配有深棕色的树干、土壤及灰白色的石头、光斑等，DPM林地迷彩分裂型的迷彩图案和绿色及棕色、米白的配色更能满足林地背景下的伪装需求，伪装效果要好于其他迷彩。DPM荒漠迷彩由于其分裂型大斑块，斑块颜色在绿色背景下显得更加明显。迷彩图案在林地背景下的搜索正确率普遍低于荒漠背景下的搜索正确率，原因可能是由于林地背景物较多且更加复杂，观察者搜索时受到的干扰会更多，进而造成搜索正确率也相对较小。

在各种背景下，两种多地形迷彩图案的搜索正确率基本都处于林地迷彩和荒漠迷彩的搜索正确率之间。Multiterrain 多地形迷彩图案在城市背景的伪装效果较好，Multicam 多地形迷彩图案在城市、林地背景下的伪装效果相对较好。

从搜索正确率来看，荒漠背景下，各迷彩图案的搜索正确率分布范围较小，而林地背景的搜索正确率分布范围较大，城市背景的搜索正确率分布范围居中。背景越复杂，迷彩图案的搜索正确率分布范围就越大。这是由于人的认知资源是有限的，背景越复杂，观察者要处理的信息内容就越多，在该背景下伪装效果差的能很容易被辨别出来，而伪装效果好的则较难做出判断。

将迷彩图案按林地迷彩、多地形迷彩、荒漠迷彩分类，得到这三类迷彩在不同背景下的搜索正确率平均值情况（图 9-5）。在城市背景下，多地形迷彩图案的搜索正确率最低，伪装效果最好，其次为林地迷彩和荒漠迷彩。在荒漠背景下，荒漠迷彩的搜索正确率最低，伪装效果最好，其次为多地形迷彩和林地迷彩。在林地背景下，林地迷彩的搜索正确率最低，伪装效果最好，其次为多地形迷彩和荒漠迷彩。与林地迷彩和荒漠迷彩相比，多地形迷彩在不同背景下都具有较好的通用性。

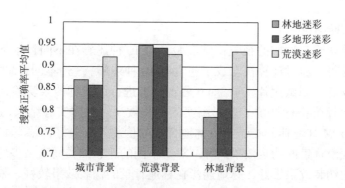

图 9-5　不同类型迷彩在不同背景的搜索正确率平均值

9.3.3.2　各迷彩图案的搜索反应时平均值

反应时体现了观察者对迷彩图案搜索所消耗的时间，能从侧面反映迷彩图案的伪装效果。反应时越长，说明观察者从搜索信息到做出判断需要的时间越长，消耗的认知资源越多，迷彩图案与背景的融合程度也相对较好；反应时越短，观察者越容易从照片中搜索到目标，消耗的认知资源少，迷彩图案在该背景下的伪装效果较差。

如图 9-6 所示，在城市背景下，MARPAT 林地迷彩的反应时最长；在荒漠背景下，巧克力芯荒漠迷彩的搜索反应时最长；在林地背景下，DPM 林地迷彩的搜索反应时最长。反应时可用于对迷彩图案伪装效果进行辅助评价，反应时较长的，其搜索正确率一般也比较低。与搜索正确率相对应，背景越复杂，反应时分布范围也越大。大部分迷彩图案的搜索正确率与反应时存在关联，即搜索正确率高的，反应时短；正确率低，反应时长。也有几个迷彩图案的正确率最低，但其反应时不是最长的，这可能是迷彩图案与环境融合后，观察者在视觉认知上产生了错觉，做出了错误的判断。

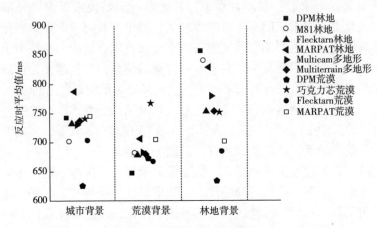

图 9-6　各迷彩在不同类型背景的搜索反应时平均值

9.3.3.3　实验结论

通过前期研究形成的视觉搜索实验，对 10 种迷彩在不同背景下的伪装效果进行了评价。通过计算机合成了包含有 10 种迷彩、3 种不同背景共 90 张背景照片的 900 张测试照片，通过 60 名观察者进行了视觉搜索实验，并以正确率作为主要评价指标评价了迷彩图案的伪装效果。根据实验结果，10 种迷彩中，英军 DPM 林地迷彩在城市、林地背景的伪装效果最好，德军 Flecktarn 荒漠迷彩在荒漠背景的伪装效果最好。对于不同的迷彩种类而言，多地形迷彩在城市背景的伪装效果较好，林地迷彩在林地背景的伪装效果较好，荒漠迷彩在荒漠背景的伪装效果较好，多地形迷彩在不同背景都具有较好的通用性。

190

9.4　用于伪装效果评价的对偶比较实验方法

对偶比较实验方法（图 9-7）是实验心理学上一种常用的比较方法，把所有有待比较的刺激一一配对，然后一对一地呈献给观察人员，要求观察人员对各个配对刺激就给定的某种属性作比较，并判断其中哪一个属性更强。当每个刺激都分别同其他刺激比较后，便得到它的各自强于其他刺激的百分比，再依据它们百分比的大小形成一个顺序量表。这种方法的特点就是强迫人们在两种差异不大的刺激中做出选择，常用对偶比较实验方法来研究对象性状差异不分明的事物。在迷彩设计中，由于可能存在多种伪装效果接近的设计，对这些迷彩伪装效果的评价就是一个问题。采用对偶比较实验方法可在实验室对迷彩的伪装效果进行评价，具有快速、准确、费用低的优势。

（1）照片拍摄及合成。多种迷彩的对偶比较实验：将一系列迷彩面料或迷彩服在相同背景下的照片两两呈现在屏幕上，观察人员根据观察分析，判断呈现的两种迷彩面料或迷彩服在该背景下伪装效果的好坏，并反馈给程序。多名观察人员进行实验，通过统计学对结果进行分析。照片预先在典型背景下拍摄，同一背景下照片的拍摄器材、拍摄时间段、拍摄距离、拍摄焦距、曝光时间等参数均相同，在自然光照射充分的白天拍摄。照片拍摄由拍摄者和配合人员完成，配合人员穿着服装后蹲在指定拍摄位置，头向前倾，减少身体未着装部位对拍摄和后期评价的影响。拍摄者在合适的距离和角度进行拍摄，后期两两合成对比照片。

(a)　　　　　　　　　　　　　(b)

图 9-7　对偶比较实验照片示例

（2）数据结果分析。观察人员对实验照片进行比较，评价两个样品与环境融合程度的好坏，通过按键反馈给系统。融合程度较好的样品得 1 分，另一个样品得 0 分，某一背景下，迷彩样品总数为 m，则每个样品要与其他样品比较 2 次，故每个观察人员对某个迷彩样品给出的评分 X_i 在 $0 \sim 2(m-1)$ 这一范围内。该迷彩样品的得分平均值 $\overline{X} = \dfrac{1}{n}\sum_{i=1}^{n} X_i$，其中 n 为观察人员人数。通过比较得分平均值，可量化评价样品伪装效果的好坏。

191

9.5　基于发现概率的实际评价

实际评价中，也采用一种现场判断伪装效果的评价方法。为便于更大范围、更准确地进行发现概率判断，需要在该方法基础上改善判读方式。

（1）判读照片拍摄。

①背景选择：根据迷彩服类型选取相对应的试验背景，如林地类型的迷彩选择典型的林地背景，荒漠迷彩选取典型的荒漠背景。同类型背景的试验点的选取应不少于 3 个。各试验点的背景颜色和分布特征有所差异，以利于检验伪装服对背景的适应能力。试验点的地形应较平坦或略有起伏。试验点的目标布置区与观察点之间的地形应有利于拍摄。

②拍摄环境：天气晴到少云，太阳高度角大于 30°，观察方向位于光照方向的 ±30° 以内。

③拍摄距离：林地背景，拍摄距离 100 m；荒漠背景，拍摄距离 200 m。

④着装目标要求：着测试迷彩服人员 10 名。目标应配置在观察正面宽度 100～150 m 范围内，两端用红旗作为标记，纵深长度为观察距离的 10%～15%，目标布设区与观察拍摄区通视。利用地形地物，进行适当的隐蔽，尽可能消除原有的外形或轮廓，在观察方向上，目标暴露面积不应小于目标面积的 1/3，通常情况下，暴露面积保持在 1/2～1/3 为宜。目标应保持静止状态，人员的面部、手等部位应注意隐蔽，不应在观察方向上暴露。拍摄完成后，着迷彩服人员记住自己的位置和姿势，更换对比服装后回到原位置，保持原姿势，再次进行拍摄。

（2）伪装效果判读。

①判读图像选择：每个试验点，图像采集实验员对每种服装的图像至少采集 5 幅，从中挑选成像质量最佳的 1 幅交由观察员进行判读，图像判读顺序为测试迷彩服、对比服装。

②判读要求：人数不少于 10 名，视力 1.0 以上，无一色盲，体视正常；具有一定的军事侦察素质和能力；经培训后，了解判读试验程序和要求，熟悉操作过程；客观进行判读，不交流判读结果；每人每张图片的判读时间不超过 60 s。

（3）判读结果计算。

单个试验点伪装服点发现概率的计算：

$$P_{ij} = \frac{N}{M} = \left(P_{mij} = \frac{N}{M} \right) \tag{9-4}$$

式中：P_{ij}为迷彩服点发现概率；i为试验点编号；j为目标编号（j=1，2，3，…，n；一般n=10）；M为某一试验点上对某一目标观察的观察员总人数，一般为10名；N为某一试验点上对某一目标观察时，观察员中发现该目标的人数；P_{mij}为对比服点发现概率。

参考文献

［1］LISA Hepfinger, CHERYl Stewardson, KATHRYN Rock. Soldier camouflage for operation enduring（OEF）: pattern-in-picture（PIP）technique for expedient human-in-loop camouflage assessment［R］. 美军 AD 报告, 2010, 10.

［2］THOMAS J Meitzler, DAVID Bednarz, EUIJUNG Sohn. Benefits of using the photosimulation laboratory environment for camouflage assessment［R］. 美军 AD 报告, 2002, 7.

［3］朱滢. 实验心理学［M］. 北京：北京大学出版社，2000.

［4］张学民. 实验心理学［M］. 北京：北京师范大学出版社，2011.

［5］王治国，张侃. 空港安检中的视觉搜索［J］. 人类工效学，2008，14（1）: 64-65.

［6］刘杰，饶培伦. 针对网页视觉设计的视觉搜索能力研究［J］. 人类工效学，2006，12（2）: 64-65.

［7］孙琪，任衍具. 场景情境和目标模板在视觉搜索中的交互作用［J］. 心理科学，2014，37（2）: 265-271.

［8］王焰，肖红，张学民，等. 一种迷彩伪装效果评价方法：中国，201510358150.4［P］. 2017-06.

第 10 章　多频谱迷彩伪装技术

10.1　概述

多频谱迷彩伪装技术，是指在光学、热红外及雷达等多个电磁波段均具有防侦视功能的伪装技术。目前，多频谱迷彩伪装主要包含针对三个部分电磁波段的伪装。

（1）光学伪装技术。在 0.3 ~ 2.5 μm（主要指 0.3 ~ 1.2 μm）波段，消除、减小、改变或模拟目标和背景之间光学波段反射特性的差别，以对付光学探测所实施的伪装。目前，较为成熟的技术是涂敷与背景光谱特征相类似、具有分割效果的迷彩图案，即本书前面章节介绍的各类迷彩。通过使目标光谱反射值和背景相一致，并破坏整体轮廓，从而使目标不被该波段侦视仪器发现。

（2）热红外伪装技术。通过对目标在中远红外波段的特征信号（目前主要针对 3 ~ 5 μm、8 ~ 14 μm 波段）进行频移、减缩、淹没和控制，降低远红外检测仪器对目标的探测和识别能力。

（3）雷达伪装技术。通过减弱、抑制、吸收、偏转目标的雷达波回波强度，降低目标的雷达散射截面积（RCS），使其在一定范围内难以被侦察雷达识别和发现的技术。

多频谱迷彩伪装需要在可见光、热红外及雷达波段均具有伪装功能。目前，常见的多频谱伪装形式有伪装网、伪装遮障及用于人员的伪装吉利服，如图 3–22 所示。这些品种多采用对雷达波具有吸收或散射效果的织物作为基布，印制上在紫外 / 可见光 / 近红外具有光学伪装效果的迷彩图案，然后对织物进行切花或分割处理，形成兼具散热通道及雷达波散射效果的立体结构，最后制备成规定尺寸的伪装网、吉利服或伪装遮障。

为了了解多频谱伪装技术，必须先要了解光学、热红外、雷达伪装原理及技术，然后再进行综合设计及考虑。在光学、热红外及雷达三个波段的侦视器材及特征在第 2 章中进行了介绍，光学伪装原理、设计、基本形式已在前面几章进行了叙述，本章主要介绍用于活动小目标的热红外迷彩伪装、雷达伪装及多频谱伪装技术。

10.2　热红外伪装技术

10.2.1　热红外伪装原理

红外线是波长在 0.76 ～ 1000 μm 范围内的一种电磁波，有 0.76 ～ 3 μm 近红外、3 ～ 6 μm 中红外、6 ～ 15 μm 远红外及 15 ～ 1000 μm 极远红外之分。

一切温度高于绝对零度的物体都会源源不断地发射红外线，且温度越高，红外辐射能量越大，波长越短。红外线具有显著的热效应，使对红外线敏感的物体升温。人们利用这一原理研制了红外热像仪、红外制导探测器等高技术军事探测设备。

红外线和可见光的差异在于以下四方面。

（1）人的眼睛对红外线不敏感，必须用对红外线敏感的探测器才能接收到。

（2）红外线的光子能量比可见光小，如 10 μm 波长的红外光子能量大约是可见光子能量的 1/20。

（3）红外线的热效应比可见光强得多，尤其是长波红外，所以，人们也称作热红外。

（4）红外线更容易被物质吸收，且长波红外更容易透过薄雾。

由于空气中存在 CO_2、O_2、H_2O 等极性分子，处于极远红外区域的红外线会被空气吸收，能在大气窗口几乎无耗损通过的红外线集中在 0.76 ～ 1.5 μm、3 ～ 5 μm、8 ～ 14 μm 及 50 ～ 1000 μm 超远红外这四个波段；此外，在 16 ～ 24 μm 存在一个半透明窗口，因此，目前，所有红外系统所使用的波段大都限于上述窗口之中，尤其是 3 ～ 5 μm 及 8 ～ 14 μm 这两个波段。比如，红外制导用的探测器工作波段在 3 ～ 5 μm，热成像系统的工作波段则扩展到 8 ～ 14 μm。目前，常说的热红外隐身技术是指对目标 3 ～ 5 μm 及 8 ～ 14 μm 红外波段特征信号进行淹没、减缩和控制，以降低中远红外侦察装备对目标的探测和识别能力。

目前，红外热像仪被广泛应用于目标的探测，其探测的是方法目标和背景红外辐射特性差异红外热图像以识别目标，图像的对比度 C 由二者红外辐射出射度的差别决定：

$$C = \frac{E_0 - E_B}{E_B} \qquad (10\text{--}1)$$

式中：C 为目标和背景的红外图像对比度；E_0 和 E_B 分别为目标和背景的红外辐射出射度。

根据斯蒂芬—玻尔兹曼定律可知，物体在全波长范围内的红外辐射出射度 E 为：

$$E=\varepsilon\sigma T^4=\varepsilon(\lambda,T)*C_1\lambda^{-5}/\left[\exp\left(\frac{C_2}{\lambda,T_1}\right)-1\right]\tag{10-2}$$

式中：E 为物体发射的红外辐射出射度 $[W/(m^2\cdot\mu m)]$；ε 为物体的红外发射率；σ 为斯蒂芬—玻尔兹曼常数（$W\cdot s/K$）；T 为物体的绝对温度（K）；C_1 为普朗克第一辐射常数（$W\cdot\mu m^4/m^2$）；C_2 为普朗克第二辐射常数（$\mu m\cdot K$）；λ 为辐射波长（μm）；T_1 为黑体温度（K）。

可见，物体辐射红外能量主要取决于物体的温度，还取决于物体的红外发射率。温度相同的物体，红外发射率不同，在红外探测器上显示的图像不同。对于灰体（大多数工程材料均可视为灰体），红外发射率不随波长和温度变化；但是对于非灰体，红外发射率是温度和波长的函数。

因此，理论上而言，目标的热红外伪装隐身技术可以从以下几个方面加以考虑。

（1）光谱转换技术（改变红外辐射波段）。采用在 3 ~ 5 μm 和 8 ~ 14 μm 波段发射率低，在其他波段发射率高的涂料或其他材料，使目标的红外辐射波段处于红外探测器的响应波段外，即使目标的红外辐射避开大气窗口而在大气层中被吸收和散射掉；具有共轭结构的有机聚合物热红外性能的研究与利用是目前光谱转换类材料研究和利用的基础。

（2）改变目标的红外辐射特性（降低目标的红外比辐射率或模拟背景的红外辐射特征）。改变目标的红外辐射分布状态，使目标与背景的红外辐射分布状态协调，从而使目标的红外图像成为整个背景红外辐射图像的一部分，这种技术适合于常温目标，通常采用热红外辐射伪装网；或采用不同红外反射率的涂料结合图案设计，实现红外图形迷彩，使得目标的红外图像出现分割特点。

（3）热抑制技术（降低目标与背景的热对比度）。如降低目标温度等，包括采用相变材料、隔热、散热和降热等措施。

无论何种热红外隐身技术，使目标的红外辐射特征和背景接近是热红外隐身的根本途径。在上述三种技术中，控制红外发射率和控制温度是目前最常用的两大类技术，而光谱转换技术还有待发展。

10.2.2 人体红外特征分析

人体自身是一个红外辐射源。人体的热红外特征明显，如图 10-1 所示为人体在冬季同一天的早晨、中午、晚上三个时段在一些典型植被背景前的红外热像。从红外热像图中可以看出，人体和背景的整体红外热像均与各自的外形轮廓特征一致；在三个时段，人体的红外热像亮度均高于背景，表明人体温度

(a) 早晨7：00 (b) 中午12：00 (c) 晚上8：00

图 10-1 人体在同一背景不同时段的红外热像图

高于周围植被背景温度，与背景的红外辐射特征差异较大。

人体皮肤的红外发射率很高，接近黑体，波长 4 μm 以上的平均发射率为 0.99，并且与种族、肤色和个性无关。表 10-1 显示人体在各波段的辐射能量分布情况。人体着装时皮肤温度通常为 32 ~ 33 ℃，裸体时可降低 2 ~ 3 ℃。由维恩位移定律 $\left[\lambda_{max}=2897.6/K\left(\mu m\right)\right.$，一般强辐射体有50%以上的辐射能集中在峰值波长附近]可知，人体的辐射主波长在 9 ~ 11 μm，处于远红外波段。地球表面平均温度为 290 K（16.8 ℃），对应的峰值波长为 10 μm，位于第二个大气窗口。当主波峰值为 4 μm 时，对应温度为 720 K（446.8 ℃），该窗口非常适合探测发热源，如发动机、发电机、燃烧气体等。

表 10-1 人体在各波段的辐射能量分布

波段范围 /μm	< 5	5 ~ 9	9 ~ 16	> 16
在总辐射能量中的分量 /%	1	20	38	41

若将人体看作黑体，并假设其红外辐射面积为 0.6 m²，可通过斯蒂芬—玻尔兹曼定律、维恩定律等红外辐射理论，计算出有关人体红外辐射特征数据，见表 10-2。可以看出，人体在 8 ~ 14 μm 波段的辐射能量占人体红外辐射总能量的 37.6%，3 ~ 5 μm 波段仅占红外辐射总能量的 1.4%。

表 10-2 人体红外辐射特征值

人体总辐射出射度 /（W·m²）	490.66
光谱辐射出射度峰值 /（W·m⁻²·μm⁻¹）	33.96
平均辐射强度 /（W·m⁻²）	93.76
峰值波长 /μm	9.5
3 ~ 5 μm 波段的辐射出射度 /（W·m²）	6.87，占总能量的 1.4%
8 ~ 14 μm 波段的辐射出射度 /（W·m²）	184.49，占总能量的 37.6%

　　通过上述人体的红外辐射特征及热像仪测试，可以认为活动小目标人体隐蔽性的主要威胁源于 8 ~ 14 μm 波段的热红外探测，因此，采取措施控制该波段内的红外辐射能量，是提高人体热红外隐身性能的关键所在。

　　由表 10-3 可知，要想使人体的红外峰值波长移出 8 ~ 14 μm 大气窗口，其温度需要至少增加到 140.84 ℃或降低到 -50.16 ℃。这在工程上难以实现。

表 10-3　各大气窗口峰值波长对应的温度范围（根据维恩位移定律计算）

波长 / μm	对应的温度 / K（℃）
$\lambda_{max} = 7$	414（140.85）
$\lambda_{max} = 13$	223（-50.15）
$\lambda_{max} = 2$	1449（1175.85）
$\lambda_{max} = 6$	483（209.85）

　　因此，对于作为活动小目标的人体，主要有两个途径进行热红外伪装：一是控制目标表面的红外辐射温度，以尽量缩小目标与背景的红外辐射温差；二是调节目标表面的红外发射率，力求目标与背景之间的红外辐射出射度无差别。

　　对于人体热场和周围背景热场相互作用中的防热红外侦视纺织品的开发，考虑织物结构的可设计和表面的可整理等特性，可联合采用控制温度和调节红外发射率的方式，即通过功能结构化设计和表面迷彩图案斑块的红外辐射特性配置，使人体在特定背景条件下实际穿着织物时的红外热像呈现亮暗不同的不规则斑块，不仅实现了对人体热像的形体分割，而且与红外辐射特征多为斑点或斑块特征的背景实现融合，从而达到防热红外侦视的目的。

10.2.3　防热红外织物开发现有技术

　　如前所述，防热红外主要从控制温度和调节表面红外发射率两个方面进行。

10.2.3.1　控制目标温度技术

　　控制温度主要是采用隔热、相变控温和散热材料或结构，降低目标与背景的红外辐射温差，从而减小目标和背景间的红外辐射出射度的差异。

　　（1）隔热方面。隔热方面主要是采用大热容量、低传导率的材料，多采用泡沫塑料、空心微珠颗粒、隔热毡等微孔结构、空心结构或多层结构，阻隔人体发出的热量使之难以外传，从而降低人体的红外辐射强度而不易暴露。目前，热红外伪装织物的隔热主要是采用低传导率中空微珠涂层和多层复合结构来实现。

中空微珠由于具有体积质量轻、强度高、导热系数小的优点，而被作为隔热填料应用于织物涂层中，但其加工工艺复杂，微珠在涂层中的排列紧密度和分布均匀度不易控制，而且其耐久实用性较低。

采用多层复合结构虽能取得良好的隔热降温效果，但所得织物厚重且穿着携带不便。文献报道在假定人体仅靠出汗和汗液蒸发即可实现人体热红外伪装的基础上，建立了人体所应穿着织物的多层功能结构模型，结果表明，仅靠出汗及蒸发作用难以实现织物的轻薄柔性。由以上可知，要想实现热红外伪装纺织品的轻质柔性，需结合功能材料的应用和功能结构的设计。

（2）相变控温方面。相变控温方面主要是采用高熔融热、高相变储热材料的相变可逆过程来吸收目标放出的热量，从而降低目标的热红外辐射出射度。目前，相变材料在纺织服装上的应用，是将相变材料包封在直径为 1.0 ~ 10.0 μm 的微胶囊中而后对织物进行涂层整理，但在实际使用中效能仍非常有限。国内外对相变微胶囊特别是微胶囊纳米化的研究较多，但微胶囊中相变材料比例的提高、功能效率的有效发挥和长时间的循环实用性能仍有待改善。

（3）散热方面。主要是采用类似于吉利服伪装服的三维树叶型、草坪型结构等特殊结构的附着，使织物表面产生气流，将移动的目标产生的热量散失在流动的空气中，使织物最外层具有较低的温度，从而达到降温和抑制目标红外辐射特性的目的。

簇饰物红外伪装体系就是通过簇状丝、带的附着实现散热的热红外伪装织物。具体是将低发射率的丝、带物以簇状形式附着在常规伪装网上，通过簇饰物产生气流而有效地散热，其中簇状饰物由柔软且具有低发射率的聚酯、聚乙烯等聚合物薄层材料制成。簇饰物红外伪装体系覆盖在阳光直射的军事移动目标上时，簇饰物发挥了气泵的作用，在目标周围产生空气流，将目标产生的热量带走并散失在流动的空气中，从而有效避免了热累积造成的强红外辐射。该散热效应在阳光强烈、静止无风的条件下尤为明显。该体系中簇饰物的颜色、红外发射率、长度以及下垂方向和角度均可调，且原材料易得、饰物易拆卸和更换、制作工艺简单；但偏厚重且在实际使用过程中易钩挂缠结。

此外，对热红外辐射热源条件下目标温度的控制，有研究者采用表面热反射涂层、仿雪结构的微泡涂层和表面凹凸或皱褶结构整理的方式实现对热红外线的反射和散射，从而减少目标对热红外线的吸收，达到缩小目标和背景红外辐射温度差异的目的。

由以上控制目标红外辐射温度方面的研究可知，在隔热方面，隔热材料和结构的应用往往会使织物变得厚重，且穿着携带不便；在相变控温方面，微胶囊技术虽已有较为广泛的研究和应用，但实际效能受到相变材料比例和性能的限制；在散热和减少吸热方面的研究，给热红外伪装纺织品的开发提供了有效的借鉴，即可通过纤维材料的合理选取和织物结构的精巧加工设计有效降低人体与背景红外辐射温度的差异，从而实现良好的热红外伪装效果。

10.2.3.2 调节目标发射率

热红外伪装织物在调节目标发射率方面，主要是通过选用已有低发射率纤维材料或纺丝制备低发射率纤维以及对织物进行低发射率涂层整理等措施，实现纤维材料和织物表面的低发射率以及织物表面迷彩斑块的不同红外辐射特性配置，从而减小目标与背景间的红外辐射出射度差别，并达到形体分割和背景融合的目的。

国内外有关低发射率纤维开发和性能的文献报道很少，主要是因为纺丝过程中添加的低发射率粉体虽能使纤维具有较低的红外发射率，但纤维的力学性能欠佳。常见的是采用具有低发射率的涂料直接涂敷于织物上。

有关低发射率涂料的研究很多，大多集中在 Al 粉、氧化锡铟、ZAO（ZnO ∶ Al）等金属或金属氧化物粉体以及纳米 CdZnS 粉体、纳米 ZnO 粉体等纳米粉体方面，但大都应用于武器装备的红外隐身。在国内外防热红外侦视伪装涂料中，代表性的伪装涂料和薄膜在 8 ~ 14 μm 波段的红外发射率见表 10-4。由表中数据可以看出，材料的红外发射率不仅与材料的种类、性质等因素有很大关系，而且与形状、粒度和结构等因素有关。薄膜材料的红外发射率普遍明显低于相应粉体和涂料的红外发射率，这主要是因为薄膜的微结构和取向对材料的红外发射率起了决定性作用。

表 10-4　典型的防热红外侦视伪装涂料和薄膜的组成和热红外发射率

物质组成	8 ~ 14 μm 波段红外发射率
纯 Al 粉	0.48
Al 粉涂料	0.75
Al 箔	0.05
纯 Zn 粉	0.69
Zn 粉涂料	0.73
纯 Cu 粉	0.62
Cu 粉涂料	0.71
Cu 箔	0.06
纯 Ni 粉	0.78
Ni 粉涂料	0.81
PbO 粉体	0.63
由有机硅醇酸树脂和 Al、Co、CoO、TiO$_2$ 等组成	0.51

物质组成	8 ~ 14 μm 波段红外发射率
由有机硅醇酸树脂和 Al 粉、ZnS、Sb_2S_3、Al_2O_3 等组成	0.52
由丁基橡胶、Al 和溶解的颜料组成	0.55
由氯化橡胶、硅粉组成	0.84
由 Kraton 树脂和 ITO 颜料粉末（SnO_2 摩尔含量为 5%）	0.62
ITO 薄膜	< 0.10
由改性 EVA 树脂和 ATO 颜料组成	0.77
ATO 薄膜	< 0.20
ZAO 薄膜	0.30 ~ 0.54
平均粒径 40 nm 左右的 CdZnS 固溶体纳米粒子	0.70 ~ 0.81
平均粒径 20 nm 左右的纳米 ZnO 粉体	0.76 ~ 0.87

采用伪装涂料涂层具有涂层厚、密度大、材料增重明显等缺点，而且由于红外伪装服的使用环境普遍较恶劣，涂料的脱落难以避免，因而采用伪装涂料涂层的织物实用性差、寿命短。而且，单一的低发射率涂层并不能提供有效的热红外伪装，因为其只能实现涂层部位的低红外辐射出射度，而难以实现与红外热像多为斑块或斑点特征的背景的融合。

因此，对人体的热红外伪装，需针对典型地物植被环境的红外辐射特征，通过迷彩图案的立体、渐变和分形设计并配以不同红外发射率涂料的涂层，实现对人体的形体分割及与背景的有效融合。目前，我国的典型迷彩织物多为四色迷彩织物，故对不同颜色斑块可分别配置高、中、低发射率涂料涂层或仅对部分斑块配置中、低发射率涂层来实现织物的形体分割和背景融合功效；对外辐射热源条件下的热红外伪装，则要结合迷彩斑块的低发射率涂层与凹凸或皱褶结构的高反射和散射表面的复合应用来实现。

10.2.4　散热结构防热红外织物开发

防热红外侦视纺织品的开发和伪装效能的提高应着重从织物精巧结构的设计、表面迷彩图案设计和低发射率涂层的复合应用及多功能兼容性三个方面进行改进和加强。

（1）通过对织物进行精巧结构设计，实现织物表面对热红外线的高反射和散射及对人体散发热量向周围环境的高传导扩散。

（2）通过迷彩图案的设计和低发射率涂层的应用，实现织物对人体红外热像的歪曲分割和与典型地物植被环境红外辐射特征的有效融合。

（3）通过多功能兼容性，实现织物轻薄柔性基础上的多频谱兼容和环境广适伪装。

10.2.4.1　常用纺织材料的红外反射率

采用日本侦测器株式会社的 TSS-5X 远红外热发射率测试仪进行测试。其间，对织物或材料表面 5 个不同位置进行测试后取平均值作为织物或材料的红外发射率，结果见表 10-5。

表 10-5　织物和低发射率材料试样红外发射率测量结果

类别	名称和色块或规格		红外发射率
常规织物	纯棉织物		0.81
	毛织物		0.85
	真丝织物		0.84
	涤纶织物		0.79
强消光纤维织物	—		0.82
迷彩织物	荒漠型迷彩织物（土黄、灰黄、棕、黑）		0.82
	林地型迷彩织物（灰、绿、棕、黑）		0.81 ~ 0.84
含低发射率纤维织物	表面镀银织物		0.35
	不锈钢机织物		0.55
	不锈钢纤维混纺织物（29%）		0.84
	不锈钢纤维混纺织物（40%）		0.85
	镀银纤维和不锈钢纤维混纺纱的交织物	镀银方块	0.67
		不锈钢方块	0.86
		混合方块	0.79
金属箔	铝箔		0.05
	铜箔		0.06
金属短纤维	铝纤维	20 ~ 40	0.51
	304 H 不锈钢纤维	8	0.56
		12	0.44
	316 L 不锈钢纤维	8	0.56
		12	0.34
	紫铜纤维	17	0.34
		20	0.35

由表 10-5 中数据可以看出，棉、毛、丝和涤纶等常规织物和消光类织物的红外发射率大都集中在 0.81 ～ 0.85，其中林地型和荒漠型迷彩织物各色斑块的红外发射率几乎无差别，迷彩染色对织物红外发射率影响甚微。

对于含低发射率纤维织物，表面镀银织物呈现出最低的红外发射率，为 0.35，这归因于银的低发射率和织物表面的平整光滑；不锈钢纤维机织物的红外发射率明显低于其混纺织物，不同混纺比例织物间红外发射率基本无差异且与常规织物接近，这很可能是由于在棉/不锈钢纤维混纺纱中，不锈钢纤维趋向分布于纱线的内层而呈现很小的裸露比例造成的；镀银纤维和不锈钢纤维混纺纱的交织物不同位置红外发射率的测试结果表明，红外发射率的高低次序为不锈钢混纺纱方块＞混合方块＞纯镀银方块，这与上述分析结果相吻合，表明镀银整理可降低织物或纤维表面的红外发射率，不锈钢纤维的混纺应用对降低织物红外发射率的效果很有限。

对于金属箔和金属短纤维（金属短纤维铺成薄片排列测试），金属铝箔和铜箔的红外发射率很低，在 0.05 左右；金属短纤维的红外发射率在 0.34 ～ 0.56；金属短纤维细度对不锈钢短纤维的红外发射率影响较大，随着不锈钢短纤维细度的增加，不锈钢短纤维红外发射率降低明显。

10.2.4.2　凹凸结构防热红外织物

在常规织物中间隔织入高收缩长丝，经过迷彩印花，并进一步热处理后，可获得具有凹凸散热结构的织物。四种不同程度凹凸结构的织物在恒温热板（35 ℃、40 ℃、45 ℃和 50 ℃）紧密接触条件下至传热平衡时的红外热像如图 10-2 所示。

从图 10-2 中的红外热像图中可以看出，织物红外热像呈现出与织物表面凹凸位置对应的亮暗相间效应，亮暗相间效应仅由织物表面的凹凸差异造成，而不受织物表面迷彩斑块的影响；随着热板温度的升高，织物红外热像的红外辐射亮度有逐渐增强的趋势，这归因于织物表面红外辐射温度的升高。

采用红外热像分析软件，对不同热板温度条件下四种防热红外侦视织物的红外辐射温度和红外辐射温差进行提取，可得四种织物红外辐射温度范围和红外辐射温差见表 10-6。从表 10-6 中数据可知，随着热板温度的升高，织物表面最低红外辐射温度变化较小，而最高辐射温度和最大辐射温差均呈现逐渐增大的趋势，这表明热板温度的升高对织物上凸处位置红外辐射温度的影响很小，而对织物下凹位置，即与热板紧密接触位置红外辐射温度的影响较大，且表面凹凸整理可实现织物表面明显的红外辐射温度差异。四种防热红外侦视织物在 35 ℃、40 ℃、45 ℃和 50 ℃恒温热板紧密接触条件下的最大红外辐射温差分别在 4 ～ 7 ℃、7 ～ 10 ℃、9 ～ 14 ℃和 12 ～ 17 ℃。4# 织物在各热板条件下呈现出最大的红外辐射温差，这是由于 4# 织物中高收缩涤纶的间距较大，导致在热收缩整理后凹凸程度大于其他三种织物。

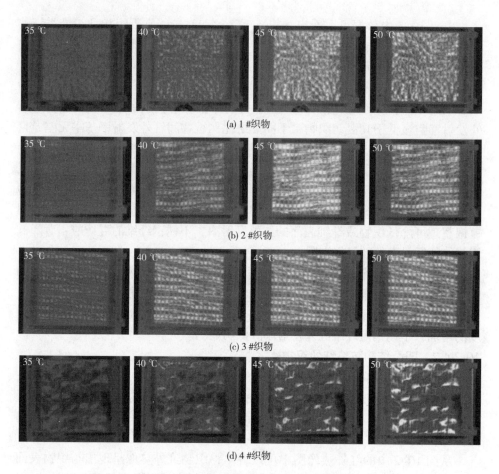

(a) 1 #织物

(b) 2 #织物

(c) 3 #织物

(d) 4 #织物

图 10-2　四种防热红外侦视织物在热板保持恒温下的红外热像

表 10-6　防热红外侦视织物表面红外辐射温度和温差

织物编号	热板温度 /℃	红外辐射温度范围 /℃	最大辐射温差 /℃
1#	35	33.1 ~ 37.3	4.2
	40	33.8 ~ 40.8	7.0
	45	33.3 ~ 42.3	9.0
	50	34.6 ~ 47.2	12.6
2#	35	32.2 ~ 37.6	5.4
	40	33.0 ~ 40.5	7.5
	45	32.6 ~ 43.7	11.1

续表

织物编号	热板温度 /℃	红外辐射温度范围 /℃	最大辐射温差 /℃
2#	50	33.8 ～ 50.4	16.6
3#	35	29.8 ～ 35.7	5.9
	40	32.9 ～ 40.8	7.9
	45	34.8 ～ 44.9	10.1
	50	37.0 ～ 50.8	13.8
4#	35	27.9 ～ 34.3	6.4
	40	29.3 ～ 38.9	9.6
	45	29.8 ～ 43.4	13.6
	50	33.8 ～ 50.4	16.6

图 10-3 所示为四种防热红外侦视织物最大红外辐射温差随热板温度变化的线性相关分析图。从图中可以看出，四种织物最大红外辐射温差与热板温度均呈现良好的线性正相关关系。

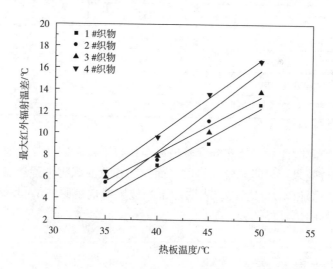

图 10-3　四种防热红外侦视织物红外辐射温差与热板温度的相关性

10.2.4.3　凹凸结构防热红外服装效果

采用 4# 织物经一定尺寸结构设计加工成披风状伪装服，分别在晴天的早、晚两个时段，采用 DL-700E+ 非制冷焦平面红外热像仪分别在 20 m 测试距离下对人体正面和背面的红外热像进行采集（图 10-4、表 10-7）。红外热像采集时的天气条件为：早间时段温度为 3 ~ 4 ℃，相对湿度为 31% ~ 44%，风力为 1 ~ 2 级；晚间时段温度为 4 ~ 5 ℃，相对湿度为 46% ~ 57%，风力为 2 级。

图 10-4　着防热红外服装在早晚的热像图

表 10-7　两个时段 5 m 测试距离下织物和背景的红外辐射温度范围

时段	织物和背景	红外辐射温度集中范围 /℃	织物和背景间辐射温差 /℃
早间	人体正面织物	6.5 ~ 14.5	2.6
	背景	8.4 ~ 11.9	
	人体背面织物	10.3 ~ 18.5	2.7
	背景	12.6 ~ 15.8	
晚间	人体正面织物	4.8 ~ 14.8	4.7
	背景	7.1 ~ 10.1	
	人体背面织物	3.9 ~ 11.9	1.8
	背景	5.8 ~ 10.1	

　　早间和晚间时段、人体实际穿着披风至传热平衡时的红外热像与背景实现了很好的融合效果，早间和晚间时段正面织物和背面织物与背景的红外辐射温差分别在 2.7 ℃ 和 4.7 ℃ 以内，表明加工的披风式伪装服在早间和晚间对人体均可实现很好的热红外伪装。

10.3　雷达隐身技术

10.3.1　雷达隐身原理

　　雷达是利用电磁波探测目标的电子设备，通过接收机探测目标对来自发射机的电磁波的回波，实现对目标的检测。无论是利用多普勒频移现象实现的对运动目标的测速和跟踪，还是利用合成孔径雷达对地面固定场景目标的成像技术，雷达探测到目标的根本在于是否能够接收到目标的雷达回波以及是否能够有效区分目标回波和背景杂波。

雷达距离方程（Eaves and Reedy，1987；Skolnik，2001）是通过各种系统设计参数将接收到的回波功率与发射功率相联系的一种确定性模型，是基本的系统设计和分析的基础。

$$P_r = \frac{P_t G^2 \lambda^2 \sigma}{(4\pi)^3 R^4 L_s L_a(R)} \qquad （10-3）$$

式中：P_r为雷达接收机最小可检测信号功率（dBm）；P_t和G为雷达发射功率和天线增益；λ为雷达工作波长（m）；σ为被探测目标的雷达截面积（radar cross section，RCS，又称雷达散射截面，dBsm）；R为探测距离（m）；L_s为系统损耗因子；$L_a(R)$为大气损耗因子。

可见，雷达在自由空间的最大探测距离与被探测目标的雷达截面积（RCS）的 1/4 次方成正比，即雷达接收功率按照雷达到目标距离的 4 次方下降。所以，雷达检测一个给定 RCS 的目标的能力随着距离的增加而快速下降（表 10-8）。要使雷达的探测距离降低，就必须降低目标的 RCS。

表 10-8　RCS 减少和雷达探测距离的关系

RCS 减少 /dBsm	雷达探测距离减小系数	RCS 减少 /dBsm	雷达探测距离减小系数
10	0.56	20	0.32
12	0.5	25	0.24
15	0.42	30	0.18

雷达隐身技术是指通过减弱、抑制、吸收、偏转目标的雷达波回波强度，降低目标的 RCS，使其在一定范围内难以被敌方雷达识别和发现的技术。如前所述，其技术核心是降低目标的雷达截面积（RCS）。主要有三种技术途径，各有优缺点和适用对象。

一是通过目标外形设计，减少目标在雷达接收机方向上的回波，从而降低雷达探测到的 RCS，称为外形隐身技术。实际使用过程中，存在目标的部分外形无法随意更改、部分外形需要和固有设备匹配的问题，目前常用于飞机等大型军事目标的隐身设计。

二是通过可以吸收雷达波的吸波材料（badar absorb materials，RAM）吸收并在材料内部耗散入射雷达波，从而降低目标对雷达的回波，降低目标的 RCS，称为吸波材料技术。存在面密度较大、频带较窄、难以拓宽的问题。

三是通过外部的有源或无源阻抗加载技术实施对消或干扰的阻抗加载技术，是通过附加或外置设备，比如等离子体来实现雷达隐身。因此，在大型军

207

事目标的雷达隐身设计中，往往是三者的相互结合。一架隐身效果为 20 dB 的飞机，外形隐身技术贡献为 5 ～ 6 dB，吸波材料贡献为 7 ～ 8 dB，其他为阻抗加载技术的贡献。

10.3.2 目标的雷达截面积

前面的论述可知，要降低雷达探测距离，对于目标而言，降低目标的 RCS 是唯一途径，所以，对 RCS 进行阐述是必要的。

当目标被电磁波照射时，目标会反射、吸收电磁波，除了吸收并耗散在目标内部的电磁波外，其余的能量将朝各个方向散射，散射场与入射场之和就构成空间的总场，散射能量的空间分布称为散射方向图，它取决于物体的形状、大小和结构，以及入射波的频率、极化等。

定量表征目标对雷达波散射强弱的物理量称为目标对入射雷达波的有效散射截面积，即目标的雷达散射截面 RCS，也称作雷达散射面积，是一个虚构的面积。

接收天线通常被认为是一个"有效接收面积"的口径，该口径从通过的电磁波中截获能量，而出现在接收天线终端的接收功率则等于入射波功率密度乘以暴露在这个功率密度中的天线的有效面积。同样，雷达目标反射或散射的能量也可表示为一个有效面积与入射雷达波功率密度的乘积，这个面积就是雷达散射截面，用符号 σ 来表示。定义为：单位立体角内目标朝接收方向散射的功率与从给定方向入射于该目标的平面波功率密度之比的 4π 倍。

$$\sigma = 4\pi R^2 \frac{Q_b}{Q_t} \tag{10-4}$$

式中：Q_b 为接收机接收到的目标后向散射功率密度或能量（W/m^2）；Q_t 为目标处的雷达入射功率密度或能量（W/m^2）。真实目标的雷达截面积不可能用一个简单的常数作为有效模型，通常是视线角、频率、极化的复杂函数，即使是简单目标。

不同性质、形状和分布的目标，其散射效率是不同的。为确定这一效率，目标的雷达截面积 σ，也可等效为一个各向同性反射体的截面积，其表达式为：

$$\sigma = \frac{4\pi A^2}{\lambda^2} \tag{10-5}$$

式中：A 为照射面积（m^2）；λ 为工作波长（m）。

通常，雷达发射天线和接收天线离目标很远，即到目标的距离远大于目标任何有意义的尺寸，因此，入射到目标处的雷达波可认为是平面波，而目标则基本上是点散射体。如果假定该点散射体各向同性地散射能量，因散射场依赖于目标相对于入射和散射方向的姿态，所以，假想散射体的散射强度和雷达散射截面都随目标的姿态角而变化，即雷达散射截面积不是一个常数，而是与角度密切相关的一种目标特性。

如前所述，RCS 是一个面积，用 σ 表示，单位为 m^2，也可用 dBsm 表示，两者的换算关系如下。

$$dBsm = 10lg\sigma \qquad (10-6)$$

通常，感兴趣的目标的 RCS 典型值的范围为 $0.01\ m^2$ 或者数百平方米，表 10-9 列出了不同类型目标的 RCS 的典型数值。

表 10-9　微波频率目标的典型 RCS 的数值

目标	RCS/m^2	RCS/dBsm
常规的无人驾驶的有翼导弹	0.5	-3
小型单发动机飞机	1	0
小型战斗机或 4 个乘客的喷气式飞机	2	3
大型战斗机	6	8
中型轰炸机或喷气式班机	20	13
大型轰炸机或喷气式班机	40	16
巨型喷气式飞机	100	20
小型敞舱船	0.02	-17
小型游艇	2	3
观光游艇	10	10
零擦地角情况下的大型船只	10000+	40+
轻型货车	200	23
小汽车	100	20
自行车	2	3
人	1	0
鸟	0.01	-20
昆虫	0.0001	-50

尽管研究 RCS 的方法包括理论分析和测试技术，但是对于复杂目标，利用现有手段计算其 RCS 非常困难，因此，测试技术是最有效、快捷和准确的手段。

目标 RCS 采用自由空间反射的相对标定法进行测量。在确定的雷达工作频率、极化方式及功率密度入射条件下，用 RCS 精确已知的金属球作为标准体，对测量系统进行频响误差校准。经校准后的系统即可进行 RCS 精密测量。在测量过程中，还采用了背景矢量相减、距离选通门等处理技术，以降低背景电平，提高测量精度。

RCS 测试根据测试场地的不同可分为外场测试和室内测试，其中，室内场测试也称紧缩场测试。以中国航天科工集团第三总体设计部 RCS 紧缩场为例，测量系统主要由双反射面紧缩场系统、馈源、基于 ZVA 矢网的射频子系统、转台及低散射目标支架、转台控制器和测量控制计算机等组成，如图 10-5 所示。系统校准、目标测量和数据采集处理均由计算机控制完成。

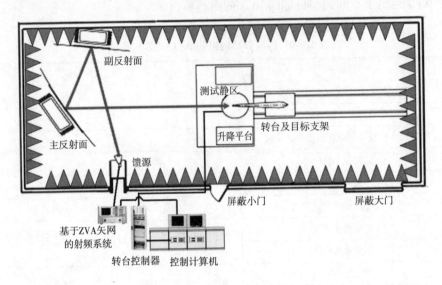

图 10-5　RCS 紧缩场测量系统组成

被测目标的 RCS 由式（10-7）计算：

$$\sigma_{dBsm} = S_{21} - S'_{21} + \sigma'_{dBsm} \tag{10-7}$$

式中：σ_{dBsm} 为被测目标的 RCS 真实值；σ'_{dBsm} 为标准金属球的 RCS 理论值；S_{21}、S'_{21} 分别为被测目标和标准体的测试值。

测试步骤如下。

（1）测量空暗室，获得背景响应，进行对消，减小杂波影响。

（2）测量金属球获得定标参考体响应。

（3）测量目标，获得目标的响应，记录数据。

（4）测量无目标的动态空室获得动态空室的响应。

（5）经处理后得到目标 RCS 测量结果。

10.3.3　雷达吸波材料

如前所述，外形隐身技术和 RAM 技术是主要的雷达隐身技术。其中，RAM 技术主要是研究吸波材料。根据材料对电磁波的极化、磁化和传导响应不同，传统吸波材料可以分为三类，即电介质损耗型、磁损耗型和电阻损耗型。

此外，目前被广泛报道的还有纳米材料、手性材料、导电高分子类新型吸波材料。具体见表 10-10。

各种导电性碳材料和导电性高聚物都属于电阻损耗型吸波材料，都具有较高的电导率和较高的电损耗角正切，吸波性能与材料电阻率密切相关。该类吸波剂一般密度小、高频吸收性能好，但厚度较大。铁氧体、超细金属粉属于磁损耗型吸波材料，具有较高的磁损耗角正切，依靠磁滞损耗、磁畴共振和自然共振等极化机理衰减和吸收电磁波。钛酸钡等陶瓷材料属于介电损耗型，具有较大的介电常数，依靠介质的电子极化、离子极化及固有电偶极子极化或界面极化等吸收或损耗电磁波。

理想的吸波材料应当具有吸收频带宽、质量轻、厚度薄、吸收强、力学性能好、使用简便等特点。吸波剂的性能指标主要有复介电常数、复磁导率、密度、吸收剂粒度、吸收剂形状、工艺性、化学稳定和耐环境性能。

在上述新型吸收剂中，纳米材料及手性材料均可以看作是传统电、磁耗损材料的外观形态的一种改变，而导电高聚物也可归类为导电纤维类的电耗损性吸收剂，视黄基席夫碱类现有报道均涉及其导电性能，而对磁性能研究不多，且制备困难。

目前，国内研制的吸收剂主要存在吸收频带不宽、吸收率偏低等问题。其中碳黑、铁氧体、羰基铁粉、多晶铁纤维已达到可使用水平，但与国外相比仍有明显差距。应用较为成熟的吸波材料依然是羰基铁类材料，具有密度大的缺陷，多用于各类大型战斗机或武器装备。难以用于轻质纺织材料类雷达隐身材料。

10.3.4　典型纺织材料电磁学参数

为研制宽频轻质的雷达吸波纺织基材料，对常用纺织材料的电磁学参数进行评估是至关重要的。一般而言，不导电的高分子材料都属于透波材料，对电磁波几乎不存在吸收、反射。将各种常用纤维（80% 体积比、均切断成 2 mm 长度小段）和丙烯酸复合后，采用同轴法获得的电磁学参数如图 10-6 ～ 图 10-8 所示。

表 10-10　目前主要的吸波剂性能及特点分析

品种			吸波性能及特点	研究应用现状
电损耗型吸收剂	电阻型	石墨、导电碳黑	导电性好，聚合物 / 碳黑的电阻率在 $10^{-8} \sim 10^{0}\,\Omega\cdot cm$ 可调，价格低，多用于涂料型吸波材料	研究成熟；在 8.2 ～ 12.4 GHz 内，反射峰值为 –31 dB，有效带宽为 3.8 GHz
		碳纤维	电阻率 $10^{-2}\,\Omega\cdot cm$，雷达波的强反射体，必须改性增加电阻率方可使用，强度高，密度小	多用于飞机结构增强吸波材料

品种			吸波性能及特点	研究应用现状
电损耗型吸收剂	电阻型	碳化硅纤维	电阻率在 $10 \sim 10^6 \, \Omega \cdot cm$ 可调，耐高温、密度小、强度好、电阻率高	多用于耐高温的结构吸波材料，报道在 $8 \sim 12.4 \, GHz$ 内，反射率为 $-12 \, dB$
	介电型	钛酸钡氮化硅氮化铁	介电耗损大、质量轻、韧性好、强度大、吸波性能优良	处于研究探索阶段
磁损耗型吸收剂	铁氧体	尖晶石型	电阻率 $10^2 \sim 10^8 \, \Omega \cdot cm$，价格低廉、吸收性能优良；六角晶系吸收性更优；在低频端（$<1 \, GHz$）具有较高的复磁导率和复介电常数，作为展频用；缺点是密度大	20世纪50年代应用于涂敷型吸波材料。在 $8 \sim 18 \, GHz$ 范围内，达到全波段吸收率不低于 $10 \, dB$，面密度约为 $5 \, kg/m^2$，厚度约为 $2mm$
		六角晶系		
	金属粒子	羰基铁粉类	吸波能力强、使用方便，但密度大	目前最常用的涂敷型吸收剂之一，但是密度大，面密度约为 $2kg/m^2$
		金属及金属氧化物超细粉	粒度 $10 \, \mu m$ 以下，如 Fe、Ni、Co、Al 等及其合金；对高频乃至光波频率范围内的电磁波具有优良的衰减性能；密度小、涂层轻而薄；制造要求很高、价格贵；磁耗损不够大，对展频不利	报道在 $0.05 \sim 50 \, GHz$ 都有很好的吸波性能
	金属晶须	羰基铁纤维多晶铁纤维	宽频、密度小、吸收好，包括 Fe、Ni 和 Co 及其合金，尤其是多晶铁，在低频端好；多用于涂敷型，可实现宽频；纤维直径、长径比、导电率和磁导率是关键因素	已达到实用水平；在 $5 \sim 20 \, GHz$ 宽频带内吸收率可达 $-10 \, dB$，$9 \sim 12.5 \, GHz$，反射率为 $-30 \, dB$；涂层质量仅为 $1.5 \sim 2.0 \, kg/m^2$
新型雷达波吸收材料		席夫碱类	吸收频带宽、质量只有铁氧体的10%，组合后可吸收全波段雷达波	制备和组合在技术上是难题，吸收机理目前还不清楚
		纳米材料	许多纳米物质如纳米氧化铝、氧化铁、氧化钴、氧化硅、碳化硅等对红外有很强的吸收，且微波红外吸收兼容、宽频带吸收、反射率低	研究之中，机理还不明确
		手征性吸波	用较小的手性金属、陶瓷、碳纤维等，通过调节其旋波量可改善吸波性能；吸波频率高、吸收频带宽的优点	处于研究阶段，很多技术难点有待突破
		导电高聚物	兼具金属和聚合物的特点，电导率通过掺杂来调节	研究阶段
光学透明吸波材料		掺杂氧化物半导体	在可见光有高透过率；红外区有高反射率、低发射率；雷达波段可以有高吸收率、低反射，可以实现红外、雷达复合隐身	In_2O_3、SnO_2、ZnO、$InSnO_3$（ITO）等，禁带宽度一般在 $3.0 \, eV$ 左右

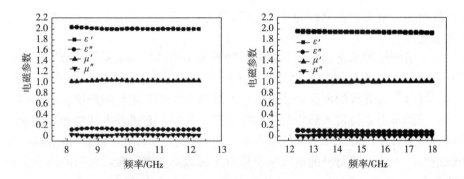

图 10-6 棉纤维的电磁学参数

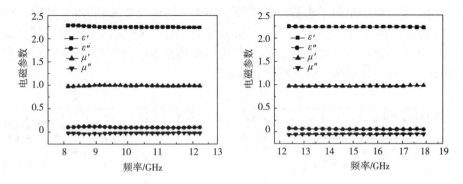

图 10-7 羊毛纤维的电磁学参数

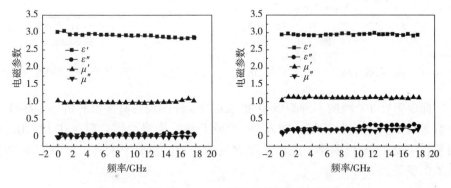

图 10-8 涤纶和 PE/PET 低熔点纤维的电磁学参数

在 8 ~ 18 GHz 范围内，羊毛、棉、涤纶和涤纶低熔点纤维的复磁导率实部均为 1.0、虚部基本都为 0，磁耗损正切角为 0，表明这些纺织纤维不具有任何磁耗损介质的特征。

羊毛和棉纤维复介电常数的虚部大约为 0.1，其实部分别为 2.4 和 2.0，介电耗损角的正切基本都小于 0.1，介电耗损也相当小，几乎为 0。涤纶和涤纶低熔点纤维的介电常数实部约为 3.0，虚部约为 0，介电耗损正切为 0，基本不存在介电耗损。

为了研制纺织基雷达伪装材料，必须改善纺织材料的电磁学参数。提高其复介电常数虚部或复磁导率虚部以及耗损正切。这里主要介绍有机导电纤维、不锈钢纤维、碳纤维的电磁学参数，这些纤维不属于常用纺织纤维，也不同于前面介绍的难以直接进入纺织加工的吸波剂。其中，有机导电纤维和不锈钢纤维可直接通过并线方式和其他纤维并捻后进行织造，而碳纤维则可以直接织成非织造布。了解这些材料的电磁学参数对于纺织基电磁波吸波材料的研发具有重要意义。

图 10-9、图 10-10 分别为不同有机导电纤维、碳纤维以 6.5％ 的体积比和环氧树脂复合后的电磁学参数，其中纤维都统一切短为 2 mm 掺混。其中，Y2 和 Y3 的导电成分含量为 8％，Y2 为金属导电涤纶，Y3 为碳黑导电锦纶，而 Y1 和 Y4 的导电成分含量只有 2.4％。纤维细度均在 20 旦 /2 f 左右。虽然 Y3 具有较好的介电损耗正切，但是数值并不高。

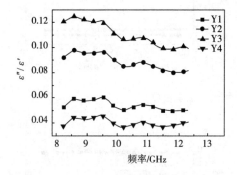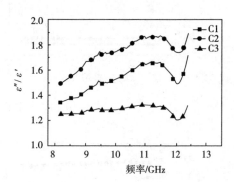

图 10-9　不同有机导电纤维的介电损耗角正切　　图 10-10　不同碳纤维的介电损耗角正切

而电阻在 10^3 级的三种细度为 20 μm 的碳纤维均具有高出有机导电纤维一个数量级的介电损耗正切。加入 2％ 该碳纤维，和涤纶混合后，在 12 GHz 即可获得 –12 dB 的反射率。随着纤维含量的增加，发射率变高，对雷达波的吸波效果变差。

10.3.5　雷达隐身织物设计
10.3.5.1　切花织物

将含金属（化）纤维的面料切开成不同形状，获得切花织物。使用过程中，将平面织物通过一定的支撑形成立体结构，切花单元变成对雷达波的散射单位，是一种柔性、轻质、宽频的雷达隐身织物。

不锈钢含量为 20％ 的不锈钢 / 涤 / 棉混纺织物，进行切花获得的织物及其在平整状态下的反射率如图 10–11 所示。该织物的立体状态及其反射率分别如图 10–12 所示。

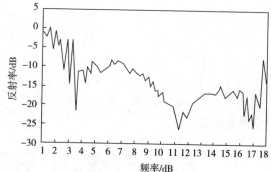

图 10–11　平整切花织物及其反射率

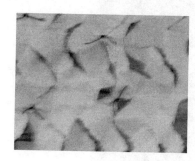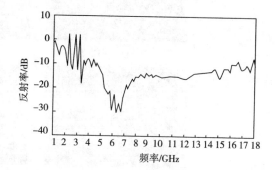

图 10–12　立体切花织物及其反射率

从上面的测试结果可以发现，平整的结构单元和不平整的结构单元的反射率在很宽的频带内的值都很大，在 2 GHz 时，不平整的切花面料即可达到 –10 dB、平整的切花面料在 –5 dB。测试结果中，小于 3 GHz 和大于 17 GHz 的频段内测试的结果不规整，主要是由于测试中所使用的天线的原因。结构单元的不平整对电磁波产生了很强的散射，使得反射率很小。但是，在不平整和平整的结构单元的主要差距是出现的谐振峰的位置不同。主要原因是在网结构变得平整时，单元结构尺寸变小，使得谐振峰向高频移动。

该类织物是目前各类雷达伪装遮障、伪装网、吉利服等常用的织物。

10.3.5.2　凹凸结构

采用嵌织热收缩丝的方法，可以获得含金属（化）纤维的凹凸结构织物，赋予其良好的电磁波散射性能。

将不锈钢纤维和棉纤维以 40/60 的比例分别混纺成 116 dtex 纱，在经向和纬向分别都嵌织沸水缩率为 53.7%、167 dtex 高收缩涤丝，织成 127 g/m^2 的平

215

纹织物。坯布经过不同温度的热处理，得到
具有不同凹凸结构的织物。如图 10-13 所示。

从图 10-14 可知，处理温度越高，面
料收缩程度越高。经过方阻仪测试，经向
含有热收缩丝的原布两个方向的方阻分别为
200 ~ 330 Ω/□、650 ~ 820 Ω/□；经向和
纬向均含有热收缩丝的原布两个方向的方阻
分别为 360 ~ 390 Ω/□、660 ~ 950 Ω/□。
但是离差较大。

图 10-13　原始平纹织物

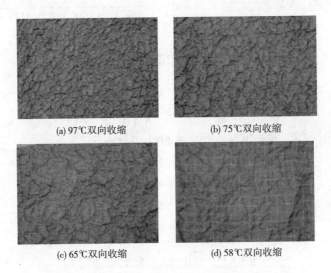

(a) 97℃双向收缩　　　　　　　　(b) 75℃双向收缩

(c) 65℃双向收缩　　　　　　　　(d) 58℃双向收缩

图 10-14　嵌织高热收缩丝的凹凸结构不锈钢织物

不同的处理温度意味着不同的凹凸程度，处理温度越高，凹凸结构越大；
处理温度越低，凹凸结构越小，在 58 ℃时，织物收缩较小。

在 2 ~ 18 GHz 范围内，对于双向都含有收缩丝的织物，随着处理温度的
降低，织物的凹凸结构程度降低、凹凸的结构单位尺度变大，对雷达波的散射
性能变差，反射率越来越高，且差异明显，如图 10-15 所示。且在低频段差异较
小、高频段差异较大，即这种差异随着频率的增加而增加。在 14 GHz 时，97 ℃、
75 ℃、65 ℃、58 ℃、未处理织物的反射率依次为 −39 dB、−27 dB、−24 dB、
−10 dB、−4 dB。从不同温度下的收缩结构可以看到：在 97 ℃处理后的布料皱
褶程度要明显高于其他温度下的处理情况。结构的不平整度使得电磁波在结构
中形成了漫散射。电磁波散射在相邻两个相交的斜面，形成了多次吸波。

在 18 cm×18 cm 的测试用金属基板上，在其四个角和中心位置贴上 2.5 cm
高的泡沫塑料块，将样品 1 # 放上，形成 5 个大的凸起，整个织物就表现出大

凸起上均匀分布了小的凹凸结构，该织物样品编号为样品 1 # 大凸起；同时，将 2.5 cm 高的泡沫塑料块换成 1 cm 高，制成编号为样品 1 # 小凸起的样品（图 10–16）。

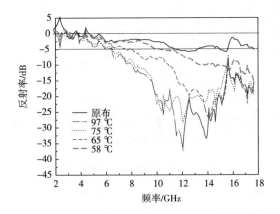

图 10–15　不同温度下收缩的样品的反射性能

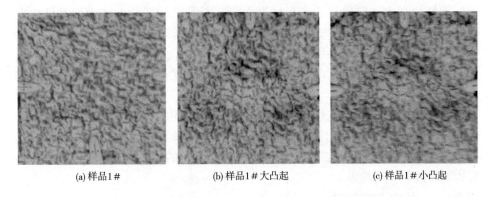

(a) 样品1#　　　　　　(b) 样品1# 大凸起　　　　　　(c) 样品1# 小凸起

图 10–16　在测试支架上的固定的不同凹凸结构样品

如图 10–17 所示，在 10 GHz 以下，人为织造凸起结构的两个样品的反射率都比原样较小、较细密的凹凸结构样品的反射率大大降低；且大凸起的结构比小凸起结构的反射率更低些。在 5 GHz 时，样品 1#、样品 1# 小凸起、样品 1# 大凸起的反射率分别为 –3 dB、–6 dB、–15 dB；在 6 GHz 时，分别为 –3.3 dB、–7.2 dB、–15.4 dB；在 8 GHz 时，分别为 –6.0 dB、–10.7 dB、–14.3 dB。具有大凸起结构的样品的反射率基本和切花织物的相当，无论是在高频段还是 2 ~ 6 GHz 的低频段。而在 10 ~ 18 GHz 频段，这种结构的改变对反射率的影响不大。

这充分说明，目前获得的凹凸结构尺度较小，大于 10 GHz 以上频段的电磁波的波长，因此，在 10 ~ 18 GHz 频段内反射率很低，可以推测，在更高频

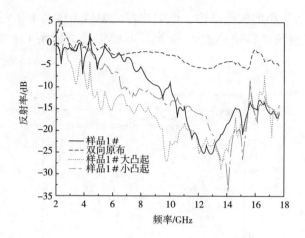

图 10-17　图 10-16 中样品的反射率

段内的反射率会进一步降低。

通过在其四个角和中心位置贴上不同高度的泡沫塑料块，使得整体结构的周期结构变大，导致结构产生的谐振频率随着结构尺寸的变大而逐渐向低频漂移。随频率的增加，其反射率有衰减的趋势。同时，由于凹凸的程度，使得一个周期结构内的小结构尺寸在变小。增加了结构的不平整性，导致其反射率低。在 2～6 GHz 内获得较好的雷达波反射性能，必须增加凹凸结构尺寸。

可见，凹凸结构对雷达波起到了很好的散射作用，使得凹凸结构织物对雷达波的反射率大大降低。且双向收缩导致的凹凸结构均有更好的散射作用，具有各向同性；处理温度越高，获得的双向收缩织物的凹凸结构程度越强烈，对雷达波的散射作用越强。

10.3.5.3　两种结构的对比

凹凸结构织物和切花织物，其实都是通过结构形成对电磁波的反射及散射，原理都是一样的。只是凹凸结构是连续的、没有破坏织物的整体结构；而切花则破坏了织物原有的结构。

图 10-12 和图 10-17 分别为不锈钢切花织物及凹凸结构织物的反射率。可知，切花织物在 2～8 GHz 的低频段表现优异，反射率基本在 -5 dB 以下，且在 6～7 GHz 出现了谐振峰，峰值达到 -30 dB。

通过嵌入收缩丝织造的不锈钢织物，经过热处理后导致的凹凸结构织物，具有和切花不锈钢织物一样好的反射率。在 8 GHz 以后的高频段表现优异，谐振峰也向高频漂移，出现在 14 GHz 左右，峰值达到 -35 dB。这和两种织物的结构单位尺寸密切相关。2～18 GHz 对应 1.67～15 cm 的波长，2～8 GHz 对应 15～3.75 cm 波长。结构单元必须和 1/4 波长相当，才能有效对该波长的电磁波进行拦截和反射。

为了提高从 2 ~ 18 GHz 的反射率不大于 –5 dB 的吸波带宽，需要使低频段的反射率变低。通过改变不锈钢纤维的导电性，当不锈钢纤维的导电性比较小、电阻比较大时，能够提高整体的反射率。但当电阻增大时，能够克服自身束缚的电子数目会减小，因此，在对不锈钢丝的电导率进行选取时，要有一定的限制。同时，在周期结构变大的同时，可以适当增加内部结构的不平整度，能够使反射率得到很大程度的降低。

除了这两种结构，立体间隔织物、立绒织物、毛圈织物等，都可以在一定程度上实现对雷达波的良好散射。

10.3.5.4　服装 RCS 缩减

为了体现设计的凹凸结构织物服装的 RCS 缩减性能，以着金属纤维织物服装样品进行对比，如图 10–18（a）中的状态 A。在该织物服装上套穿待测凹凸结构织物样品，获得状态 B，如图 10–18（b）所示。

(a) 测试状态 A　　　　　　　　　　(b) 测试状态 B

图 10–18　人台模型测试状态

测试时，模型置于透波泡沫支架上，电磁波入射方位角 0° 为正对人台面部方向，不同状态下人台模型测试姿态保持一致。

测试结果见图 10–19 ~ 图 10–21。可见，在 2 ~ 18 GHz 频段内，状态 A 的 RCS 平均都在 15 dBsm 以上，状态 B 的 RCS 平均都在 –5 dBsm 以下。

测试使用的人台为石膏，为透波的高分子材料。而实际上，人体的 RCS 大约为 1 m^2，即 0。状态 B 和状态 A 均具有同样的人体着装外形，具有可比性。采用状态 B 的数值减去状态 A 的数值，即得到状态 B 对于状态 A 的 RCS 缩减情况，如图 10–22 所示。可见，在 2 ~ 18 GHz 范围内，人体着凹凸织物服装后的 RCS 缩减在 –15 dBsm 以下，RCS 相当于缩减了 97%。根据雷达探测距离公式可知，在该 RCS 缩减值下，雷达探测距离减小 57%。

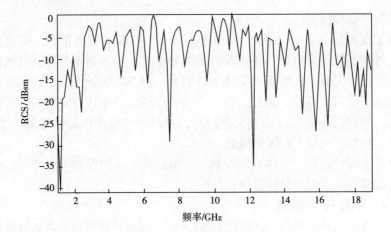

图 10-19　人台模型的 RCS

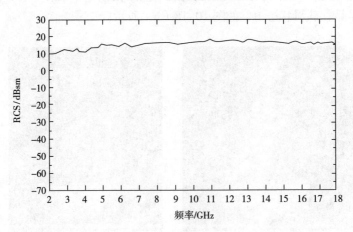

图 10-20　状态 A 人台 RCS 扫频曲线（极化：HH）

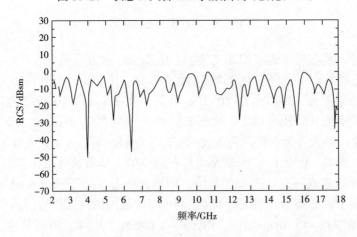

图 10-21　状态 B 人台 RCS 扫频曲线（极化：HH）

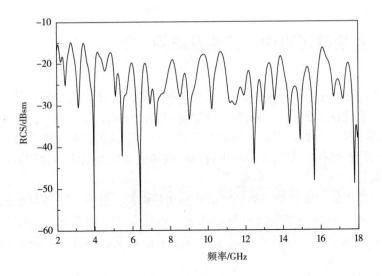

图 10-22　状态 B 相对于状态 A 的 RCS 缩减效果

　　状态 B 减去人台的 RCS 值，然后进行平滑处理后，得到如图 10-23 所示的缩减效果。在 2 ~ 18 GHz 范围内，RCS 缩减基本在 -3 dB 以下，相当于 RCS 缩减了 50% 以上。但是，由于人台着战斗携行具的外形和状态 B 的外形存在显著差异，而外形对 RCS 的影响巨大，所以，难以进行有效的比较，该值仅供参考。

图 10-23　状态 B 相对于人台的 RCS 减缩效果（极化：HH）

10.4　多频谱迷彩伪装织物及应用

在 10.2 和 10.3 中，都提到了对织物进行结构设计，以实现有效防止热像仪探测和雷达探测的热红外兼容雷达隐身织物。比如，以具有一定导电性或者吸波性能的轻薄织物为基础，印制光学迷彩图案后，通过切花结构或者特殊处理获得的凹凸结构，来实现活动小目标的散热通道以及对雷达波回波的有效缩减和抑制。

这是使用最为成熟的一类多频谱迷彩伪装织物，具有以下必要要素。

一是通过迷彩图案实现可见光伪装。包括紫外、可见光、近红外波段的伪装，紫外反射率、绿色近红外反射率、主色调反射率等需要与地物反射率融合。

二是通过结构实现有效的散热，即相当于热红外伪装中的散热技术。无论是切花结构，还是凹凸结构，抑或类似其他结构，都需要使人体和环境能够进行热交换，且最外层的织物保持和环境一致的温度。

三是基布对电磁波具有反射或吸收作用，且通过织物不规则表面增加对电磁波的散射效果，使得某一特定方向的电磁波回波大幅度缩减。

这种形式的多频谱伪装织物在世界各国得到了广泛应用。

美国研制的多功能隐身涂层在毫米波 30 ~ 100 GHz 的吸收率为 –15 ~ 10 dB，中红外波 3 ~ 5 μm 发射率为 0.5 ~ 0.9，远红外波 8 ~ 14 μm 发射率为 0.6 ~ 0.95，可见光的光谱特性与背景基本一致。美国 Saab Barracuda LLC 公司的超轻型伪装网系统（ULCANS），取代 20 世纪 70 年代研发的轻型伪装遮蔽系统（LCSS）。除了在视觉、雷达和极近红外光频谱方面的保护（这些同 LCSS 类似）外，ULCANS 将近红外背景增加到 2.5 μm，提高了针对热能传感器的隐蔽能力。据悉，透过伪装网向外辐射的热能比早先降低了 42%。由于 ULCANS 采用的雷达吸波材料涂层直接缝制于伪装网衬底，从而将阻碍降至最低，且重量比 LCSS 的轻了 26%。

英国 Colebrand 公司研究的伪装网兼具可见、红外和雷达的隐身功能，其雷达反射材料和不规则的表面使得整个频段的雷达能量实现散射，从而减少了其雷达的探测性即达到隐身的效果。

我国开发的反雷达侦察伪装遮障用基础布中含有一定量、一定长度、合理间距、均匀分布的不锈钢纤维，作为对雷达波的散射元。还有一些雷达伪装网采用各种电磁波吸收剂或反射材料进行涂层，作为吸收或散射元。国内几代伪装网指标及性能见表 10–11。

表 10–11　国内伪装网性能指标

名称	特征	性能			
		可见光及近红外（0.4 ~ 1.2 μm）	中远红外（3 ~ 5 μm、8 ~ 14 μm）	雷达（多为 2 ~ 18 GHz）	其他性能
叶状多频谱伪装网	（1）双层吸收与放射状强散射对雷达波实现了宽波段、强吸收（2）全法向热疏导降温（3）采用叶状仿生形态	自然绿色植物在形态、光谱反射特性、外观等方面具有良好的适应性，综合亮度对比不大于 0.2	目标与背景平均辐射温差不大于 ±4℃	（1）目标 RCS 平均衰减 10 dB 以上（2）微波暗室反射率不大于 –10 dB（3）8 mm（26.5 ~ 40 GHz）和 3 cm（8 ~ 18 GHz）雷达波效果显著	（1）克重 ≤ 250 g/m²（2）断裂强力 ≤ 440 N（3）野外连续使用 2 年，存储 10 年
全波段伪装网	采用独特的草状仿生形态	与自然绿色植物在形态、光谱反射特性、外观等方面达到了以假乱真	降低目标平均辐射温度 10℃以上	（1）1 ~ 40 GHz 目标 RCS 平均衰减 –10 dB 以上（2）微波暗室反射率达到 — 30 dB	（1）克重 ≤ 400 g/m²（2）断裂强力 ≤ 500 N（3）野外连续使用 2 年，存储 10 年（4）伪装布离火自熄续燃 ≤ 5 s（5）干摩擦牢度 ≥ 3 级
多频谱伪装网	（1）由伪装网面和热隔绝层组成（2）热隔绝层是内表面高反射涂层、外表面高、低不同发射率涂层的构成（3）冲孔缝制	（1）与各种背景颜色匹配（2）绿色伪装网近红外光谱反射率不小于 0.5（3）白色伪装网近紫外光谱反射率不小于 0.5	使目标与背景的辐射温度差值在 ±4℃以内	对毫米波、厘米波雷达 RCS 衰减值不小于 10 dB	（1）克重 ≤ 280 g/m²（2）野外连续使用 2 年，存储 10 年（3）离火自熄续燃时间应 ≤ 10 s（4）干摩擦牢度 ≥ 3 级（5）使用环境：–40 ~ 50℃
立体草状全波段伪装网	（1）聚酯薄膜为基料（2）全波段隐身（3）单层网结构（4）直接覆盖，无须支撑（5）具有电磁屏蔽功能	（1）颜色可以与各种背景颜色匹配（2）绿色伪装网近红外光谱反射率不小于 0.5（3）白色伪装网近紫外光谱反射率不小于 0.5	使目标与背景的辐射温度差值在 ±4℃以内	（1）2 ~ 18 GHz 内目标 RCS 平均衰减 10 dB 以上（2）微波暗室反射率达到 –30 dB	（1）克重 ≤ 380 g/m²（2）野外连续使用 2 年，存储 10 年（3）离火自熄续燃时间应 ≤ 10 s（4）干摩擦牢度 ≥ 3 级（5）使用环境：–40 ~ 50℃（6）不浸水，增重小

表中所述的多频谱伪装网多用于大型装备的多波段伪装隐身需求；而多频谱伪装服则用于活动小目标如人体的伪装隐身，目前，也基本采用类似伪装网的织物。从原理上而言，两者防多频谱伪装原理类似，但是也存在以下差异。

一是两者光学伪装用迷彩图案差异较大。一个适用于固定目标及被动移动大型目标；一个适用于活动小目标。

二是两者对织物基材要求差异较大。伪装服装对于材料的舒适度及更轻的克重要求更高。

三是用于人体的伪装服，在一定场合下，还需要和面部伪装油彩配套使用。

事实上，三个波段的伪装很难分开单独考虑。迷彩也不仅仅是可见光伪装迷彩，可能也会兼容热红外，甚至雷达迷彩；特殊的立体结构，虽然主要针对散热及对雷达波的散射作用，合理的结构设计也有助于视知觉伪装设计；织物基布，需要兼顾热红外发射率、雷达反射率及可见光反射率等。在多频谱迷彩伪装织物方面，需要深入研究探讨的内容包括：可见光迷彩和热红外迷彩的兼容，迷彩图案除了需要具有特定的颜色及其可见光反射率外，是否能够结合不同红外反射率涂层，实现具有明显红外热图的斑块；织物基材最好能够对雷达波实现吸收效果，而不是散射效果；需要通过服装的多层结构设计，采用不同服装层次的织物分担不同的功能，更容易实现多频谱伪装。

参考文献

[1] 吴宗凡，柳美琳，张绍举，等. 红外与微光技术 [M]. 北京：国防工业出版社，1998.

[2] 张辉，张建春. 热红外隐身技术与人体伪装 [J]. 上海纺织科技，2003，31（2）：48-50.

[3] 穆武第，程海峰，唐耿平，等. 热红外隐身伪装技术和材料的现状与发展 [J]. 材料导报，2007，21（1）：114-117.

[4] 于名讯，贾瑞宝，赵均英，等. 人体热红外隐身技术浅析 [J]. 红外技术，2005，27（6）：497-500.

[5] RUBEZIENE Vitalija, MINKUVIENE Gele, BALTUSNIKAITE Julija, et al. Development of visible and near infrared camouflage textile materials [J]. Materials Science, 2009, 15（2）: 173-177.

[6] SCOTT RA. Military Protection : Textiles for Protection [M]. Cambridge, England : Woodhead Publishing Limited, 2005: 597-621.

[7] 郝立才，肖红，刘卫，等. 防热红外侦视纺织品的研究进展 [J]. 纺织学报，2014（7）：177-181.

［8］费逸伟，黄之杰，刘芳，等. 聚合物微球：新型热红外涂料用填料性能研究［J］. 材料科学与工程学报，2003，21（2）：270–273.

［9］吴进喜. 红外伪装篷布的制备与测试［J］. 辽宁化工，2011，40（1）：18–21.

［10］张辉，沈兰萍，孙洁. 基于空心微珠的功能织物开发［J］. 上海纺织科技，2007，35（1）：50–52.

［11］YIN Xia，CHEN Qun，PAN Ning. Feasibility of perspiration based infrared camouflage［J］. Applied Thermal Engineering，2012，36：32–38.

［12］李发学，张广平，吴丽莉，等. 相变材料在新型红外伪装服上的应用［J］. 纺织学报，2003，24（2）：167–169.

［13］费逸伟，李广平，李争鸣，等. 相变材料及其在热红外伪装领域的应用研究［J］. 红外技术，2007，29（6）：328–332.

［14］CHANDRASEKHAR P，ZAY B J，MCQUEENEY T，et al. Physical，chemical，theoretical aspects of conducting polymer electrochromics in the visible，IR and microwave regions［J］. Synthetic Metals，2005，155（3）：623–627.

［15］KOSTIS TG，GOUDOSIS AK，BEZANOV GI，et al. Stealth aircraft tactical assessment using stealth entropy and digital steganography［J］. Journal of Applied Mathematics & Bioinformatics，2013，3（1）：99–121.

［16］SALLEE Bradley. Low thermal signature camouflage garnish：US Patent，5976643［P］. 1999–11–02.

［17］朱方辉，张广成，史学涛，等. 高分子材料在热红外伪装中的应用［J］. 材料导报网刊，2006，（3）：46–49.

［18］闫长海，陈贵清，孟松鹤，等. 红外热反射涂层的研究进展［J］. 化工进展，2006，25（2）：167–170.

［19］崔宝生，汪长春，贾永科，等. 材料微结构对红外发射率的影响［J］. 复旦学报（自然科学版），2006，45（3）：385–390+395.

［20］张梅，崔占臣，蔡红莉，等. 织物用热红外伪装涂料在 8 ~ 14 μm 波段红外发射率的研究［J］. 天津工业大学学报，2002，21（2）：33–36.

［21］王自荣，余大斌，於定华，等. ITO 涂料在 8 ~ 14 μm 波段红外发射率的研究［J］. 红外技术，1999，21（1）：41–45.

［22］ZHU Dongmei，LI Kun，LUO Fang，et al. Preparation and infrared emissivity of ZnO：Al（AZO）thin films［J］. Applied Surface Science，2009，255（12）：6145–6148.

［23］卢晓蓉，徐国跃，王岩，等. 纳米 ZnO 的制备及红外发射率研究［J］. 南京航空航天大学学报，2003，35（5）：464–467.

［24］徐国跃，王函，翁履谦，等. 纳米硫化物半导体颜料的制备及其红外发射率研究［J］. 南京航空航天大学学报，2005，37（1）：125–129.

［25］黄永勤，胡志毅. 国外防中远红外侦视伪装涂料的研究进展［J］. 涂料工业，1997，4：35–37.

［26］李少香，杨万国，郭飞. 热红外屏蔽迷彩涂层材料的研究［J］. 现代涂料与涂装，2009，12（10）：7–14.

［27］王自荣，孙晓泉. 涂层热红外迷彩隐身的条件分析［J］. 激光与红外，2006，36（4）：

305–307.

［28］郝立才，肖红. 织物热红外伪装性能测试评价技术现状［J］. 红外技术，2013（8）：512–517.

［29］施楣梧，王群. 电磁功能纺织材料［M］. 北京：科学出版社，2016.

［30］CONWAY TG，MCCLEAN RL G，WALKER G W. Three color infrared camouflage system：US Patent，5077101［P］. 1991–12–31.

［31］郝利才. 防热红外侦视织物的研究［D］. 北京：中国科学院化学所，博士后出站报告.

第 11 章　新技术在迷彩伪装上的应用

变色迷彩的研发目的是满足不同环境的伪装需求。作为通用性迷彩用的理想的伪装面料，各个国家均给予关注，并已经倾注了大量的人力和财力进行研究开发。

11.1　变色迷彩研究进展

外军特别是美军和日军自 20 世纪 60 年代起就开始了变色迷彩的研究，其开发的轨迹基本上呈现如下的过程：首先提出"变色龙"军服的性能追求目标，即"在红地毯上显示为红色、遇到袭击躲到树丛中时即显示为绿色"的理想变色效应，但直到目前为止也未能实现，且必要性也不强；继而结合变色材料（热致变色、光致变色、电致变色、湿敏变色、压敏变色、气敏变色、酸碱度敏感变色等）、发光材料和柔性显示器的科学技术研究，逐渐分化为两种技术路线。

一种技术路线为排除了变色材料中难以实现控制的热、光、湿、压力等控制模式，致力于电致变色材料、特别是导电高分子材料和过渡金属氧化物电致变色材料的研究，并希望将电致变色材料应用于变色迷彩。但其变色前后的色相、驱动电压、响应速度和反转寿命均不理想，电致变色材料的伪装效果也不理想，故目前还没有国外军队展示其基于电致变色材料的变色迷彩样品，由于军事科研的保密性，目前也没有科学技术意义上的相关报道。

另一种技术路线为背景图像提取及服装正面图像显示的方式，即以微型摄像机及有机发光二极管（OLED）等柔性显示材料形成服装系统，将背景图像显示在服装上，使正面观察者将服装上的图像与背景混为一体，达到伪装效果，如图 11-1 所示。这种方式能适应各种背景条件，但有三方面缺陷：一是采用发光方式本身就容易暴露；二是服装只能显示一种图像，故只能对一个方向进行伪装，换一个角度则更加容易暴露；三是体系庞大，失去实际军事意义。

以上研究都局限于对"变色龙"可改变颜色的理解，以可以改变颜色的迷彩服装为研制出发点，来满足不同环境下的伪装需求，这导致目前为止，各国都还没有装备此类实物样品。

(a)   (b)

图 11-1　发光显示变色伪装

加拿大 Hyperstealth Biotechnology Corp. 曾在国际伪装论坛上发布了一款变色面料 Smartcamo，如图 11-2 所示，可以实现荒漠至林地的变色效果，疑似热致变色。由于环境温度难以控制，因此，热致变色难以用于实战。

图 11-2　Hyperstealth Biotechnology Corp. 的变色面料

美军于 2010 年研制成功并装备部队的通用型迷彩图案 Multicam 作战服，如图 4-20 所示，通过图案尺寸、形状及其颜色搭配的合理设计，并利用人眼的视觉知觉原理，使得该迷彩服在不同环境下可以凸显该环境颜色。在绿色背景下绿色凸显，在黄色背景下黄色凸显，但是衣服本身的颜色并不发生改变，其在各种典型的、亮度系数较低的林地和荒漠背景下的伪装效果也需要进一步提高。该迷彩是现有技术条件下较实用的一种通用性伪装迷彩。

我国原总后勤部军需装备研究所在"九五"期间就立项进行了变色迷彩的论证研究，与中国科学院感光研究所合作，以"变色龙"为目标，探讨过变色物质的寻求及其变色要求的实现方法，但在导电高分子材料尚未被发现和深入研究之前，看不到解决问题的办法，未进行进一步的研究。

2008 年，又立项研究变色功能材料关键技术，重点研究以电致变色高聚物和电子墨水微胶囊为变色体系的两种技术途径，经过两年多的探索研究，2010 年已制备了可实现以土黄色为主色调的丛林迷彩和以绿色为主色调的荒漠迷彩互变的织物小样，如图 11-3 所示，（a）、（b）两块织物可在不超过 10 s 时间内转变颜色，（a）图中的黄色斑块全部转变成（b）图中的绿色斑块，转换电压不大于 1.0 V。这一成果为实现多色变色迷彩作战服奠定了坚实的基础。

(a) 以黄色为主色调的荒漠型迷彩　　　(b) 以绿色为主色调的丛林型迷彩

图 11-3　自主研制的可控变色迷彩织物样品

2010 ~ 2019 年，继续探索基于复相微纳电流变液的电子墨水微胶囊的可控变色迷彩技术，并成功制备了可实现 16 灰阶的黄绿可变的织物及全套服装。但是，在耐用性及耐洗涤方面还有待继续完善。

该研究所也开发了热致变色面料如图 11-4 所示，颜色变化明显，能够实现主色调为绿色的林地迷彩和主色调为黄色的荒漠迷彩的互变。但是，如图 11-1 所示的面料一样，存在以下主要问题。

图 11-4　热致变色面料

（1）变色涂料的可逆稳定性还有待优化。在多次加热变色后，迷彩布表面的涂层可能会产生某些不可逆的变化，造成迷彩布表面颜色变黄，且这种变黄难以消除。

（2）变色响应时间较长。加热后颜色可以发生变化；当温度降到变色温度阈值后，颜色会回复到原来的颜色，但是恢复时间长达 10 min 以上。

（3）温度控制受自然界影响大，难以实现人工可控。

（4）维持稳定颜色，需要保证织物的温度不低于变色温度阈值。需要持续的能量维持。

因此，虽然热致变色织物技术相对较为成熟，也可以实现比较明显的颜色变化；但是由于外界温度难以人为控制，颜色必须在温度阈值（需要长期耗能）上才能够得到保持，可逆往复变色次数和效果均有待优化等因素，尤其是温度的不可控，导致难以用于实战。

11.2 基于电致变色高聚物的变色迷彩

11.2.1 常用电致变色高聚物

电致变色材料在外加电流或电场的作用下，发生电化学氧化或还原反应，其光学性能（透射率、反射率、吸收率和发射率等）在可见光波长范围内产生稳定的可逆变化，从而在外观上表现为颜色等光学性能的可逆变化。利用电致变色现象可制作多种电致变色器件（ECD，electrochromic device），其具有人为可控制、视角宽、驱动电压低、颜色变化可调节、可大面积化、响应速度快、重复性好等优点，在变色伪装、智能材料、新型显示器件等方面引起了广泛关注。

具有电致变色功能的材料分为无机材料和有机材料两类。无机材料中最典型的是 WO_3，其变色机理是由离子或电子的双注入 / 抽取引起的；有机电致变色材料大多是导电共轭高聚物及其衍生物，且一般都是多色变色材料，其变色主要来自氧化还原反应。常用的电致变色材料的变色机理及可能应用见表 11–1。导电聚合物作为电致变色材料具有制备工艺简单、颜色变化对比度高、组装后的器件工作电压低、响应速度快，并可以通过分子设计制备变色所需的颜色等优点。常用的有机电致变色材料见表 11–2。在所有导电聚合物中，聚苯胺（PANi）、聚吡咯（PPy）和聚噻吩（PTh）及其衍生物是目前研究比较广泛的电致变色材料；而近年来，对于聚苯胺、聚噻吩电致变色材料的基础和应用研究极为活跃，尤其是开发利用聚苯胺掺杂和去掺杂时颜色变化的电致变色器件。

表 11–1　常见的电致变色材料、变色机理及可能的应用

电致变色材料的种类	样品	变色机理	可能的应用
过渡金属氧化物	TiO_2, V_2O_5, Nb_2O_5, Mo_2O_3, WO_3, CrO_x, MnO_x, FeO_x, CoO_x, CuO_x, RhO_x, NiO_x, IrO_x	$xM^+ + AOy + xe^- \rightleftharpoons MxAOy$ M=H,Li,Na;A= 金属 放出 H^+，接受 OH^- $A(OH)_n \rightleftharpoons AO_x(OH)_{n-x} + xH^+ + xe^-$ $A(OH)_n + xOH^- \rightleftharpoons A(OH)_{n+x} + xe^-$	灵巧窗、热控装置、电致变色书写纸、电致变色显示器、传感器等
普鲁士蓝系统	$M^I_k[M^{II}_l(CN)_6](M^I、M^{II}$为不同价态的铁，$k、l$为整数），如普鲁士蓝：$[Fe^{3+}Fe^{2+}(CN)_6]^-$ 普鲁士黑：$[Fe^{3+}Fe^{3+}(CN)_6]$ 普鲁士白：$[Fe^{2+}Fe^{2+}(CN)_6]^{2-}$	$JFe^{3+}[Fe^{2+}(CN)_6] + e^- + J^+ \rightleftharpoons$ $J_2Fe^{2+}[Fe^{2+}(CN)_6]$ $Fe_4^{3+}[Fe^{2+}(CN)_6]_3 + 4e^- + 4J^+ \rightleftharpoons$ $J_4Fe_4^{2+}[Fe^{2+}(CN)_6]_3$ 通常 J^+ 为 K^+	显示器、传感器等

续表

电致变色 材料的种类	样品	变色机理	可能的应用
有机物	紫罗精（$1,1^{1+}$ 双取代基 -4，4^{1-} 联吡啶盐）、导电聚合物（聚吡咯，聚苯胺，聚噻吩等）、酞花菁、过渡金属配位络合物、液晶等	氧化还原反应，异构化反应，晶型转变等，如聚吡咯的变色反应如下： （式中：$X—CO_2$，SO_3；$M=H\backslash Na\backslash Li$ 等）	显示器、灵巧窗、汽车观后镜、可调转换镜、近红外开关装置等

常用的有机电致变色材料见表 11–2。

表 11–2　常见的有机电致变色材料

材料	特点	颜色变化
紫罗精	具有良好的变色性能，可通过选择合适的取代基，改变分子轨道能级和分子间电荷迁移等方法来调节其电致变色特性；小分子紫罗精溶于水，使其应用受限；广泛用于汽车的后视镜	蓝色—深红
酞花菁	中心为金属离子的化合物，其色彩丰富，能在 $-2 \sim +2$ V 产生肉眼可见的蓝绿黄红变色效应，稳定性好，可逆性高，多用于制备多彩光学开关器件	红色（+0.1 V）—绿色（0）—蓝色（–0.8）—紫色（–1.2）
过渡金属配位络合物	种类繁多，具有代表性的是酞菁络合物 中心金属离子在外加电场作用下价态发生变化而呈现不同的颜色 氧化还原能力与电致变色特性较为突出	多种金属的酞菁络合物在可见光区有强吸收，摩尔吸光系数大于 10^5，变色性质与金属离子种类和氧化态有关
PANi	电致变色性不仅依赖于其氧化态，还依赖于其质子化状态和所用电解液的 pH；光学质量好，颜色转换快，循环可逆性好，苯胺单体价格比较便宜；发现循环次数一般均 $> 10^3$，电极的种类、氧化剂的浓度对循环次数都有影响，有滞后现象；合成工艺十分成熟，广泛应用于灵巧窗	存在多种不同掺杂状态，外界电场下可实现淡黄—绿—蓝之间的可逆变色。如黄色（–0.7 V）—绿色（0），电压大于 0.7 V 则呈蓝色
PPy	化学稳定性差、颜色变化有限，当聚吡咯膜的厚度较小时，其电致变色现象非常明显，厚度逐渐增大到一定程度时，电致变色性越来越弱 应用在电极材料方面	掺杂态呈蓝紫色的（$\lambda_{max}=670$ nm），电化学还原后得到黄绿色（$\lambda_{max}=420$ nm）未掺杂态，所有掺杂阴离子脱去，则得到淡黄色薄膜

材料	特点	颜色变化
聚噻吩 PTH	单体价格较贵，合成条件较严格 对其衍生物的研究较深入，在掺杂/去掺杂的状态下具有环境稳定性高、热稳定性高及结构的多功能性，在电极材料及有机半导体材料中有着重要应用价值	氧化态蓝紫色（λ_{max}=730 nm），还原态红色（λ_{max}=470 nm）；聚3-甲基噻吩：氧化态深蓝色（λ_{max}=750 nm），还原态红色（λ_{max}=480 nm）；聚3,4-二甲基噻吩：氧化态蓝黑色（λ_{max}=750 nm），还原态淡褐色（λ_{max}=620 nm）；聚2,2′-二噻吩：氧化态蓝灰色（λ_{max}=680 nm），还原态橘红色（λ_{max}=460 nm）

11.2.2 电致变色器件结构

电致变色器件通常是透射型三明治结构，由两个电极层夹着电致变色层、电解质层和离子储存层，外面再加上两层保护层，如图 11-5（a）所示。为了使颜色变化得以对外界展示，要求其中一个电极必须是透明的。透明电极多采用将导电金属或氧化物等通过真空溅射、溶胶凝胶、涂覆等方式，以膜状物沉积于基材上，如氧化铟锡（ITO）或掺铝氧化锌（AZO）玻璃、ITO/PET 薄膜、PEDOT/PSS/PET 等，但是 ITO 或 AZO 玻璃质硬不易弯曲，ITO/PET 薄膜在厚度、颜色及电导率上存在矛盾，PEDOT/PSS/PET 带有颜色且电导率较大等，透明电极存在的缺陷给电致变色器件的柔性化带来障碍；且薄膜类的透明电极在服用所必须的透气透湿性方面也远远达不到结构上具有无数微孔的织物的水平，这导致其在可服用的变色织物方面的应用还存在困难。

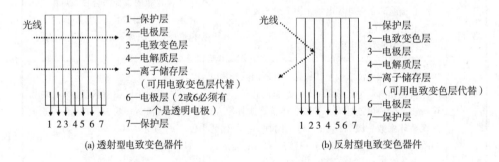

图 11-5 两种典型的电致变色器件结构示意图

21 世纪初，文献陆续报道了将变色层置于电极上方的具有反射型结构的电致变色器件，如图 11-5（b）所示的反射型电致变色器件，巧妙避开了透射型"三明治"结构对于透明电极的需要，该结构和透射型电致变色器件的差异在于以下两方面。

（1）该结构所采用的工作电极和对电极都不需要具有光学透明性，拓宽了对电极材料的选择，使得柔软的、非透明的导电织物可以作为该类器件的电极材料。织物电极可采用多种方式制备，比如，采用电镀化学在织物表面镀覆金属，采用原位沉积的方式在织物表面镀覆导电高聚物，采用导电纤维或金属纤维和其他纤维交织混纺等。

（2）反射型电致变色器件的变色层位于最上方，入射到人眼的光线直接由最上层变色物质反射，所以，可以采用电致变色材料作为离子储存层。而对于透射型电致变色器件，如果采用电致变色材料作为离子储存层，会导致颜色变色的叠加，并对电致变色层和离子储存层在电致变色过程中分子结构及变色机理的研究造成困难。

两种电致变色器件的变色都是通过能够改变颜色的电致变色材料来实现的。

11.2.3　可控变色织物的制备及性能

11.2.3.1　变色性能

基于聚苯胺电致变色高聚物，采用反射型电致变色器件结构模型，以柔性导电织物作为电极，构建了可控变色织物。如图 11-6 所示为制备的变色织物在正负电压下的颜色，在 +0.8 V 电压下 PANi 处于氧化态织物显示蓝绿色，在 –0.6 V 电压下 PANi 处于还原态织物显示黄色。

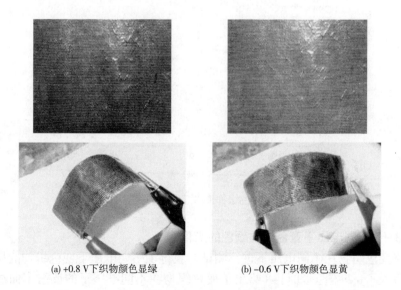

(a) +0.8 V下织物颜色显绿　　　　　(b) –0.6 V下织物颜色显黄

图 11-6　变色织物在不同电压下的颜色

变色织物的 $L^*a^*b^*$ 值及变色织物中间态和氧化态、中间态和还原态及氧化态和还原态之间的 ΔE 见表11–3。当 $\Delta E(L^*a^*b^*)$ 在3.0以上时，表示颜色明显不同。从表可知，变色织物在中间态（无电压）、氧化态（正电压）和还原态（负电压）这三种状态下，两两之间的颜色差异均大于3.0，可见颜色变化显著。

表 11–3　不同电压下织物的 CIE $L^*a^*b^*$ 值

变色织物	L^*	a^*	b^*	状态变化	$\Delta E^*(L^*a^*b^*)$
中间态	32.03	–9.7	17.83	中—氧	8.058517
氧化态	28.12	–10	10.79	中—还	3.114948
还原态	33.94	–7.38	18.65	氧—还	10.12504

图 11–7 是变色织物在正负电压下显示绿黄颜色的反射率曲线。从图中可以看出，变色织物显黄色时的反射率要高于显绿色时的反射率，这可能与聚苯胺变色材料在正电压下处于氧化态显示绿色以及在负电压下处于还原态显示黄色的色调有关。黄色的色调要比绿色明亮，导致了变色织物显黄色时反射率较高。变色织物在正电压下显示绿色，反射峰较宽，延伸到蓝色区域；在负电压驱动下，变色织物反射率曲线的反射峰变窄，且发生红移，向黄色区域延伸。

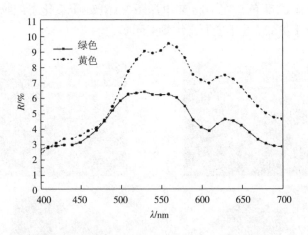

图 11–7　变色织物黄绿互变时的反射率曲线

11.2.3.2　不同电压下变色织物颜色的变化

将变色织物在不同电压下进行测试，获得了不同电压下变色织物的反射率曲线以及 $L^*a^*b^*$ 值。图 11–8 给出了变色织物在不同电压下的反射率曲线，可以看出，从 +1.0 V 到 0 V 再到 –1.0 V 的加持电压下，变色织物的反射率越来越高，这与变色织物显示的颜色有关。聚苯胺材料由氧化态到中间态再到还原态，伴随着变色织物由蓝绿色到黄绿色再到黄色转变，黄色的色调要比绿色、蓝色明亮，导致了变色织物显黄色时反射率较高。

图 11-9 是不同电压下变色织物的 a^*b^* 值，沿着箭头方向电压为 $-1.0 \sim$ $+1.0$ V。从 $0 \sim +1.0$ V 的测试电压下，变色织物对应的 a^* 值依次减小，绿色色彩增强；b^* 值依次减小，蓝色色彩增强。从 $0 \sim -1.0$ V 的测试电压下，变色织物对应的 a^* 值依次增加，绿色色彩减弱；b^* 值依次增加，黄色色彩增强。由于聚苯胺本身颜色具有局限性，显示黄色时较浅，绿色褪去不完全，造成器件在负电压情况下显示略带绿色的黄绿色，图 11-9 中 a^*b^* 值在 $+1.0 \sim -1.0$ V 的变化也体现了这一情况。

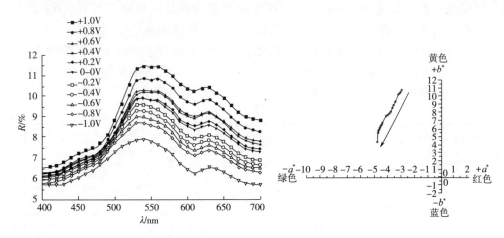

图 11-8　织物器件不同电压下反射率谱图　　图 11-9　不同电压下织物颜色的 a^*b^* 值

11.2.3.3　变色织物颜色变化及褪色的时间响应

导电共轭高聚物在不同状态时的结构是不一样的。在未加电压下，半导性聚合物处于非掺杂态，当在器件上施加一个大于半导性聚合物能隙的电压时，正极处的聚合物被氧化，负极处的聚合物被还原，同时离子（Li^+ 和 ClO_4^-）发生移动，正离子向负极移动，负离子向正极移动，并且离子从传输介质中分离出来进入聚合物相，这样过剩电荷被这种离子电荷的重新分布所补偿。变色器件中电化学掺杂是可逆的，形成的结构状态是动态的，去掉外电压之后，器件通过放电而弛豫，聚合物慢慢恢复到未掺杂的半导体状态。由于离子传输及所伴随的离子重新分布是速度决定步骤，因此，在电压响应或撤去电压由一种结构转变成另一种结构是需要时间的，导电共轭高聚物由中间态向氧化态或还原态（或逆向）转变的时间不同，宏观上显示不同颜色之间的变化。

图 11-10（a）给出的是变色织物在 +0.9 V 加持电压下，聚苯胺由中间态向氧化态转变的情况，每条反射率测试曲线间隔 8 s。由图中反射率曲线可以看出，随着时间的延长，反射率降低，并且峰值发生蓝移，这与聚苯胺结构由

半氧化态（y=0.5）的翠绿亚胺式到完全氧化（y=0）的过苯胺黑式转变程度有关，对应于变色织物的颜色由黄绿色向蓝绿色转变。图 11-10（b）给出的是器件在 -0.9 V 加持电压下，聚苯胺由中间态向还原态转变的情况，每条反射率测试曲线间隔 8 s。由图中反射率曲线可以看出，随着时间的延长，反射率增加，增加的幅度较高，并且峰值发生红移，这与聚苯胺结构由半氧化态（y=0.5）的翠绿亚胺式到完全还原（y=1）的隐翠绿亚胺式转变程度有关，对应于变色织物由黄绿色向黄色转变。

图 11-10（c）和图 11-10（d）给出了变色织物撤去电压后，聚苯胺电化学氧化/还原区发生弛豫，向原来的非掺杂状态恢复，反射率曲线随时间的变化情况。撤去正电压 4 min 之后，可见光范围内各处反射率［图 11-10（c）］约提高了 3%；撤去负电压 4 min 之后，可见光范围内各处反射率［图 11-10（d）］约降低了 5%。可见聚苯胺由氧化掺杂态向非掺杂态的回复速度要慢于由还原掺杂态向非掺杂态的回复速度，与正负离子从聚合物相脱离、传输等因素有关，这也是目前电致变色器件断电后不能长期稳定使用的主要原因。

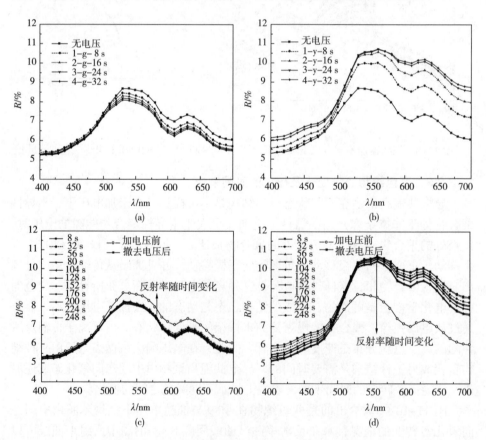

图 11-10 变色织物颜色变化及褪色的时间响应

11.2.3.4　PANi 用量对变色织物显色的影响

图 11–11 给出了不同 PANi 用量变色织物在 ±0.8 V 测试电压下的反射率曲线，其中变色织物 1 的工作电极 PANi 复合材料用量为 8.70 g/m², 对电极 PANi 复合材料用量为 6.34 g/m²; 变色织物 2 的工作电极 PANi 复合材料用量为 4.52 g/m², 对电极 PANi 复合材料用量为 6.34 g/m²。另外，表 11–4 给出了变色织物在 0 V、+0.8 V 和 –0.8 V 的 $L^*a^*b^*$ 值以及变色织物在 ±0.8 V 和 0 V 之间的 ΔE^*。

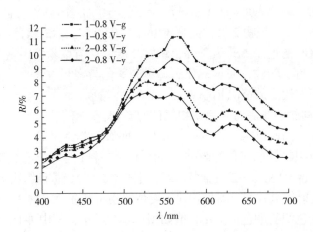

图 11–11　不同 PANi 用量变色织物在 ±0.8 V 电压下的反射率曲线

表 11–4　不同聚苯胺用量的变色织物在不同电压下的 $L^*a^*b^*$ 值

织物	V	L^*	a^*	b^*	ΔE^*
变色织物 1	0	29.54	–7.95	15	
	+0.8	29.22	–11.65	14.19	3.72
	–0.8	33.74	–5.81	19.55	6.56
变色织物 2	0	32.75	–5.75	17.79	
	+0.8	31.22	–9.79	15.59	4.85
	–0.8	36.14	–4.91	22.71	6.03

由于工作电极底色的影响，聚苯胺的用量（即聚苯胺膜的厚度）会对变色织物的颜色变化造成影响。从图 11–11 可以看出，变色织物无论是在 +0.8 V 还是 –0.8 V 加持电压下，聚苯胺用量多的反射率曲线都要低于聚苯胺用量低的。

从表 11–4 可以看出，聚苯胺用量多的变色织物其中间态（未加电压）的绿色饱和程度要高于聚苯胺用量少的。变色织物在 +0.8 V 电压下，聚苯胺由中性态向氧化态转变，处于氧化态时的 $L^*a^*b^*$ 值小于处于中性态的 $L^*a^*b^*$ 值，且聚苯胺用量越多，L^* 值越小，即变色织物颜色越暗；同时 a^*b^* 值越小，变色织物的绿色和蓝色饱和程度增加，显示蓝绿色程度增加。变色织物在 −0.8 V 电压下，聚苯胺由中性态向还原态转变，处于还原态时的 $L^*a^*b^*$ 值大于处于中性态的 $L^*a^*b^*$ 值，变色织物的明亮程度增加、绿色饱和度减小和黄色饱和程度增加，并且聚苯胺用量多，变色织物的 $L^*a^*b^*$ 值相对小，即颜色相对比较暗，图 11−11 中反射率曲线也说明了这一关系。

变色织物 1 氧化态（+0.8 V）显示的颜色与中性态（0 V）显示的颜色之间的色差 ΔE^* 小于变色织物 2 的，但是还原态（−0.8 V）显示的颜色与中性态（0 V）显示的颜色之间的色差 ΔE^* 大于变色织物 2 的，这与聚苯胺用量少，器件中性态颜色（黄绿色）较浅，使得氧化态显示的颜色与之相差较大，而还原态显示的颜色与之相差较小的情况相一致。

11.2.3.5 不同颜色基底对变色织物颜色的影响

选用两种不同底色的工作电极，在其表面涂覆 PANi，研究得出不同工作电极底色对变色织物颜色变化的影响。如图 11−12 中 1 为亮灰色织物电极、1* 为亮灰色电极涂覆 PANi 后；2 为金黄色织物电极，2* 为金黄色织物电极涂覆 PANi 后。并按照反射型电致变色器件构建了变色织物 1 和变色织物 2，未加电压以及正负电压下变色织物颜色的 $L^*a^*b^*$ 值如图 11−12 所示，其中 1−0、1−1 和 1−2 是变色织物 1 分别在未加电压、+0.7 V 和 −0.7 V 电压下测试的颜色，2−0、2−1 和 2−2 是变色织物 2 分别在未加电压、+0.7 V 和 −0.7 V 电压下测试的颜色。

从图 11−12 中可见，亮灰色电极 1 的 $L^*a^*b^*$ 值分别为 69.7、1.3、3.95，涂覆聚苯胺材料后 $L^*a^*b^*$ 值分别为 40.44、−3.4、2.26，组装成器件后 $L^*a^*b^*$ 又变为 33.75、−4.69、7.43；金黄色电极 2 的 $L^*a^*b^*$ 值分别为 58.48、9.14、35.4，涂覆聚苯胺材料后 $L^*a^*b^*$ 值分别为 44.3、−5.35、21.26，组装成器件后 $L^*a^*b^*$ 又变为 28.99、−6.46、13.36。可见，涂覆聚苯胺材料或组装成变色织物后，L^* 减小，也即颜色变暗。此现象可以用色彩学中色料混合或透明色料层叠合的减色过程解释，物体对光选择性吸收就是减色，因为从能量的角度，物体对光选择性吸收后反射或透射能量必然减少，在色料的混合过程中，反射光波或透射光波的光能量减少更多，混合后的颜色亮度必然低于混合前的各色料颜色，即色料相加，越加越暗。

变色织物 1、2 在 +0.7 V 电压下，聚苯胺发生氧化反应，由中间态的翠绿亚胺盐结构向氧化态的过苯胺黑结构转变，同时，聚苯胺的颜色也由翠绿色向蓝黑色转变，因此，变色织物的 $L^*a^*b^*$ 都相应降低；但是在 −0.7 V 电压下，变色织物的 $L^*a^*b^*$ 却大大增加，在此情况下，聚苯胺结构由中间态的翠绿亚胺盐结构向还原态的隐翠亚胺式结构转变，同时，聚苯胺的颜色也由翠绿色向黄色转变，由于黄色的色调要高于绿色，因此，变色织物在 −0.7 V 电压下的 $L^*a^*b^*$ 值高于变色织物未加电压或 +0.7 V 电压时的情况。

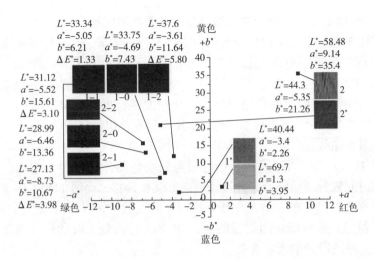

图 11-12 不同底色工作电极及其组成变色织物的 $L^*a^*b^*$ 值

图 11-13 给出了变色织物 1、2 在未加电压和 ±0.7 V 下的反射率曲线，曲线 1-0 和 2-0 分别是变色织物 1、2 未加电压时的反射率曲线；曲线 1-1 和 1-2 是变色织物 1 分别在 +0.7 V 和 -0.7 V 电压下的反射率曲线；曲线 2-1 和 2-2 是变色织物 2 分别在 +0.7 V 和 -0.7 V 电压下的反射率曲线。从图中可以看出，变色织物 1 的反射率曲线无论是未加电压还是有电压情况下，都远远高于变色织物 2 的反射率曲线，这可能与变色织物 1 选用的电极颜色比较亮，而变色织物 2 本身工作电极的颜色比较暗有关。单纯从反射率曲线来看，选用电极 1 的效果较好，但是从颜色的色差（与本色相比）来看，金黄色电极 2 构成的变色织物效果较好。

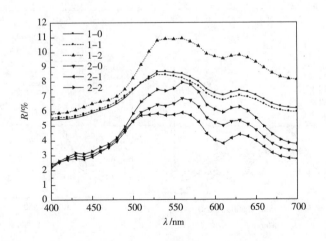

图 11-13 不同底色工作电极构成的变色织物的反射率曲线

11.2.3.6 反射型电致变色织物与透射型玻璃器件的区别

为了比较透射型和反射型电致变色器件显色的差异，以 ITO 导电玻璃和织物电极分别作为上下电极制备透射型和反射型电致变色器件。图 11-14（a）、（b）是以 ITO 导电玻璃为上下电极组装的透射型电致变色器件分别在 +1.0 V 和 -1.0 V 电压下反射率曲线随时间的变化情况，反射峰较窄；图 11-14（c）、（d）是以织物电极为上下电极组装的反射型电致变色织物分别在 +1.0 V 和 -1.0 V 电压下反射率曲线随时间的变化情况，反射峰较宽。

从图 11-14（a）可以发现，透射型电致变色器件在 +1.0 V 电压下的反射率曲线随时间先升高后降低，并且峰值向低波长偏移，而图 11-14（c）给出的反射型电致变色织物在 +1.0 V 电压下反射率曲线随时间降低，峰值同样向低波长偏移，但是，反射峰较透射型的宽，并且 610 nm 处有吸收峰，这可能与织物电极对某些波段光的吸收有关。

从图 11-14（b）、（d）可以发现，无论是透射型玻璃器件还是反射型电致变色织物在 -1.0 V 电压下的反射率曲线都随时间增加，并且峰值向高波段偏移，但是反射型电致变色织物的反射率变化大、反射峰宽。从整个反射率曲线

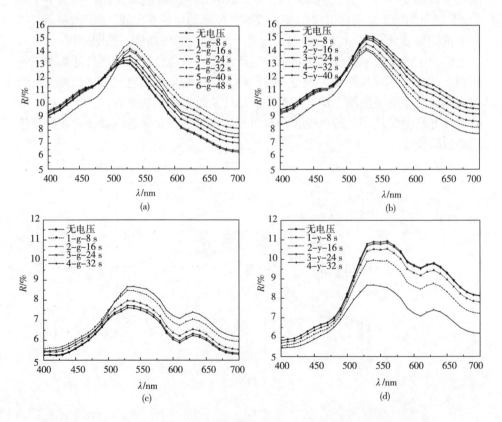

图 11-14　透射型电致变色玻璃器件和反射型电致变色织物的反射率曲线

来看，以 ITO 导电玻璃为电极组装的透射型电致变色器件无论是在正电压还是负电压下，其反射率都要明显高于反射型电致变色织物的反射率。

图 11–15（a）、（b）分别给出了透射型电致变色器件和反射型电致变色织物在加持电压以及撤去电压后 a^*b^* 值的变化。其中箭头 1、2 为器件分别在 +1.0 V、–1.0 V 电压下 a^*b^* 值随时间的变化情况，而箭头 3、4 为器件分别撤去 +1.0 V、–1.0 V 后 a^*b^* 值随时间的变化情况，0 为器件未加电压时的 $L^*a^*b^*$ 值。

从图 11–15（a）、（b）中可以看出，在 +1.0 V 电压下透射型电致变色器件和反射型电致变色织物的 a^*b^* 值都随时间减小，器件显示的绿色和蓝色饱和度增加，对应于图 11–14（a）、（c）中反射率峰值随时间发生蓝移，整个过程中透射型电致变色器件的 a^*b^* 值远小于反射型电致变色织物的 a^*b^* 值；撤去电压后，由于电化学氧化 / 还原区发生弛豫，器件向原来的非掺杂状态恢复，在 5 min 时间内以 ITO 导电玻璃为电极组装的透射型电致变色器件回复的能力要低于反射型电致变色织物，由图 11–15（a）、（b）中的箭头 3 可以说明，此现象可以用离子的迁移能力来解释：以 ITO 导电玻璃为电极组装的电致变色器件为准固态器件，电解质中离子的移动受到限制，因此，无论是电化学掺杂还是放电弛豫所用时间都要比凝胶态反射型电致变色织物的长，即断电颜色保持时间长。

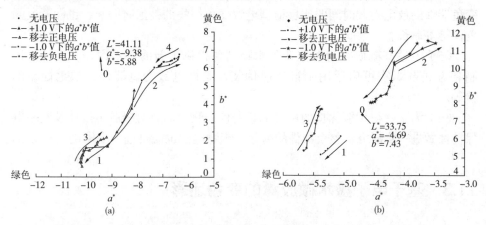

图 11–15　透射型电致变色玻璃器件和反射型电致变色织物在加电压和
撤去电压后器件的 a^*b^* 值变化

同样，在 –1.0 V 电压下透射型电致变色器件和反射型电致变色织物的 a^*b^* 值都随时间增加，绿色减少、黄色增加，对应于图 11–14（b）、（d）中反射率峰值随时间发生红移；撤去电压后，器件同样发生放电弛豫恢复到中间态，透射型电致变色器件的恢复能力同样低于反射型电致变色织物，原理同上。

11.2.4　小结

（1）基于聚苯胺电致变色高聚物、采用反射型电致变色器件结构模型，以柔性导电织物作为电极，构建了可控变色织物，可在 –1.0 V ~ +1.0 V 低电压范围内实现颜色变化显著的黄色和绿色的可逆响应，可实现主色调斑块黄色和绿色之间的互变。同理，也可以采用聚噻吩类电致变色高聚物同样构筑可控变色织物。

（2）可控变色织物从 +1.0 V 到 0 V 再到 –1.0 V 的加持电压下，反射率越来越高，并且随着正电压的增加，反射率峰值向低波段蓝色区域发生蓝移，变色织物对应的 a^*b^* 依次减小；在负电压加持下，随着电压的增加，反射率增大，且峰值向黄色区域偏移，a^*b^* 依次增加。撤去电压后，变色织物发生放电弛豫，慢慢恢复到未加电压时的中间态，由氧化态向中间态恢复的能力要低于由还原态向中间态恢复的能力。即该类器件不具有断电保持性，这同时也是高聚物电致变色器件的致命缺陷，限制了其应用。

（3）聚苯胺用量越多，变色织物显色时的反射率越低，对绿色的贡献越多、黄色的贡献越少。工作电极底色越亮，涂覆聚苯胺组装成变色织物后反射率越高，反之则反射率越低。

（4）以 ITO 导电玻璃为电极组装的透射型电致变色器件反射率要高于织物电极组装的反射型电致变色织物，并且反射峰较窄；撤去电压后，透射型电致变色器件的放电弛豫时间要比反射型电致变色织物的弛豫时间长，也即断电颜色保持寿命长。

（5）上述基础研究为可控变色织物制备提供了新的技术途径和支持。该制备方式及织物可广泛用于自适应伪装、柔性电致变色器件，如柔性显示器等。

（6）为了获得性能优良的可控电致变色织物，需要对凝胶电解质及其断电保持性做进一步研究。整个器件的封装、织物电极也需要进一步优化。

11.3 基于电子墨水微胶囊的变色迷彩

11.3.1 电子墨水微胶囊的应用现状

基于复相电流变控制理论、微胶囊加工技术、纳米粉体加工技术的"电子墨水（E-ink）"技术，通过 30 年的基础研究，于 20 世纪 90 年代开始进入新型电子阅读产品"电子书（E-Book、E-Paper）"的研发，并以美国 E-ink 公司为首，联合微电子生产企业，陆续生产出各种品牌的黑白双显"电子书"，成功商业化，原理如图 11-16 所示。这一技术虽尚未被国内外研究者应用于服装，但据其大面积色块双位控制的便捷性（与电子纸每一个微小像素均要控制的精细控制要求相比，迷彩服只要对某些色块进行颜色控制，要简单得多）、低电压驱动及断电保持性（一经触发就自动维持其图像，不需要维持电压）以及类

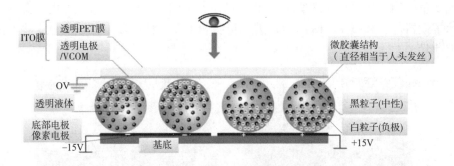

图 11-16　电子墨水显示器件结构及实物图

似于纺织复合织物的加工工艺，首先有可能应用于双色互变的迷彩服面料，并进一步实现作训服面料的任意图案和色彩的实时快速显现，真正达到将服装与背景完全融合的作用。

在电子墨水微胶囊材料方面，以西北工业大学赵晓鹏教授为主的研究小组从 20 世纪 80 年代即从电流变学角度入手进行复相电流变液显色控制研究，2000 年开始相继研发了黑色、白色、红色、蓝色、绿色等电子墨水微胶囊，研发了用于电子墨水显示屏的电写笔；中国科学院理化研究所研究了蓝、白双显的电子墨水显示器，且基于微杯法；北京化工大学研制了黑白双色电子墨水；天津大学研制了黄色电子墨水微胶囊。尽管国内各大学在电子墨水微胶囊或电泳显色技术方面具有强劲实力，但目前为止，所有的这些研究均处于实验室阶段，尚未像美国 E-ink 公司的黑白双显电子墨水微胶囊一样得到真正的应用。极具希望的是，"十一五"期间，原总后军需装备研究所联合中科院理化研究所研制了基于电子墨水微杯，可实现黄绿互变的迷彩小样，如图 11-17 所示。

(a)　　　　　　　　　　　　　　　　　(b)

图 11-17　基于电子墨水技术的可实现黄绿互变的迷彩小样

2010 年左右，与广州奥翼电子科技有限公司（全球第二家、国内唯一一家从事电子纸生产的单位）开始探讨电子墨水微胶囊法在变色织物上的应用。2011 ~ 2015 年，一起合作开发了黄 / 黑、褐 / 绿的彩色电位墨水微胶囊及其可控变色织物，如图 11-25 所示。2018 年，奥翼成功推出了全彩色的电子墨水显示柔性器件，如图 11-18 所示，进一步明朗了在柔性可控全色域变色织物的实现前景。

图 11-18　基于电子墨水微胶囊显示技术的彩色显示

11.3.2　变色织物构建及变色原理

11.3.2.1　电子墨水的显示原理

电子墨水显示技术是利用电泳原理，通过电极间带电物质在电场作用下的运动实现色彩交替显示的一种新型技术，是一种类纸式显示技术。该技术通过反射光来实现颜色显示，与纸和织物的颜色原理类似，但与需要背光源的液晶等显示技术截然不同。电子墨水显示技术的成功之处在于创新性地引入了微胶囊技术，把电泳显示液完全包封在一层透明膜形成的微小粒子中，从而实现了微胶囊内的电泳显示。微胶囊的使用抑制了电泳颗粒在大于胶囊尺寸范围内的团聚、沉积、侧移等缺点，提高了电泳显示器件的稳定性，延长了使用寿命，将电子墨水显示电子纸的使用寿命从可重复使用几万次提高到可重复使用一千万次。此外，微胶囊的引入使电泳显示具有了特定的优势，即可以打印或喷涂在聚对苯二甲酸乙二酯（PET）、聚碳酸酯（PC）、聚酰亚胺（PI）等各种柔性基材或玻璃、钢片等硬性基材上，从而制备出廉价、柔性的显示器件。可见，该技术的类纸式反射原理和微胶囊形式使其非常适合用于织物电极，从而实现织物变色。

微胶囊电泳显示通常可分为单粒子体系、双粒子体系及多粒子体系。

单粒子体系如图 11-19（a）所示。单粒子显示是在外加电场作用下，微胶囊内一种带电粒子在含有染料的悬浮液中发生电泳迁移运动而实现图案和文字的显示。透明聚合物微胶囊内含有带正电或带负电的有色粒子和一种有颜色的溶液，利用电泳技术，对微囊上方的极板施加与粒子电性相反的电压时，带电粒子向上移动，停留在微囊可见的一侧，显示粒子颜色。而对微囊下方的极板施加与粒子电性相反的电压时，这些粒子向下移动，图像呈背景溶剂的颜色，从而实现图文显示。

双粒子体系如图 11-19（b）所示。将电性相反、不同颜色的粒子装入微胶囊中，悬浮液通常是无色的。如黑白粒子体系，白球带正电，黑球带负电，在外加电场方向向上时，白球向上移动，黑球向下移动，上极板显白色。电场方向改变时，两种粒子分别向反方向运动，上极板显黑色。目前应用较多的依然是双粒子显示体系。

将双粒子体系进一步拓展，如赋予正电荷带电粒子呈现不同的 zeta 电位，就可以实现多粒子体系，如图 11-19（c）所示。图中，彩色的红、黄和绿色粒子都带正电，但是 zeta 电位不同，白色的带负电。当在极板上施加电压时，带正电的粒子移动到负极板，且由于 zeta 电位不同，在不同电压下，正电粒子移动速度及分布不同，从而使得颜色不同。可以实现基于原色混色的彩色显示。

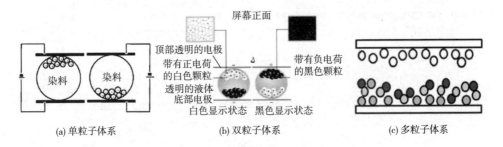

图 11-19　电子墨水显示原理

11.3.2.2　基于电子墨水微胶囊的变色织物制备

将电子墨水微胶囊电泳显示技术用于变色迷彩织物，需要解决的问题是：①彩色颜料电泳粒子的制备及控制；②超薄透明导电薄膜的制备；③柔韧性好、不易破损的微胶囊制备；④变色片的柔性、可弯曲技术；⑤高耐水汽的密封技术。

用于纺织品的彩色显示薄膜一般结构如图 11-20 所示。基本分为四层结构，第一层为透明导电薄膜；第二层为微胶囊层，需要将微胶囊加入助剂配制成电子墨水，涂覆在第一层的透明导电薄膜上；第三层为胶水层，将胶黏剂直接涂覆在烘干的微胶囊层上；第四层为另一透明导电薄膜，可以将导电薄膜直接层压到胶水层即可。该透明导电薄膜可以与第一层导电薄膜相同，也可以是其他

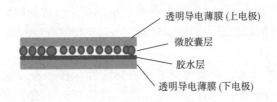

图 11-20　彩色显示薄膜结构简图

类导电材料，对于变色织物用，通常可采用导电织物。为了防止水汽的影响，还可以在两层导电薄膜上层压一层防水性较强的透明的高分子塑料保护膜，防止水汽侵入对电子纸造成损坏。

显示原理：上下两层透明导电薄膜作为两个电极，当有电压施加在电极上时，微胶囊里面包裹的带不同电荷的粒子会在电场作用下移向两个不同电极方向，并在两个电极上聚集从而呈现出不同颜色。比如，胶囊层为红绿微胶囊时，红色粒子带正电荷，绿色粒子带负电荷，当对上电极施加正压，下电极施加负压，绿色粒子和红色粒子在电场用作下移动，绿色粒子在上电极聚集，红色粒子在下电极聚集，从而在上电极呈现绿色，下电极呈现红色。当加相反电场的时候，上电极呈现红色，下电极呈现绿色，从而呈现两色的互变。

11.3.3 彩色电子墨水微胶囊的制备及性能

完整的电子墨水微胶囊变色迷彩制备的整体工艺路线如图 11-21 所示。

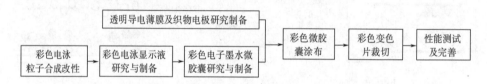

图 11-21 可控变色膜的制备路线

在这个过程中，核心的是彩色电子墨水微胶囊研究和制备、柔性透明薄膜及织物电极、涂敷及边缘封胶这几道工序。

11.3.3.1 彩色颗粒的选择

根据地物植被颜色，拟定需要变色的迷彩，比如，可以根据林地迷彩和荒漠迷彩的颜色配置，设计合成黑色、黄色、褐色、绿色四种电泳显示粒子，可实现黄/绿、黑/黄、褐/绿等不同可变颜色的组合。

彩色颜料的选择有很大的灵活性，可以是任何一种带电或容易获得电荷的颗粒。电泳颗粒就其化学组成，可以是单相颜料或复合颜料（无机/无机复合、有机/无机复合、无机/聚合物复合、有机/聚合物复合颗粒），可根据具体需要选择合适的颜料。

无机颜料因化学稳定性高，并且具有良好的光学性能，彩色颜料多选用无机颜料。同时合成的粒子下一步需要分散到有机溶剂中合成微胶囊，所以，在颜料选购时，要求颜料的粒径要小，易于分散，一般选择的颜料的粒径都小于 5 μm。

11.3.3.2 颗粒改性

无机颜料密度较大，需要对其进行表面改性，在其表面包裹一层透明的聚合物来降低颗粒的密度，同时，提高电泳颗粒在有机介质中的分散稳定性。对颜料表面改性的方法较多，通常分为物理法和化学法。物理法包括喷雾法、熔化分散冷凝法等；化学法包括吸附法、接枝聚合法、乳液聚合法等。

不同的颜料颗粒，改性时加入的各类助剂略有不同。改性过程中偶联剂、引发剂等对改性后颗粒的电位及粒径均会产生影响。

一种改性工艺如下。在 20 L 反应釜中，加入 2000 g 颜料，一定量的偶联剂，2000 g 苯乙烯，4000 g 甲苯。在充氮气保持体系惰性环境中，以 200 r/min 的搅拌速度混合 20 min。在氮气环境和冷凝回流装置下，将反应混合物温度缓慢升高至 50 ℃，加入引发剂，反应 16 h。反应产物在 3500 r/min 下离心收集，收集过程中产物用甲苯清洗。在这一化学反应过程中，偶联剂通过化学反应在无机化合物表面形成了一层水解产物薄膜；在溶液中产生的高分子链通过与偶联剂分子中的双键反应，从而接枝在无机化合物表面。

用马尔文激光粒度仪对合成的各个粒子进行粒径测试，测试结果见表 11-5。

表 11-5　四种改性后颜料颗粒的粒径

粒子批号	粒子类型	粒子粒径 D（0.5）/μm	粒子粒径 D（0.9）/μm
1510BK040	黑色粒子	0.602	1.179
R1512G001	绿色粒子	1.169	2.965
R1512Y001	黄色粒子	1.635	4.164
R1512R001	红色粒子	0.903	2.296

对合成的粒子进行带电性及 zeta 电位测试，测试结果见表 11-6。从数据可以看出：合成的绿色粒子和黄色粒子在电场作用下，在电极正极聚集，说明粒子带负电荷。红色粒子在电场作用下，在电极负极聚集，说明红色粒子带正电荷。黑色粒子是中性粒子，未进行此项测试。zeta 电位数据也表明了各个粒子的带电量，数值越高说明粒子带电量越高，移动性越好。

表 11-6　有色粒子的带电性及 zeta 电位

粒子批号	粒子类别	粒子分散液带电性		Zeta 电位值 /mV
		正极	负极	
R1512G001	绿色粒子	绿色	无色	22.89
R1512Y001	黄色粒子	黄色	无色	19.33
R1512R001	红色粒子	无色	红色	28.02

11.3.3.3　彩色电泳显示液的制备

电泳显示液是影响电子墨水显示性能的重要部分，其性能直接影响显示的速度、色泽和对比度。它是由多种物质组成的悬浮液，主要包括分散介质（有机溶剂）、电泳显示粒子、电荷控制剂、稳定剂等。

分散介质在电泳显示中的作用是分散固体电泳显示粒子，一般对其要求如下：①良好的颗粒流动性，即运动黏度要低，不影响电泳显示粒子的运动；②应为良好的绝缘性有机溶剂，即有较低的介电常数、较高的电阻率和较低的水溶性，不影响电泳粒子的带电性；③较好的光学和电化学稳定性；④具有较高的沸点和较低的熔点，可以适应较宽的使用环境；⑤折射率和密度与电泳显示粒子的折射率和密度要相匹配，以增加体系的稳定性；⑥具有较低的毒性，即良好的环境相容性。有机溶剂的选择性较多，如环氧化物、烃类溶剂、卤代有机溶剂等。如可选用四氯乙烯和烃类的混合溶剂，两者比例为 3∶7。

电荷控制剂的作用是使粒子表面带电，增强粒子的运动性，以使粒子能够对电场做出响应，并维持体系的稳定。电荷控制剂的选择种类较多，如有机磺酸盐、有机酰胺等。

稳定剂是一种表面活性剂，主要起两种作用：一是使干的固体颗粒被有机介质润湿而均匀分散于介质中；二是为分散体系中悬浮的颗粒提供空间稳定作用，以降低粒子自身或在胶囊囊壁上的团聚和沉淀。因使用的分散介质为有机溶剂，所以，附选择非水性的表面活性剂。可以使用的稳定剂有乙二醇醚、烷基胺、琥珀酸酯磺酸盐等。

一种电泳显示液的配置工艺如下。分别称量 180 g 的红色电泳粒子和 360 g 的绿色电泳粒子分散到 1260 g 的四氯乙烯和有机烷烃的混合溶剂中，再加入 10 g 丁二酰亚胺类稳定剂，5 g span80 电荷控制剂，在 40 ℃搅拌 72 h 后使用。

11.3.3.4　微胶囊的制备

微胶囊化方法大体上可分为三类，即物理法、化学法、物理化学法。考虑合成工艺及电泳显示液的性质，目前电泳显示微胶囊的合成常用方法有原位聚合法（化学法）或水相分离法（物理化学法）。原位聚合法采用的囊壁材料多为聚氨酯类。但相分离法合成的微胶囊稳定性较好，柔韧性强，易于刮涂，且合成过程简单，所以，更多采用这种方法合成彩色显示微胶囊。水相分离法分为复合凝聚法和单凝聚法，而复合凝聚法更为常用。复合凝聚法是指由两种或多种带有相反电荷的高分子材料作为壁材，将芯材分散到壁材溶液中，在适当条件下（如改变 pH 或温度），使得相反电荷的聚合物间发生静电作用。带相反电荷的高分子材料相互作用后，溶解度降低并产生相分离，凝聚形成微胶囊。

对于囊壁材料，明胶与海藻酸钠体系合成的微胶囊囊壁较薄，热稳定性较差。而明胶与阿拉伯胶合成的微胶囊形貌较好，且胶囊柔韧性强，更易于刮涂。

一种微胶囊制备工艺如下：称取一定量的去离子水加入到 10 L 玻璃夹层反应釜，再称取一定量的明胶加入去离子水中搅拌溶解，溶解温度为 42 ℃；同时，称取一定量的阿拉伯胶和去离子水，在另一个 4 L 玻璃反应釜中搅拌溶解，溶解温度为 40 ℃；待明胶溶解完全后，加入彩色电泳显示液，调整转速，搅拌分散 45 min，再加入溶解完全的阿拉伯胶溶液，调整合适转速继续搅拌分散 30 min；然后，用质量分数为 10% 的醋酸水溶液调节 pH 至 4.5，调整合适转速再搅拌分散 30 min；降低反应釜温度至 10 ℃，降温时间为 3 h；加入质量分数为 50% 的戊二醛溶液，同时，升高反应温度至 25 ℃，使微胶囊交联固化反应 10 h；收集微胶囊，采用附微孔过滤网的振动筛法，选择 20 mm 和 40 mm 的筛网进行筛分，收集这两个筛网之间的微胶囊备用。

为了确定最佳的微胶囊合成条件，还需要从芯材比（彩色电泳显示液与囊壁材料的质量比）、搅拌速度两方面进行调整。

11.3.3.5　微胶囊的性能

经过 20 mm 和 40 mm 筛网筛分后的微胶囊光学显微镜照片如图 11-22 所示。从图片可看出，经过筛分的彩色微胶囊囊壁包裹少量油滴，胶囊均单个分散，且胶囊粒径均匀性较好。经过筛分的双层微胶囊囊壁厚度明显大于单层微胶囊的，且囊壁光滑，胶囊均单个分散，胶囊粒径均匀性较好。用马尔文激光粒度仪进行粒度测试，胶囊粒径在 40 mm 左右，且 span 值均小于 0.7，说明微胶囊粒径分布均匀。

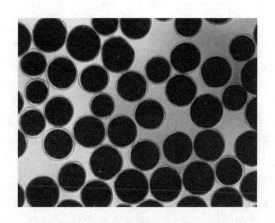

图 11-22　筛分后微胶囊光学显微镜照片

合成的微胶囊需要验证胶囊囊壁强度，主要通过烘烤实验验证。直接将微胶囊刮涂在载玻片上，晾干，在烘箱中烘烤，烘烤条件为 150 ℃，鼓风，时间为 2 h，考察微胶囊破裂情况。图 11-23 为烘烤后的微胶囊光学显微镜照片：从图片上看仅有个别微胶囊有破裂，说明微胶囊耐热性较强。

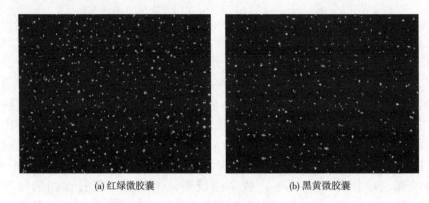

(a) 红绿微胶囊　　　　　　　　　　　(b) 黑黄微胶囊

图 11-23　微胶囊烘烤后光学显微镜照片

11.3.4　薄膜及织物电极

11.3.4.1　ITO/PET 透明电极

ITO/PET 透明导电薄膜最为常用，氧化铟锡（ITO）作为薄的金属氧化物层涂敷在透明 PET 基材上。市售的厚度多为 175 μm，也可以根据要求进行定制加工。表 11-7 为几种透明 ITO/PET 导电薄膜的透光率、厚度、方阻等数据。

表 11-7　透明 ITO/PET 导电薄膜性质数据

基材	透光率 /%	厚度 / μm	表面方阻 / (Ω · m^{-1})	表面自由能 / (J · m^{-2})
ITO/PET	> 91	50	< 500	> 30
ITO/PET	> 91	25	< 500	> 30
ITO/PET	> 91	100	< 500	> 30

因需要和柔性织物电极或纺织品基布复合，所以，尽可能选用较薄的透明导电电极。薄膜越薄，越容易贴合。但当厚度较薄时（25 μm），薄膜易翘曲，涂布也会较困难。

11.3.4.2　银钛超薄透明导电薄膜

以高透光的柔性 PU 膜和 19 μm 的 PET 膜作为基材，以银靶和锌靶分别作为靶材，以磁控溅射方式，开发超薄柔性透明导电薄膜，实验的相关参数见表 11-8。

在 PU 基材和 PET 基材上，均可以镀覆上银钛合金，且除了 1 # 和 2 # 样品外，PET 薄膜和 PU 薄膜的平均电导率相差不多，方阻均不大于 35 欧，完全符合项目显示器件用电极要求。只是 PU 的电阻变化较大，方差较大。PET 薄膜上的导电层大概为 1 ~ 2 μm，比较厚。

表 11–8　银钛超薄透明导电薄膜基材等参数

编号	基材	描述	电阻 /Ω	透光率 /%	数量
1#	PU	高透明，20 μm	—	—	—
2#	PU	极白、柔软	不均匀，有的地方测不出来，测出来的为 38 ~ 200	81	—
3#	PU	高透明，15 μm	10 ~ 15	82 ~ 84	1 × A4
4#	PU	高透明，12 μm	20 ~ 35	82 ~ 84	1 × A4
5#	PET	19 μm 的 PET 膜	10 ~ 25	≥ 75	2 × A4

在 Lambda 750 仪器测试获得的透光率如图 11-24 所示。可得出以下结论。

（1）在 500 ~ 700 nm 范围内，三种导电薄膜的透过率都大于 75%；PET 透过率为 85%，PU 为 75%。

（2）电阻最大且部分地方检测不出电阻的高透明（0.02 × 61）的透光率最高，而另外一种导电 PU 膜透光率最低，导电 PET 膜透光率较高。

（3）经过金属镀覆处理后，膜的透光率均下降了约 10%，且在 400 ~ 500 nm 波段，下降的尤其多。

（4）入射光从有镀膜的面进入，透光率与入射光从无膜面进入的透光率相近。

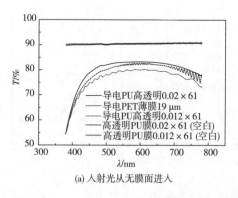
(a) 入射光从无膜面进入

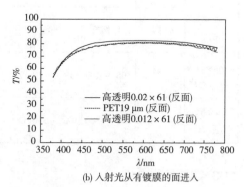
(b) 入射光从有镀膜的面进入

图 11-24　几种导电膜的透光率

对获得的 PU 和 PET 导电膜进行后道热合加工实验，表明：①PU 膜上镀覆金属的导电膜，经过 130 ℃热合后，再从面料上剥离时，均测不出电阻，表明导电层和薄膜结合力较差；②PET 导电膜可以用，复合后导电性能良好，可以作为上层透明电极。

11.3.4.3 PEDOT/PSS 柔性透明导电 PU 膜

采用 PEDOT/PSS 透明导电油墨（EL–P 3145）涂敷在 PU 及 PET 膜上，也可以制备透明导电薄膜。

1# ~ 6# 分别放入乙醇中进行浸泡清洗几次，然后用吹风机吹干；7# 未经乙醇处理；8# 将薄膜平整后再用乙醇清洗两次。将刮涂后的样品放到 130 ℃鼓风烘箱里干燥 3 ~ 5 min。样品及测试结果见表 11–9。经过乙醇处理的薄膜刮涂时，一般比较均匀，但是干燥固化后，样品 1#、3#、4# 收缩严重，表面凹凸不平（这也可能与 PU 膜热收缩有关）；2# 稍有收缩；5#、6# 薄膜平整无收缩、导电膜均匀连贯；7# 边缘稍有收缩，表面平整，导电膜不连贯；8# 边缘稍有收缩，表面平整、导电膜连贯。通过导电玻璃的方阻测试来看，2 cm×2 cm 方阻偏低一点，5 cm×5 cm 方阻偏高。应该基本判断 ELP3145 导电油墨在 PET 基底上刮涂后，方阻值在 200 ~ 400 Ω。可以进一步提高刮涂工艺，调整导电层厚度和均匀性。

表 11–9 样品及测试结果

样品	1#	2#	3#	4#	5#	6#	7#	8#
材料	高透 PU15 μm			高透 PU 30 μm	较厚 PET	薄 PET	高透明 PET15 μm	
收缩情况	收缩严重	稍有收缩	收缩严重	收缩严重	无收缩	无收缩	边缘稍收缩	
表面平整情况	不平整	不平整	不平整	不平整	平整	平整	平整	平整
2 cm×2 cm 方阻 /Ω	170	108 ~ 109	119 ~ 120	174 ~ 175	170 ~ 190 200 ~ 250	140 ~ 150	170 ~ 180	150 ~ 170
5 cm×5 cm 方阻 /Ω	340 ~ 350	280 ~ 300	300 ~ 330	320 ~ 340	390 ~ 400	340 ~ 390	350	300 ~ 360

11.3.4.4 织物电极

用于电致变色器件的织物电极，必须具有以下特点：一是电阻小，方阻一般不大于 2 Ω；二是具有良好的水汽隔绝性能。此外，对于服用的变色织物而言，还应该具有一定的强力、柔软性等性能。为了选用合适的织物电极，采用表面镀覆银层的纤维，通过不同的工艺织造了 7 种不同密度、不同原料构成的织物电极，具体见表 11–10。这些织物的导电性能均满足要求，但是不能够满足对水汽的隔绝性能。

表 11-10　织物电极规格及性能

编号	经纱 / 纬纱	成品经纬密度 / （根·10cm⁻¹）	组织	电阻 /Ω
A	75 旦镀银长丝	150×150	平纹	1.5
B	75 旦镀银长丝	200×200	平纹	0.9
C	75 旦镀银长丝	250×250	平纹	0.79
D	75 旦镀银长丝	300×300	平纹	0.86
E	75 旦镀银长丝	350×350	平纹	0.88
F	75 旦镀银长丝＋普通 75 旦 DTY 涤纶丝按 1∶1 排列	200×200	平纹	0.82
G	75 旦镀银长丝＋普通 75 旦 DTY 涤纶丝按 1∶1 排列	250×250	平纹	1.35

11.3.5　可控变色织物 / 服装性能

如图 11-20 所示的基本结构，以镀银纤维织物作为基材，印制迷彩图案，在其主色调斑块上进一步涂敷褐 / 绿电子墨水微胶囊，通过黏合剂进行黏合后，采用 25 μm 的 ITO/PET 电极作为上层透明电极，成功制备了可控变色迷彩织物小样，可以实现四色（包括灰阶变化），如图 11-25 所示。

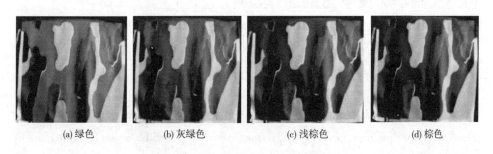

(a) 绿色　　　　(b) 灰绿色　　　　(c) 浅棕色　　　　(d) 棕色

图 11-25　可实现绿色和棕色互变的迷彩

为兼具美观、服用性能及可裁剪性能等，分别在上衣和下裤样式上，设计如图 11-26（a）所示的可控变色迷彩图案。其中，绿色为变色部分。所有变色片的控制线都集中于侧缝。将能够实现褐 / 绿互变的变色模块，根据绿色部分图案进行裁剪后，和面料基布结合，然后缝制成一套迷彩服，如图 11-26（b）所示。

基于电子墨水微胶囊的可控变色迷彩织物及服装，具有人为可控、变色响应快及良好的断电颜色保持性。可以解决由温度、光照、湿度等自然不可控激励因素引发变色导致的不可控、变色后颜色需要激励条件一直维持的根本问题。变色迷彩作战服的主色调斑块可在 1 s 内实现黄、绿互变，从而实现荒漠迷彩和林地迷彩的互变，具有变色响应快、变色次数多、断电保持性好等特

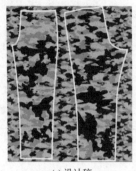

(a) 设计稿   (b) 可实现褐/绿互变的实物

图 11-26　变色迷彩服装用图案及实物样品

点。满足在特殊地域环境下的伪装需求，如地表单色（如绿色和黄色）覆盖率高于 70% 以上的丛林、草原和沙漠等。

变色区域可实现两种及以上颜色的互变，变色响应时间不大于 5 s，驱动电压不大于 15 V，可逆响应次数不小于 5000 次，断电后仍可保持图案 30 天以上，不变色部分的透湿量不低于 8000 g/（$m^2 \cdot d$）。

11.4　基于深度学习的迷彩设计

11.4.1　深度学习原理

人工智能的发展，是从以"推理"为重点，到以"知识"为重点，再到以"学习"为重点。其中，机器学习是实现人工智能的一个途径，即以机器学习为手段解决人工智能中的问题。那么这里的"学习"，其含义通常是这样定义的：A computer program is said to learn from experience E with respect to some class of tasks T and performance measure P, if its performance at tasks in T, as measured by P, improves with experience E. 即"对于某类任务 T 和性能度量 P，如果一个计算机程序在某些任务 T 上以 P 度量的性能随着经验 E 的增加而提高，那么称这个计算机程序是在从经验 E 中学习。"

由此可见，机器学习的任务通常定义为让计算机学会如何处理人们通常所说的特征（feature）。一些基本的机器学习任务如下。

（1）分类。最常见的机器学习任务之一，根据样本特征判断样本类别，即输入特征输出有限的离散值。例如，根据天气情况判断是否会下雨，根据图片判断其中物体的类别。

（2）回归。另一种常见的机器学习任务，根据输入样本特征输出一个连续的属性值。例如，根据天气情况预测明天的温度，根据地段位置预测房价等。

（3）聚类。将样本点根据特征划分为不同的类簇。例如，根据客户的观影或网购属性特征将客户自动地聚成不同类别。

（4）密度估计。根据所给的样本点，估计样本的分布情况。

那么，一个任务是否适合采用机器学习技术予以解决呢？通常，只有该任务同时满足以下三个条件时，才会使用机器学习的手段：一是待研究的问题存在某种模式；二是无法用数学方法显式地加以解决；三是有关于它的大量的数据。

以迷彩图案设计为例，通常设计人员根据所搜集的战场地形地貌，利用各种知识和技术手段，能够实现迷彩图案的设计，而且这种设计往往还能实现延续，将其推广到其他系列迷彩的设计中。换言之，似乎存在某种设计模式，但是这种设计模式很难用一个数学公式或者方程组予以量化求解。所幸的是，在设计某种用途的迷彩伪装图案时，往往会拥有大量的素材和已有的经验。因此，对于迷彩图案设计这个既定命题而言，是可以采用机器学习加以解决的。

通俗地讲，深度学习是机器学习在大数据集上的延伸。机器学习时代，我们往往拥有一个较小的数据集，此时采用支持向量机，核岭回归或者简单的 BP 神经网络，就能够进行特征的提取或者重映射，完成既定的任务。而到了大数据时代，问题的解决往往依赖于深度神经网络，其参数的数量从成百上千个激增到数十亿甚至数百亿个。因此，学者通俗地将这个时代（一般业界公认深度学习的时代开始于 2012 年）的机器学习称为深度学习，即采用大数据来训练深度神经网络。或者说，为了使得神经网络能够充分学习到特征提取或者问题推理所需的最优化参数组合，必须采用大量的数据和复杂的神经网络结构。

在众多的神经网络结构中，最流行的就是卷积神经网络（convolutional neural network），简称 CNN。它是一种神经网络结构，可将输入（通常是图像）通过卷积运算不断分解成局部区域，并执行特征提取。它可以从输入的信息中，通过梯度下降算法，自动提取出重要的或者显著的特征，并用于后续的决策（如经典的分类决策任务）。CNN 的构成通常包括多个卷积层和池化层所构成的模块。卷积层在前级输入的特征图（feature map）上通过卷积核提取当前的特征信息。池化层则对提取的特征信息通过下采样浓缩出最重要的信息，构成新的特征图，通过非线性激活函数（如图 11-27 中用的 ReLU 函数）向后级

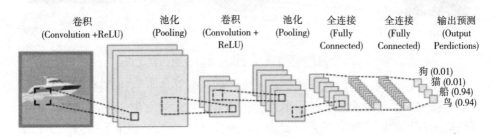

图 11-27　卷积神经网络结构示意图

传送，直至最终得到覆盖原始输入整个感受野（receptive field）的高层特征，并通过全连接层或者全局平均池化层得出最终的分类决策。

11.4.2 基于深度学习的迷彩设计方法

迷彩图案的设计通常有两种思路：一种是在已有的较为成功的设计基础之上，通过更换色调或对斑块进行小的调整，完成针对新的作战地形地貌的迷彩图案设计；另一种，则是全新的从头设计。下面分别举例说明。

11.4.2.1 现有成功设计上的改进

若已经有了较为成功的迷彩图案，当作战地形改变之后，只需根据新的目标地形，进行场景图像采集和聚类分析，通过主颜色置换，即可快速地得到新的设计。

如图 11-28 所示，借鉴现有的迷彩图案 [图 11-28（a）]，并根据真实地形图 [图 11-28（e）]，重新设计对应的迷彩图案，其具体步骤可参考如下。

（1）根据原始迷彩图案按照机器学习中的聚类分析，提取 $n=5$ 类主颜色（多地形迷彩可以选择 $n=7$，而实际上主颜色的选择只取决于印花工艺的限制，理论上可以更多）。

（2）对图 11-28（e）所示真实地形图像提取 $n=5$ 类主颜色，并按照同样的聚类比例排列。

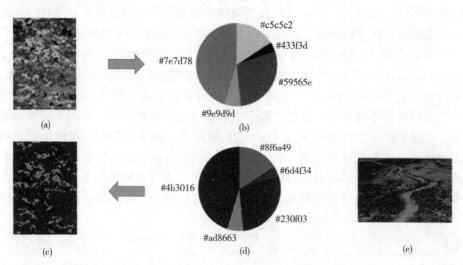

图 11-28　通过颜色置换进行快速迷彩原型的自动设计

（3）将各比例下的颜色互相替换，完成新色彩环境下的迷彩图案设计。

直接完成颜色替换之后的图案原型，还可以经过像素化（pixelation）处理，得到更为理想的数字迷彩效果，如图 11-29 所示。当然，如果无须数字迷彩图案，则无须上述过程。

图 11-29　对图 11-28 所得结果进行像素化处理得到的理想设计效果

　　主颜色置换法的优点非常突出，就是高速、高效、全自动。缺点也同样明显，即分色稿中各纹理区域的形状没有发生变化，因此，所得迷彩图案的纹理形状，与目标作战地形的纹理形状，可能会存在较大的差异。

11.4.2.2　全新的设计

　　很多时候，需要重新进行全新的迷彩设计，此时，可以采用基于深度学习的纹理合成技术，根据已有的图像，合成新的风格类似的图像，如图 11-30 所示。

图 11-30　纹理合成示例

　　对迷彩设计而言，这意味着将战场地形图像或者着装军事人员，变为战场地形的一部分，从而最小化光学影像间的差异。按照这个思路，举例说明利用深度学习中的纹理合成技术进行迷彩图案的设计方法。

　　如图 11-31 所示，首先通过深度学习得到与原始作战地形图像类似的合成纹理，然后再利用前述颜色置换方法，得到新的合成地形图像［图 11-31(d)］，并通过像素化处理，或者噪声扰动，得到新的迷彩设计原型。

　　在这样的设计过程中，所得迷彩图案并不局限于某种给定的纹理轮廓或者分形结构，而是根据深度神经网络从原始图像中所"学习"到的风格特征进

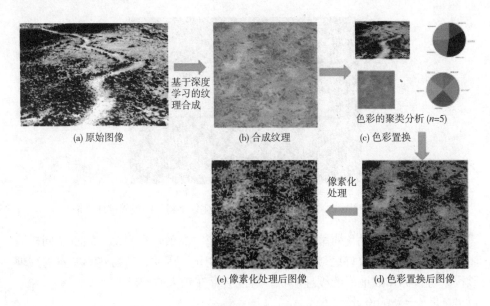

(a) 原始图像　　　　　　(b) 合成纹理　　　　　(c) 色彩置换

基于深度学习的纹理合成

色彩的聚类分析 (n=5)

像素化处理

(e) 像素化处理后图像　　　　　(d) 色彩置换后图像

图 11-31　基于深度学习的迷彩图案设计示例

行纹理块的集聚与分布，整个过程无需任何先验知识，可以实现端到端的图案设计。

当今技术的进步已经可以将两种方法所得迷彩图案通过虚拟服装的形式展现出来，便于筛选与评估。如图 11-32 所示，分别通过虚拟试衣技术制作两款迷彩图案所对应的服装，并将其放置在原始战场地形图中进行比对。其中，按照深度学习方案设计的迷彩图案，其伪装效果明显好于颜色替换方案。即该方案下的虚拟服装分别位于地形图左右两侧时，均能展现出较好的融入效果。这是因为深度神经网络通过巨量参数矩阵，从底层到高层，较好地提取了原始地形图像中的特征图，从而使得合成的迷彩图案能够拥有较好的伪装效果。事实上，两种方案都能够起到相应的迷彩伪装效果，均可作为后续实际小样生产测试时的初选原型。同时，设计人员还可以在此基础上继续确定两种图案中纹理块的大小与形状，以及服装裁片上相应部位迷彩纹理的拼接对位方式等，从而完成更精准的设计。

需要指出，上述两种方法均受制于有监督学习的固有缺陷，即高度依赖于所给定的战场地形图像。不同设备、不同光照条件、不同角度、不同分辨率下拍摄的同一战场地形理论上讲是不可能相同的，因此，在实际应用中，往往需要对战场图像进行全景图拼接以及图像的和谐化（image harmonization），包括对所采集的原始图像数据集进行聚类分析，提取典型地形地貌，然后再用其合成具有统计意义的代表性地形纹理图像，作为该区域迷彩设计的参考图像。

图 11-32　两种设计方法所得结果的虚拟试衣与实际地形的拟合效果

11.4.3　基于深度学习的迷彩伪装评价

对迷彩图案伪装效果进行评估，最可信的手段是在实际的作训条件下，通过对真实着装效果的判读进行评估。然而在现代设计流程中，往往需要在实验室或者仿真环境中，首先对产品原型进行有效的评估和筛选，将"优选"后的原型付诸生产，制成小样后，再进入到实测环节。

在上述的整个流程中，离不开通过计算机视觉技术对原型迷彩图案的筛选与评估。为了建立一个合理的评估方法，首先要认识到目前研究领域中几种常见的错误评估方法。下面给出文献中几种常见的错误评估方法。

如图 11-33 所示，在传统的基于机器视觉的自动迷彩设计方案中，当人眼能够明确判断出着装人体时，这样的图像即为不适用于训练的样本。因为这样会降低机器识别的精度，但目前很多研究资料中均将其当作正样本。换言之，当需要训练神经网络来判别迷彩伪装效果时，要建立的数据集应当由人眼判别存在一定困难，或者无法一眼判读出着装人员和地形背景的图像构成。其含义在于将神经网络的特征提取，放在相似度极高的前景和背景分割命题下进行研究。

事实上，从仿生的角度而言，迷彩伪装对于军事人员或者自然界的动物而言，都有着重要的生存价值。因此，真实环境下的伪装效果评价所需的正样本，应当如图 11-34 所示。

259

图 11-33　错误的伪装判读方式一　　　　图 11-34　深度学习中所需的雪豹伪装
　　　　　　　　　　　　　　　　　　　　　　　　　效果正样本

　　除了上述误区之外，在利用机器学习进行迷彩服伪装效果判读的研究中，往往还采用梯度显著性图（gradient saliency map）的方式进行伪装效果的判读，如图 11-35 所示。

(a) 实拍图像　　　　　　　　　　　　　(b) 梯度显著性图

图 11-35　错误的伪装判读方式二

　　图 11-35（a）所示伪装效果是失败的设计案例。很显然，当人眼能够明确判断出着装人体时，传统机器视觉中的梯度显著性图却会给出伪装效果良好的伪证。因此，这种错误的利用机器学习或者机器视觉的方案进行的自动迷彩设计，必然会给出错误的设计和评价导向。

　　第三种常见错误，实际上是迷彩图案设计作为可见光学伪装命题的固有缺陷，即一个角度下观察伪装效果良好的迷彩图案，在另一个角度下观察时，很可能很容易被识别。它实际上是多分辨率问题的另一种表现形式，即多角度下的迷彩伪装效果评价。要解决这个问题，一个可能的思路是将面料、服装、装备均作为一个整体进行设计，并在评估时测试各种不同观察角度。

通过前面这些错误案例的分析，不难看出，迷彩伪装的自动化预评估是一个非常复杂的命题。从目标检测的角度而言，一种方案是采用有监督学习，训练一个神经网络，对目标场景中的前景和背景进行识别，此时的任务可以采用快速的 YOLO（如 V4 版）网络来完成。比如，首先构建大量如图 11-36 所示的数据集合（注意应选用人眼难以识别的样本，以提高神经网络的识别能力），然后训练 YOLO 网络，完成目标识别任务（图 11-36 中方框所示）。由于迷彩伪装的识别只需给出场景中是否有穿着伪装服的军事人员，因此，在这个任务下无须进行实例分割，但如果识别的结果不仅要求找出人，还要给出具体的人体轮廓，则需采用诸如 Mask RCNN DetectoRS 等实例分割用网络进行训练［图 11-36（c）］。很显然，如果一个训练良好的神经网络，无法识别出同样数据分布条件下，穿着伪装服的军事人员在现场存在的可能性，那么该设计就是成功的，反之则是失败的。

(a)　　　　　　　　　　　　(b)　　　　　　　　　　　　(c)

图 11-36　通过目标检测的方式进行伪装效果评价

迷彩效果评价的另一种可能的正确评估方式可以采用对人眼主观判读的仿生建模。换言之，需要找到一个深度神经网络，使得它"看到"伪装前后的两张照片时，能够给出两个降维的特征向量。这是因为图像通常是高维向量，如一张 256×256 的彩色 RGB 图像，就等同于一个 196608 维的高维向量，而在比较两张图像是否类似时，尽量将其通过主成分分析或者深度学习的方式，降低为比如 512 维的特征向量，如同人脸识别的道理一样。而这两个 512 维的特征向量之间的距离（欧式距离或者余弦距离），就是伪装的评价效果。距离越小，伪装效果越好。换言之，如果伪装后的军事人员，能够很好地完成"背景融合"的目标，那么人眼或者是神经网络在进行图像识别时，会将带有伪装人员的图像，识别为"背景"，而非"背景＋人"。更一般地，此时对伪装效果的评价，可以当作一个经典的相似度评价问题予以解答。当然，我们希望这个深度神经网络能够有人眼级别的分辨和推理能力。幸运的是，目前能够达到这个水平的深度神经网络架构已经非常多了，比如 GoogLeNet，ResNet，DenseNet，EfficientNet，等等，不一而足。

原则上讲，非现场实测的各种评估手段仅仅能够对迷彩伪装效果进行预筛选与预评估，战场实际环境的变量很多，科研人员应该根据实测效果再对自动设计的图案进行优化，从而最大化迷彩设计的效能。按照这一思路，可以充分利用虚拟现实技术，构建虚拟战场和虚拟服装，通过比对，完成迷彩伪装效果的筛选与评估，然后再将优选的结果进行实地或者接近实地的测试，从而提高设计的精准性。图 11-32 就是按照这一思路所建立的筛选流程。事实上，通过虚拟现实技术进行迷彩伪装效果的评估，不仅能够从更高维度（即从二维图像到三维仿真世界）的角度评价迷彩图案伪装效果，还能够展示不同人体位姿空间下迷彩伪装服的整体伪装效能，有望为该领域的技术进步提供新的思路。

参考文献

［1］肖红，刘丽丽，施楣梧. 基于纳米颗粒电流变液的黄绿互变迷彩小样制备［C］. 第 10 届雪莲杯纳米及功能性纺织品会议，常州，2010，5.

［2］肖红，刘丽丽，施楣梧. 基于纳米颗粒电流变液的黄绿互变迷彩小样制备［J］. 纺织科学研究，2010（4）：16-23.

［3］王昊，李昕，徐坚，等. 全固态聚苯胺：二氧化钛电致变色器件的制备［J］. 电子元件与材料，2011（3）：43-47.

［4］施楣梧，肖红，张旭东. 变色迷彩及其实现途径探讨［J］. 军需研究，2009（3）：11-14.

［5］王昊，代国亮，范浩森，等. 反射型与透射型电致变色器件的制备与比较［C］. 2011 年全国高分子学术论文报告会论文摘要集，2011，9：24-28，427.

［6］代国亮，肖红，王昊，等. 聚苯胺基反射型柔性电致变色器件的制备与工艺研究［J］. 高分子学报，2011（11）：1280-1286.

［7］肖红，代国亮，王昊，等. 聚苯胺基反射型柔性电致变色器件的制备与工艺研究［C］. 第 5 届海内外中华青年材料科学技术研讨会暨第 13 届全国青年材料科学技术研讨会，中国，西安，2011，10：13-16，145.

［8］肖红，代国亮，施楣梧，等. 可控变色织物制备及颜色控制研究［J］. 高分子学报，2012（7）：735-743.

［9］施楣梧，肖红，刘丽丽，等. 一种基于电子墨水显示技术的变色迷彩织物及其制备方法：中国，201010136546. 1［P］. 2012-07-04.

［10］肖红，施楣梧，徐坚，等. 一种基于反射型电致变色器件的变色迷彩织物及其制备方法：中国，201010136549. 5［P］. 2013-02-27.

［11］肖红，施楣梧，徐坚，等. 一种基于透射型电子变色器件的变色迷彩织物及其制备方法：中国，201010136547. 6［P］. 2012-09-05.

［12］肖红，代国亮，施楣梧，等. 一种基于聚苯胺的电致变色织物及其制备方法：中国，201210035582. 8［P］. 2016-03-02.

［13］王焰，肖红，张学民，等. 一种迷彩伪装效果评价方法：中国，201510358150. 4［P］. 2017-06.

近年获奖高新科技图书推荐

ISBN	书名	作者
9787518049127	功能静电纺纤维材料	丁 彬 俞建勇
9787518062577	聚酰亚胺高性能纤维	张清华 赵 昕 董 杰 王士华
9787518058914	三维织机装备与织造技术	杨建成 蒋秀明 赵永立
9787518072897	个体水上救生理论与装备技术	肖 红
9787518073382	基于视知觉的迷彩伪装技术	肖 红 张学民
9787518038794	高效棉纺精梳关键技术	任家智 贾国欣
9787518073108	环境光催化净化功能纺织品关键技术	董永春
9787518063925	海洋源生物活性纤维	秦益民
9787518048007	中国植物染技法	黄荣华
9787518044191	数码喷印技术与应用	杨 诚
9787518056781	喷气涡流纺纱技术及应用	李向东 刘艳斌 刘 琳
9787518035366	环锭纺花式纱线的开发与纺制	周济恒
9787518021383	着色配色技术手册	李青山

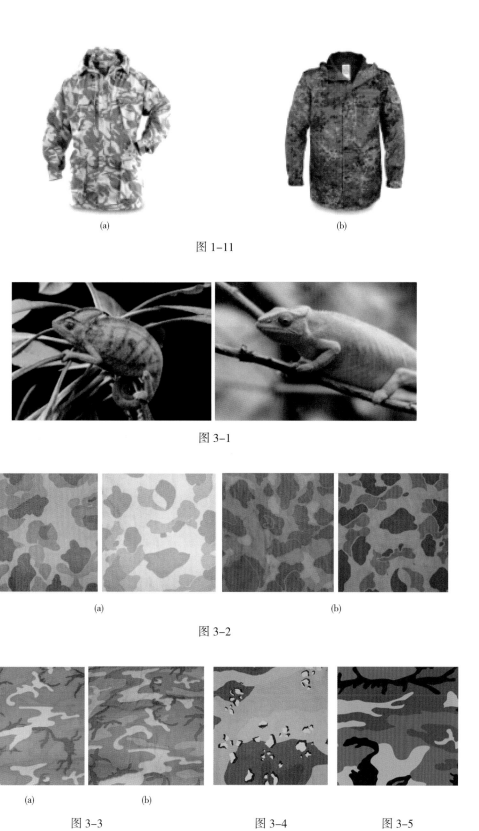

(a)

(b)

图 1–11

图 3–1

(a)

(b)

图 3–2

(a)

(b)

图 3–3

图 3–4

图 3–5

图 3-6   图 3-7

(a)   (b)   (c)

图 3-8

(a)   (b)   (c)

图 3-9   图 3-10

(a)   (b)

图 3-11   图 3-12

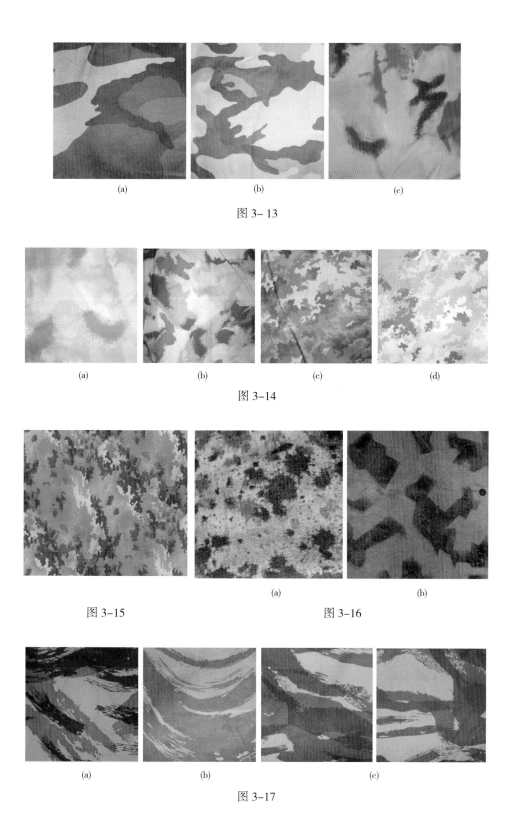

(a)   (b)   (c)

图 3- 13

(a)   (b)   (c)   (d)

图 3-14

(a)   (b)

图 3-15   图 3-16

(a)   (b)   (c)

图 3-17

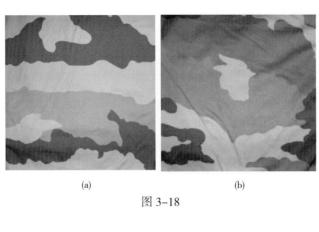

(a)   (b)

图 3-18

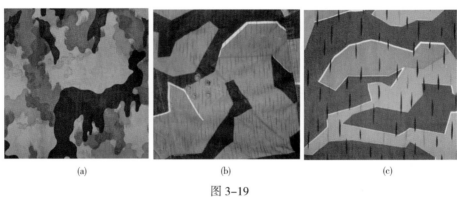

(a)   (b)   (c)

图 3-19

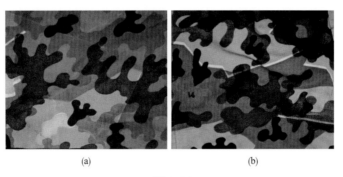

(a)   (b)

图 3-20

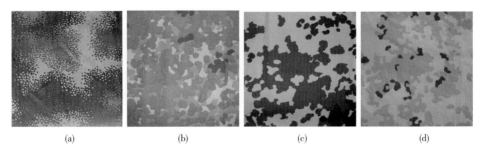

(a)   (b)   (c)   (d)

图 3-21

图 3-22

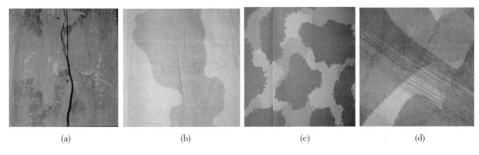

(a)　　　　　　　　(b)　　　　　　　　(c)　　　　　　　　(d)

图 3-23

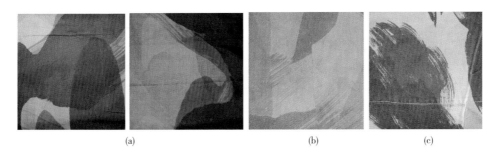

(a)　　　　　　　　　　(b)　　　　　　　　　　(c)

图 3-24

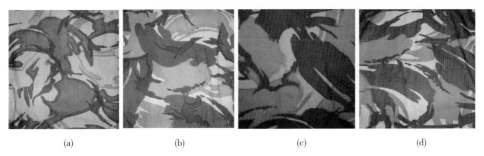

(a)　　　　　　　　(b)　　　　　　　　(c)　　　　　　　　(d)

图 3-25

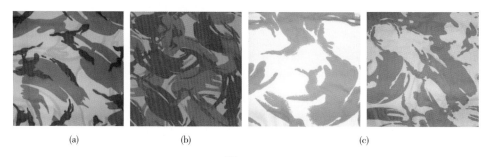

(a)   (b)   (c)

图 3-26

(a)   (b)

图 3-27   图 4-1

图 4-2   图 4-3

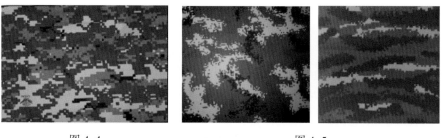

图 4-4   图 4-5

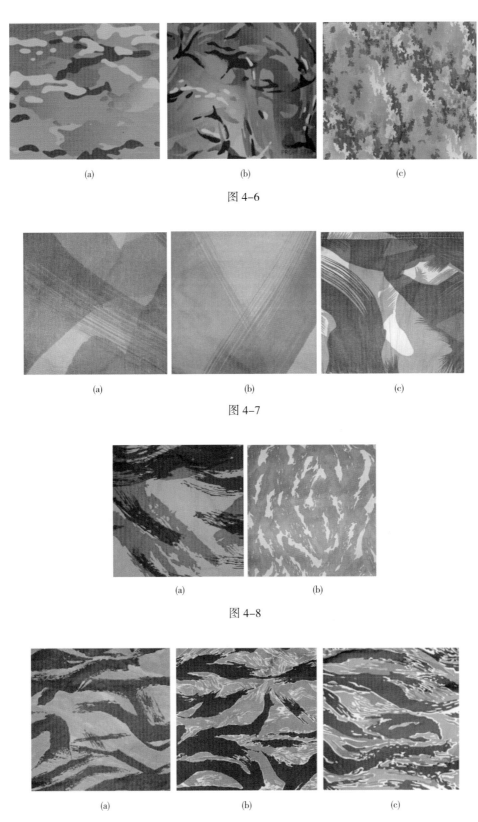

(a) (b) (c)

图 4-6

(a) (b) (c)

图 4-7

(a) (b)

图 4-8

(a) (b) (c)

图 4-9

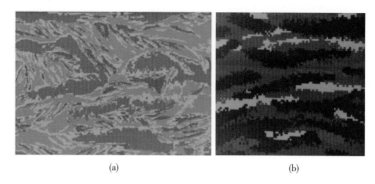

(a)　　　　　　　　　　(b)

图 4-10

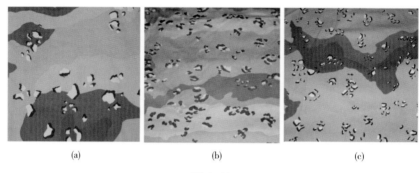

(a)　　　　　　(b)　　　　　　(c)

图 4-11

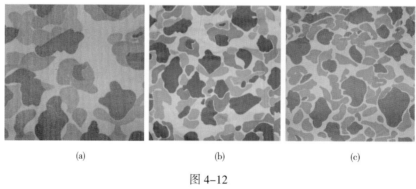

(a)　　　　　　(b)　　　　　　(c)

图 4-12

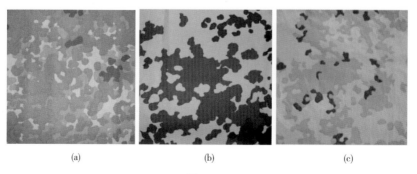

(a)　　　　　　(b)　　　　　　(c)

图 4-13

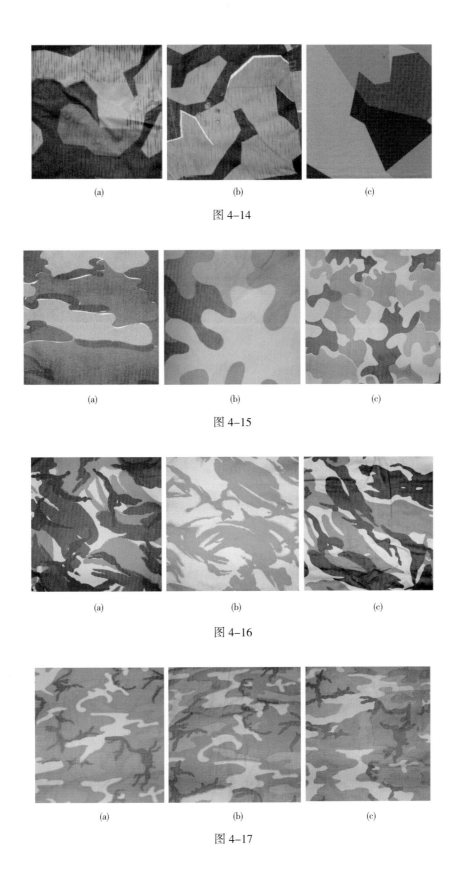

(a)　　　　　　　(b)　　　　　　　(c)

图 4-14

(a)　　　　　　　(b)　　　　　　　(c)

图 4-15

(a)　　　　　　　(b)　　　　　　　(c)

图 4-16

(a)　　　　　　　(b)　　　　　　　(c)

图 4-17

(a) (b) (c)

图 4-18

(a) (b)

(c) (d) (e)

图 4-19

图 4-20

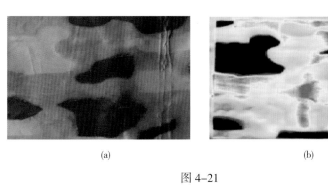

(a)　　　　　　　　　　　　　(b)

图 4-21

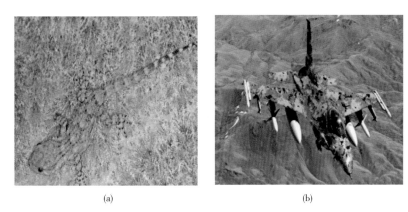

(a)　　　　　　　　　　　　　(b)

图 5-3

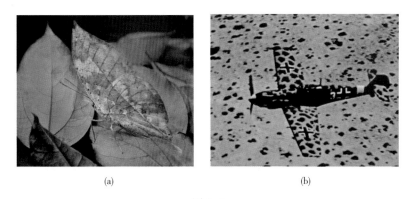

(a)　　　　　　　　　　　　　(b)

图 5-4

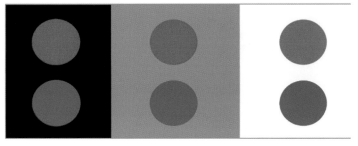

图 5-6

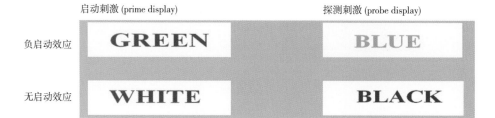

启动刺激 (prime display)　　　　探测刺激 (probe display)

负启动效应　GREEN　　　　BLUE

无启动效应　WHITE　　　　BLACK

图 5-16

(a)　　　　　　　　　　　(b)

图 5-17

(a)　　　(b)　　　(c)　　　(d)

(e)　　　(f)　　　(g)　　　(h)

图 5-18

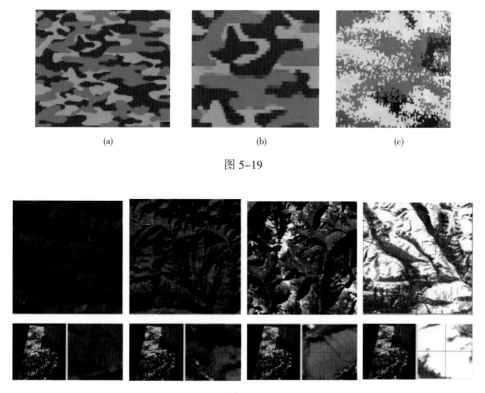

(a)   (b)   (c)

图 5-19

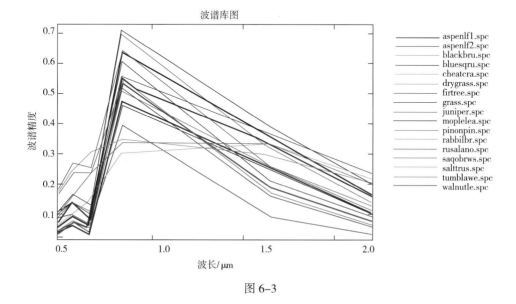

图 6-2

波谱库图

aspenlf1.spc
aspenlf2.spc
blackbru.spc
bluesqru.spc
cheatcra.spc
drygrass.spc
firtree.spc
grass.spc
juniper.spc
moplelea.spc
pinonpin.spc
rabbilbr.spc
rusalano.spc
saqobrws.spc
salttrus.spc
tumblawe.spc
walnutle.spc

图 6-3

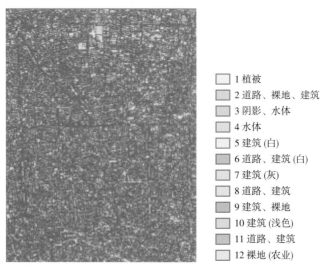

图 6-4

表 6-3 某特定地区的颜色聚类表

类别	R	G	B	颜色示例	面积比例
1 植被	53	53	34		2.3
2 道路 裸地 建筑	74	67	82		7.8
7 建筑（灰）	98	98	120		28.13
8 道路 建筑	254	231	202		6.96
9 建筑 裸地	170	151	144		10.92
10 建筑（浅色）	171	180	179		7.16
11 道路 建筑	212	205	182		10.33
12 裸地（农业）	204	197	188		10.14

图 7-5

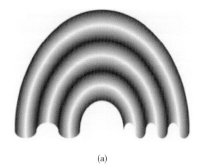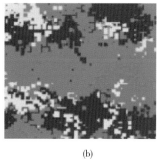

(a)　　　　　　　　　　　　　　(b)

图 7-6

图 7-7

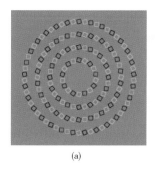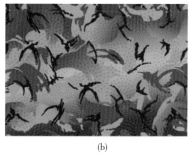

(a)　　　　　　　　　　　　　　(b)

图 7-8

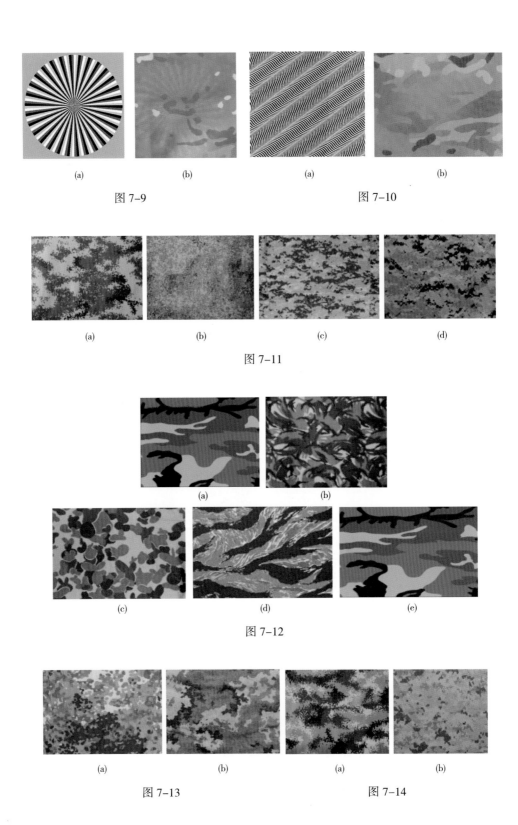

(a)　　　　　　　(b)　　　　　　　　　　(a)　　　　　　　(b)

图 7-9　　　　　　　　　　　　　　　图 7-10

(a)　　　　　(b)　　　　　(c)　　　　　(d)

图 7-11

(a)　　　　　　　(b)

(c)　　　　　　　(d)　　　　　　　(e)

图 7-12

(a)　　　　　(b)　　　　　(a)　　　　　(b)

图 7-13　　　　　　　　　　图 7-14

(a)　　　　　　　(b)　　　　　　　(c)　　　　　　　(d)

图 7-15

(a)　　　　　　　(b)　　　　　(a)　　　　　　　(b)

图 7-16　　　　　　　　　图 7-17

(a)　　　　　　　(b)

图 7-18

(a)　　　　　　(b)　　　　　　(c)　　　　　　(d)

图 7-22

(a)　　　　　　　　(b)　　　　　　　　(c)

图 7-23

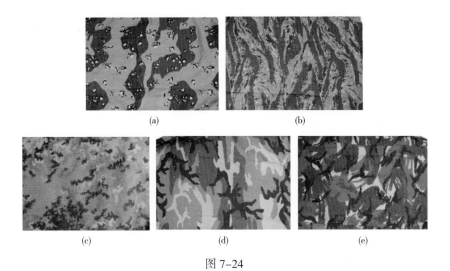

(a)

(b)

(c)

(d)

(e)

图 7-24

图 7-25

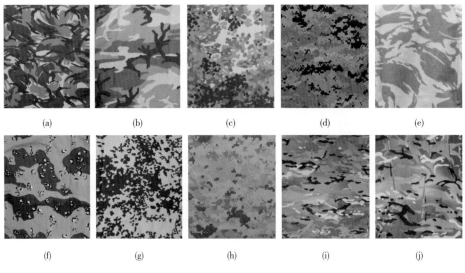

(a)

(b)

(c)

(d)

(e)

(f)

(g)

(h)

(i)

(j)

图 9-3

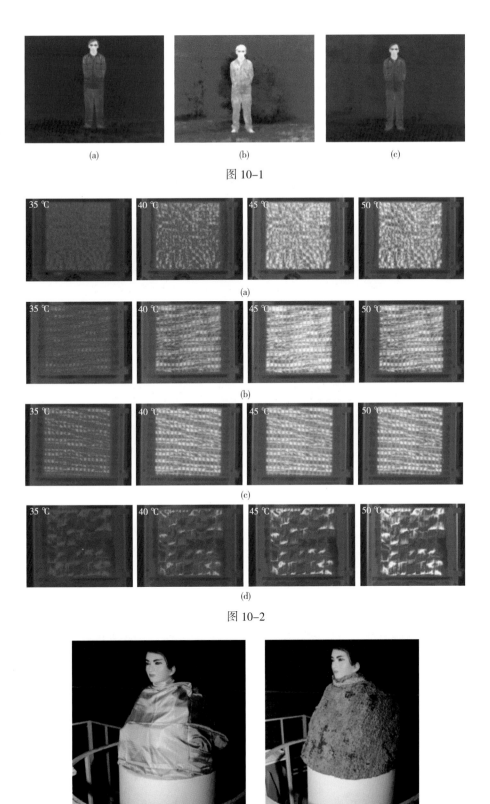

(a)　　　　　　　　(b)　　　　　　　　(c)

图 10-1

(a)

(b)

(c)

(d)

图 10-2

(a)　　　　　　　　　　　　　　(b)

图 10-18

图 11-2

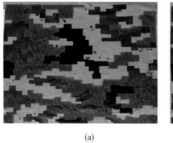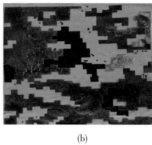

(a)　　　　　　　　　　　　(b)

图 11-3

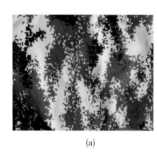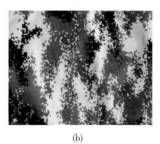

(a)　　　　　　　　　　　　(b)

图 11-4

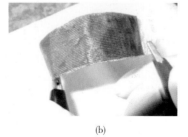

(a)　　　　　　　　　　　　(b)

图 11-6

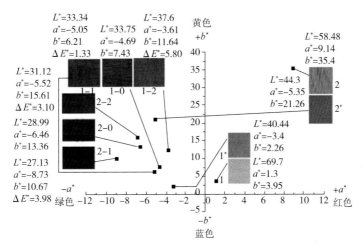

图 11-12

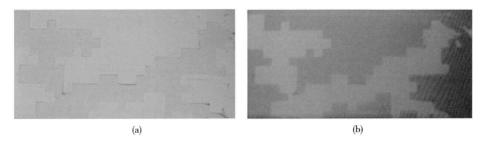

(a)   (b)

图 11-17

图 11-18

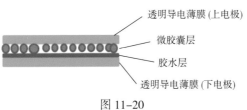

图 11-20

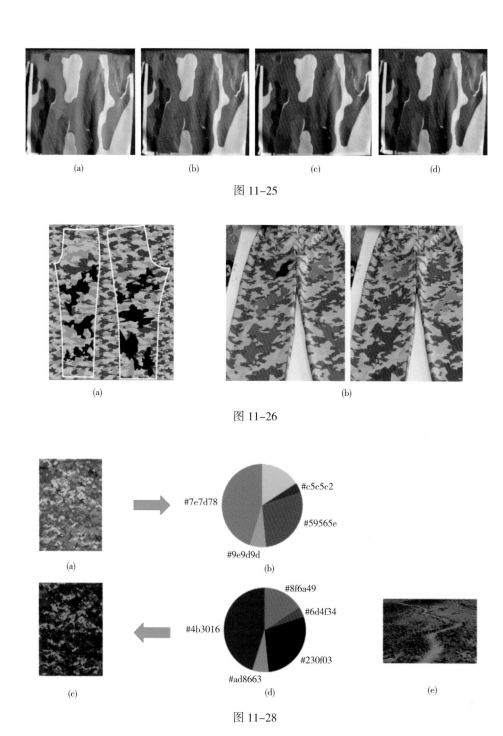

(a)　　　　　　(b)　　　　　　(c)　　　　　　(d)

图 11-25

(a)　　　　　　　　　　　　　　(b)

图 11-26

(a)

#7e7d78

#c5c5c2

#59565e

#9e9d9d

(b)

(c)

#4b3016

#8f6a49

#6d4f34

#230f03

#ad8663

(d)

(e)

图 11-28

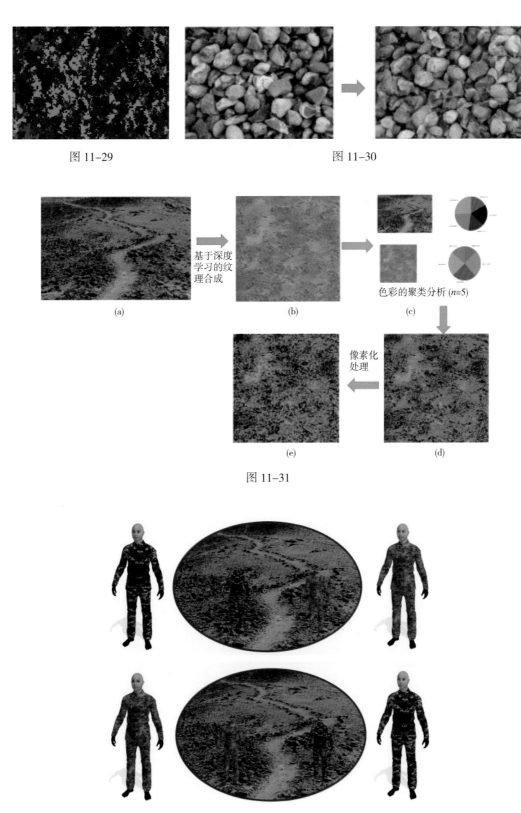

图 11-29

图 11-30

基于深度
学习的纹
理合成

色彩的聚类分析 (*n*=5)

(a)

(b)

(c)

像素化
处理

(e)

(d)

图 11-31

图 11-32

图 11-33

图 11-34

(a)

(b)

图 11-35

(a)

(b)

(c)

图 11-36